“十四五”技工教育规划教材
职业院校煤矿类专业课程教材

煤矿供电

主　编　邹同亮　方利斌
副主编　张辽杰　王媛媛　刘大扬
主　审　吴宇洋

中国劳动社会保障出版社

图书在版编目（CIP）数据

煤矿供电 / 邹同亮，方利斌主编 . -- 北京：中国劳动社会保障出版社，2026. 1. --（职业院校煤矿类专业课程教材）. -- ISBN 978-7-5167-7024-5

Ⅰ. TD611

中国国家版本馆 CIP 数据核字第 2025NG7412 号

煤矿供电

MEIKUANG GONGDIAN

中国劳动社会保障出版社出版发行

（北京市惠新东街 1 号　邮政编码：100029）

*

北京市鑫霸印务有限公司印刷装订　　新华书店经销

787 毫米 ×1092 毫米　16 开本　13.25 印张　286 千字

2026 年 1 月第 1 版　　2026 年 1 月第 1 次印刷

定价：33.00 元

营销中心电话：400-606-6496

出版社网址：https://www.class.com.cn

《煤矿供电》编审委员会

主　　编　邹同亮　方利斌

副 主 编　张辽杰　王媛媛　刘大扬

编　　者　**（以姓氏笔画为序）**

王媛媛（河南省能源工业技师学院）

方利斌（山东煤炭技术学院）

刘　恺（义煤集团永兴工程有限责任公司）

刘大扬（义马煤业集团股份有限公司）

杨国玮（河南省能源工业技师学院）

邹同亮（河南省能源工业技师学院）

张辽杰（河南省能源工业技师学院）

主　　审　吴宇洋（河南省能源工业技师学院）

前言

为了全面贯彻落实党的二十大和二十届二中、三中全会精神，深入贯彻落实习近平总书记关于大力发展技工教育的重要指示精神，贯彻落实中共中央办公厅、国务院办公厅印发的《关于推动现代职业教育高质量发展的意见》，推进技工教育高质量发展，全面推动技工院校教学模式改革创新，适应新时代技能人才培养要求，满足全国技工院校、职业院校以及相关培训单位的需求，我们在充分调研的基础上，组织有关院校的教师和行业企业专家，编写了“职业院校煤矿类专业课程教材”。

在编写本套教材的过程中，我们严格贯彻落实《职业院校教材管理办法》《技工院校教材管理工作实施细则》等文件要求，依据技工院校教材规划、专业课课程规范，服务学生成长和就业创业，兼顾职业培训实际需要。本教材具有四个方面的特点：一是坚持知识性、准确性、适用性、先进性，体现专业特点。教材努力做到以教学实际需求为导向，根据煤矿行业发展现状和趋势，合理编写教材内容，同时在严格执行国家有关技术标准的基础上，尽可能多地介绍行业新知识、新技术、新工艺和新设备。二是突出职业教育特色，重视实践能力培养。教材以职业能力定位内容，根据煤矿类专业职业实际需要，适当设置专业知识的深度与难度，合理确定学生应具备的知识结构和技能水平，以满足企业对技能型人才的需求。三是创新编写模式，激发学生学习兴趣。按照技工院校、职业学院和职业培训机构教学规律及学生的认知规律，合理安排教材内容，定位学习目标，以问题为导向设置学习导引、知识点和技能点，以图表、实物照片辅助知识理解，为学生营造生动、直观的学习环境。四是注重立体化开发，方便多媒体教学使用。

《煤矿供电》配有电子课件并逐步丰富配套习题册等教学资源，以方便教师上课使用，可以通过技工教育网（https://jg.class.com.cn）查询下载。本教材既可作为全国职业院校煤矿类及其相关专业的通用课程教材，也可作为煤矿类专业各类职业培训教材。本教材的主要内容包括煤矿供电形式、煤矿变配电系统、矿用电缆、煤矿高低压电气设备、井下电气设备、煤矿供电安全技术和煤矿电力物联网及智能监控系统。为了贴近教学与学习实践，本教材在每章设置了学习目标、学习导引、注意、知识拓展、思考练习题，力求使内容符合技工教育、职业教育和职业培训的教学需求，做到实用、适用。

《煤矿供电》由邹同亮、方利斌任主编，张辽杰、王媛媛、刘大扬任副主编，刘恺、杨国玮参编。其中，张辽杰、王媛媛编写了第一章、第二章、第三章全部内容；邹同亮、刘大扬、杨国玮编写了第四章、第五章全部内容；方利斌、刘恺编写了第六章、第七章全部内容。本教材由河南省能源工业技师学院吴宇洋主审，全书由邹同亮统稿。

在教材编写过程中，我们充分吸收借鉴了相关教材、著作的思路和内容，接受了很多优秀教师、企业管理人员、行业专家等的指导，在此表示衷心的感谢。由于水平有限，尽管我们认真构思、反复修改，但依然存在内容或文字上的遗憾，衷心希望广大教师、学生、读者提出宝贵的意见和建议。

“职业院校煤矿类专业课程教材”编写工作组

2025 年 3 月

目 录

第一章 煤矿供电形式

学习目标

1. 了解电力供电电压、电力负荷等基本概念。
2. 掌握煤矿供电系统的特点与煤矿企业对供电系统的要求。
3. 熟悉煤矿供电方式及特点。

学习导引

电能是现代化煤矿生产的主要能源，在煤矿生产系统中占有很重要的地位。它既可以由其他形式的能量转换而来，又可以转换为其他形式的能量以供使用。煤矿矿井应用电能实现电气自动化以来，煤炭产量和质量大大提高，生产成本和劳动强度大大降低，劳动条件得以改善。但是如果煤矿供电突然中断，就可能发生设备损坏或人员伤亡事故。由此可见，搞好煤矿供配电工作，确保供电安全，对煤矿正常生产和实现电气自动化具有十分重要的意义。

第一节 煤矿供电电源

供电系统就是由电源系统和输配电系统组成的接收电能并将电能供应和输送给用电设备的系统。其主要作用是从国家电力网络取得电能，通过变换、调整和控制将电能安全、可靠地配送到工矿企业各生产用电设备上。

一、煤矿供电系统的特点

煤矿供电是煤矿安全生产的主要环节，煤矿供电系统属于电力系统中的用户（负荷中心），具有以下特点：

（1）对供电的可靠性要求高，一级负荷多；

（2）同一电压等级穿越的供电级数多，如 6 kV（10 kV）电压穿越地面变电所、井下中央变电所、采区变电所、移动变电站等；

（3）大功率负荷相对集中，大功率设备大多处于井下采掘工作面，负荷变化对供电系统影响较大；

（4）运行环境相对恶劣（环境潮湿，粉尘多），移动型设备多，易造成挤压、碰撞等伤害；

（5）以电缆供电为主，高压电缆通常有几十千米，单相接地电流大，易产生电弧，不易自恢复；

（6）新型电力电子设备逐渐增多，谐波含量超标；

（7）供电设备技术水平参差不齐，同一种类设备类型多且难以统一，配合复杂，管理维护困难。

二、煤矿企业对供电系统的要求

基于煤矿生产的特殊性，煤矿企业对供电系统有以下要求：

1. 供电的安全性

供电的安全性是指在电能的供应、分配和使用中不应发生人身触电伤亡事故和设备毁坏事故。煤矿生产环境复杂，自然条件恶劣，供电线路和电气设备在井下易受损，在使用电能的过程中，稍有疏忽就会造成漏电及人身触电事故，甚至引发瓦斯或煤尘爆炸等。所以煤矿井下必须采取防爆、防触电、防潮和过流保护等一系列安全技术措施，严格遵守《煤矿安全规程》的有关规定，正确选择设备，确定供电系统方案，经常进行检修，以确保煤矿供电安全。

2. 供电的可靠性

供电的可靠性是指供电不可中断，以满足用户对供电连续性的要求。煤矿供电一旦中断，不仅会造成全矿停产，还会造成通风机、主排水泵等关键安全设备停止运转，危及矿井作业人员的安全，严重时可能造成矿井损毁。因此，为了保证煤矿供电的可靠性，要根据煤矿电力负荷的重要程度及其对供电可靠性的要求，采取不同的供电方式。对重要负荷供电，可采取监视、维护、定期试验检修等方法，确保设备工作可靠。供电系统中应有备用容量，以备急需。主排水泵、副井提升机等可采用双回独立线路供电。

3. 供电质量

供电质量主要指满足用户对电压和频率质量（也包括电压波形）的要求，即要求电压幅值和频率保持在允许范围内，并使波形畸变不超过允许值。

电压和频率超出允许范围，就会影响供电系统的稳定运行，使生产受到较大影响。电压、

频率偏离是指由于种种原因，送到用电设备上的端电压和频率与额定值的差异，它是反映供电质量的重要指标。我国对供电质量的要求：供电电压偏离幅度不超过额定值的 ±5%；频率偏离幅度要求 3 000 kW 以上的系统不超过额定值的 ±0.2 Hz，3 000 kW 以下系统不超过额定值的 ±0.5 Hz。

交流电压波形畸变，表示电网含有高次谐波。谐波含量过高，会使继电保护、自动装置、计算机等不能正常工作，所以波形畸变通常不允许超过 5%，煤矿 6 kV（10 kV）母线上不允许超过 10%。

4. 供电能力

这不仅要求电力系统或发电厂能够供给煤矿充足的电量，而且要求煤矿供电系统的供电设施具有足够的供电能力。

5. 供电的经济性

煤矿供电系统在满足以上基本要求的基础上，应尽量降低煤矿各级变电所与电网的基本建设投资，降低设备材料和有色金属的消耗量，做到供电系统简单、操作方便、基本建设投资和运行维护费用低。

对煤矿进行可靠、安全、经济、合理的供电，对提高煤矿经济效益和保证安全生产具有十分重要的意义。

三、煤矿电力负荷的分级和分类

煤矿电力负荷一方面是指用电设备或电力用户，另一方面是指电气设备或电力用户消耗的电流或电功率。这里所讲的电力负荷是指前者。

1. 煤矿电力负荷分级

煤矿电力负荷根据其对供电可靠性的要求，并综合考虑中断供电对人身安全、经济损失的影响程度进行分级。一般将煤矿电力负荷分为三级进行管理，以便在不同情况下合理地供电。

（1）一级电力负荷。凡突然中断供电会造成人员伤亡事故，损坏重要设备且难以修复，致使长期不能恢复生产，对经济等造成重大影响和损失的，均为一级电力负荷。

煤矿一级电力负荷主要有矿井主要通风机、井下主排水泵、井下各水平的中央变电所、升降人员的立井提升设备、瓦斯抽放设备等。这类电力负荷都与保护矿井安全有关，故又称保安负荷。对于一级电力负荷，必须设置两个独立电源供电，当一路供电发生故障时，另一路供电能够保证立即投入运行。

（2）二级电力负荷。凡突然中断供电会使生产、经济等方面造成较大损失或影响重要设备正常工作的，均为二级电力负荷。

煤矿二级电力负荷主要有矿井升降人员的斜井提升设备、提升煤和物料的立井提升设备、地面集中空气压缩机站、矿灯充电设备、井筒保温设备、以电机车为主要运输方式的整流和充电设备、采区变电所和综采工作面的电气设备，以及矿井上下主要生产环节的照明设备、大中型监控与管理计算机的用电设备、电气集中的铁路运输信号设备、职工医院的手术室等。

对于中小型煤矿的二级电力负荷，通常采用单一回路电源供电，备有变压器和电缆，便于应急更换。对于大型煤矿的二级电力负荷，通常采用双回路电源供电。

（3）三级电力负荷。不属于一级电力负荷和二级电力负荷的为三级电力负荷。三级电力负荷如地面机修厂和职工生活用电设备等，可设单一回路供电。

2. 煤矿电力负荷分类

煤矿电力负荷按其工作制可分为 3 类。

（1）连续工作制负荷。连续工作制负荷是指长时间连续工作的用电设备。其运行特点是负荷比较稳定，连续工作发热使其达到热平衡状态，其温度达到稳定温度。用电设备如泵、通风机、压缩机、电炉、运输设备、照明设备等，大多属于连续工作制负荷。

（2）短时工作制负荷。短时工作制负荷是指工作时间短、停歇时间长的用电设备。其运行特点为工作时其温度达不到稳定温度，停歇时其温度降到环境温度，此负荷在用电设备中所占比例很小，如机床的横梁升降、刀架快速移动电动机等。

（3）反复短时工作制负荷。反复短时工作制负荷是指时而工作、时而停歇、反复运行的设备。其运行特点为工作时温度达不到稳定温度，停歇时其温度也达不到环境温度。此类负荷如起重机、电梯、电焊机等。

对煤矿企业电力负荷进行分类，有利于合理地供电。对于重要负荷，要把安全放到首位，通常采用双回路或环形回路供电，保证供电绝对可靠。对于次要负荷，应多考虑供电的经济性。

【注意】

在一级电力负荷中，当突然中断供电将造成人员伤亡或重大设备损坏或发生中毒、爆炸、火灾等情况的负荷，以及特别重要场所的不允许中断供电的负荷，应视为特别重要负荷。对于此类负荷，除必须设置两个独立电源供电外，还应增设应急电源，并严禁将其他负荷接入应急供电系统。

四、煤矿供电电压的等级及作用

1. 电气设备的额定电压

电气设备的额定电压（又称标准电压）是指发电机、变压器和用电设备在正常运行时技术性能最好、经济效益最佳的工作电压。它是国家根据国民经济发展的需要，考虑经济技术的合理性以及电气设备的制造技术水平等因素，对供电系统中所有设备的电压进行全面分析、研究而作出的统一规定，从而使电网的额定电压与电气设备的额定电压相对应，便于量化生产和统一使用。

供电系统中的所有电气设备，都有其额定电压和频率。电气设备在其额定电压和频率下工作时，其综合的经济效益最好。以感应电动机为例，若电压偏高，虽转矩增大，但电流和

温升也增大，其绝缘严重受损，使用寿命将缩短；若电压偏低，则转矩将减小，而在负荷转矩要求一定的情况下，绕组电流必然增大，其绝缘受损，使用寿命也将缩短。若电源频率偏高或偏低，也将严重影响电动机的转矩和使用寿命。又如，照明灯具若电压偏高，其使用寿命将大大缩短；若电压偏低，则灯光明显变暗，严重影响工作效率和人的视力健康。

【知识拓展】

供电系统供电电压相关规定

电力线路的额定电压等于与其连接的用电设备的额定电压。一般供电设备的额定电压应高出系统和用电设备额定电压的5%，用以补偿正常负荷时线路上的电压损失，使设备获得近似额定的电压。

用于升压的电力变压器，其一次侧额定电压与发电机的额定电压相同，二次侧额定电压可比线路额定电压高10%。用于降压的电力变压器，一次侧额定电压比线路额定电压高5%，二次侧额定电压与用电设备额定电压相同。

2. 电压等级的确定原则

电压等级的确定，取决于供电的功率及供电距离。供电功率越大，输送距离越远，需要的电压等级越高。这是因为供电功率越大，线路中的电流越大；距离越远，线路的阻抗越大。这就使得线路的功率损失和电压损失越大。提高供电电压后，在功率一定的情况下，线路中的电流会降低，从而减少损失，提高供电质量和经济性。

目前我国常用的电压等级有220 V、380 V、6 kV、10 kV、35 kV、110 kV、220 kV、330 kV、500 kV和1 000 kV，规定的安全电压为42 V、36 V、24 V、12 V和6 V共5种。

我国最高交流电压等级是1 000 kV（长治—荆门线），于2008年12月30日投入运行。

直流电压等级中，800 kV以下称为高压，800 kV及以上称为特高压。

10 kV及以下配电线路的输送容量与输送距离的关系见表1－1。

表1－1　　10 kV及以下配电线路的输送容量与输送距离的关系

电压等级	架空线路		电缆线路	
	输送容量	输送距离	输送容量	输送距离
220 V	＜60 kW	＜150 m	＜100 kW	＜200 m
380 V	＜100 kW	＜250 m	＜175 kW	＜350 m
3 kV	＜1 MW	1～3 km	＜1 500 kW	＜1 800 m
6 kV	＜2 MW	5～10 km	＜3 MW	＜8 km
10 kV	＜3 MW	8～15 km	＜5 MW	＜10 km

3. 煤矿常用电压等级

为使煤矿电气设备和线路标准化，以便于安装、使用和维护，国家有关部门根据煤矿生产条件的特殊性、煤矿电气设备的实际应用情况，制定了煤矿常用电压等级及应用范围，见表1－2。

表 1－2　　煤矿常用电压等级及应用范围

性质	电压等级	应用范围
交流电	36 V	井下电气设备的控制电源及局部照明的额定电压
	127 V	井下照明及手持式电气设备、矿井信号的额定供电电压
	220 V	矿井地面照明和单相动力设备的额定供电电压
	380 V	地面和小型矿井井下低压动力电网的配电电压及低压动力设备的额定电压
	660 V	井下低压动力电网的配电电压及低压动力设备的额定电压
	1 140 V	井下综采工作面的配电电压和动力设备的额定电压
	3 kV、6 kV、10 kV	井上、井下高压配电电压和高压电动机的额定电压
	35 kV、60 kV、110 kV	地面高压输电线路的供电电压及矿井地面变电所的配电电压
	220 kV、≥ 330 kV	地面超高压输电线路输电电压
直流电	250 V、550 V	架线式电机车的额定电压
	750 V、1 500 V	露天煤矿工业电机车的额定电压
	110 V、220 V	地面变电所二次回路电源电压
	4 V	酸性矿灯电源电压
	2.5 V	碱性矿灯电源电压

矿井配电网电压等级越少，越有利于供电工作的维护和管理。

4. 10 kV 电压下井的优点及规定

随着井下机械化程度的提高，以及采掘工作面机组容量的加大，6 kV 供电电压在某些煤矿已不能满足要求，目前一些大型矿井开始采用 10 kV 电压。10 kV 电压下井提高了供电的经济性并扩大了供电范围。

（1）10 kV 电压下井的优点：

①对于大型矿井，10 kV 输电比 6 kV 输电的电能损耗小，同时也没有 10/6 kV 变压器的损耗；在输送能量一定的情况下，电压越高，电流就越小，输电所需导线的截面面积也越小。

②对于中小型矿井，采用 10 kV 直接下井，可减少因设置变电所而造成的主变压器多余容量的初装增容费，减少年运行费用，简化供电系统，减少电网事故，提高运行的可靠性。

（2）10 kV 电压直接下井的规定。井下供电电压越高，电网对地电容电流越大，接地电火花能量越大，人身触电伤亡的危险性及瓦斯、煤尘爆炸的可能性也越大。因此，采用 10 kV 电压直接下井，应遵循下列规定：

①采用的 10 kV 矿用电气设备，必须通过部级技术鉴定；

②10 kV 系统投入运行前，必须按有关规定进行验收、检查、试验；

③必须装设 10 kV 单相接地保护、保护接地，并按有关规定进行各项试验；

④10 kV 矿用监视屏蔽型橡套电缆的相互连接及其与设备的连接，必须采用 10 kV 专用的电缆终端。

第二节　煤矿供电系统

煤矿供电系统根据矿区范围、机械化程度、矿层结构、采煤方法、矿层埋藏深度、矿井涌水量大小等因素，采取不同的供电方式。矿井典型的供电方式有深井供电系统、浅井供电系统和平硐开采的供电系统 3 种。本节主要介绍深井供电系统和浅井供电系统。

一、深井供电系统

对于开采煤层深、用电负荷大的矿井，通过井筒将3～10 kV的高压电能经电缆送入井下，称为深井供电。深井供电系统采用三级供电方式，即地面变电所、井下中央变电所、采区变电所或移动变电站。其特点是用电缆将高压电能送到井下直到采区变电所，在井底车场设置井下中央变电所，在采区设置采区变电所。深井供电系统适用于矿层埋藏深、倾角小，采用立井和斜井开拓、生产能力大的矿井。图 1－1 所示为典型的深井供电系统，包括矿井地面供电系统和井下供电系统两部分。

地面供电系统由地面供电线路、地面变电所、风井变电所、地面变电亭和车间变电所（配电室）等组成。矿井地面的高压电动机（如主副井提升设备、主要通风设备和空气压缩机等）、负荷点（如矿井选煤厂、机修厂和居住区等）由地面变电所直接用 10 kV 电压供电。井口附近的低压电力负荷（如锅炉房、井口照明及信号电路等）由变电所用 380 V/220 V 电压直接供电。对于较分散的用电设备，可在适当地点设配电点或配电亭供电。

井下供电系统由井下中央变电所、整流变电所、采区变电所、工作面配电点、供电线路和保护装置等组成。

（1）井底车场的主排水泵通常用高压供电。由于主排水泵为一级电力负荷，应把它们分别接在变电所母线的两段上。

（2）井下中央变电所设置动力变压器及照明变压器，供给井底车场及附近巷道和硐室的低压动力及照明用电。

（3）井下电机车用的直流电，可由井下中央变电所整流后供给，也可以在井底车场另设变电所供电。

（4）从中央变电所高压母线上引出电缆对采区变电所供电。采区变电所设置降压变压器进行降压，将低压电能用电缆送至工作面配电点，再分别送至采掘工作面各个用电设备。

（5）移动变电站用来把煤矿井下中央变电所或采区变电所引来的 10 kV 高压变为低压并向采区电气设备供电。它由特制的高压配电装置、干式变压器及低压配电装置所组成，可在平巷的轨道上移动，一般距工作面的距离较近。

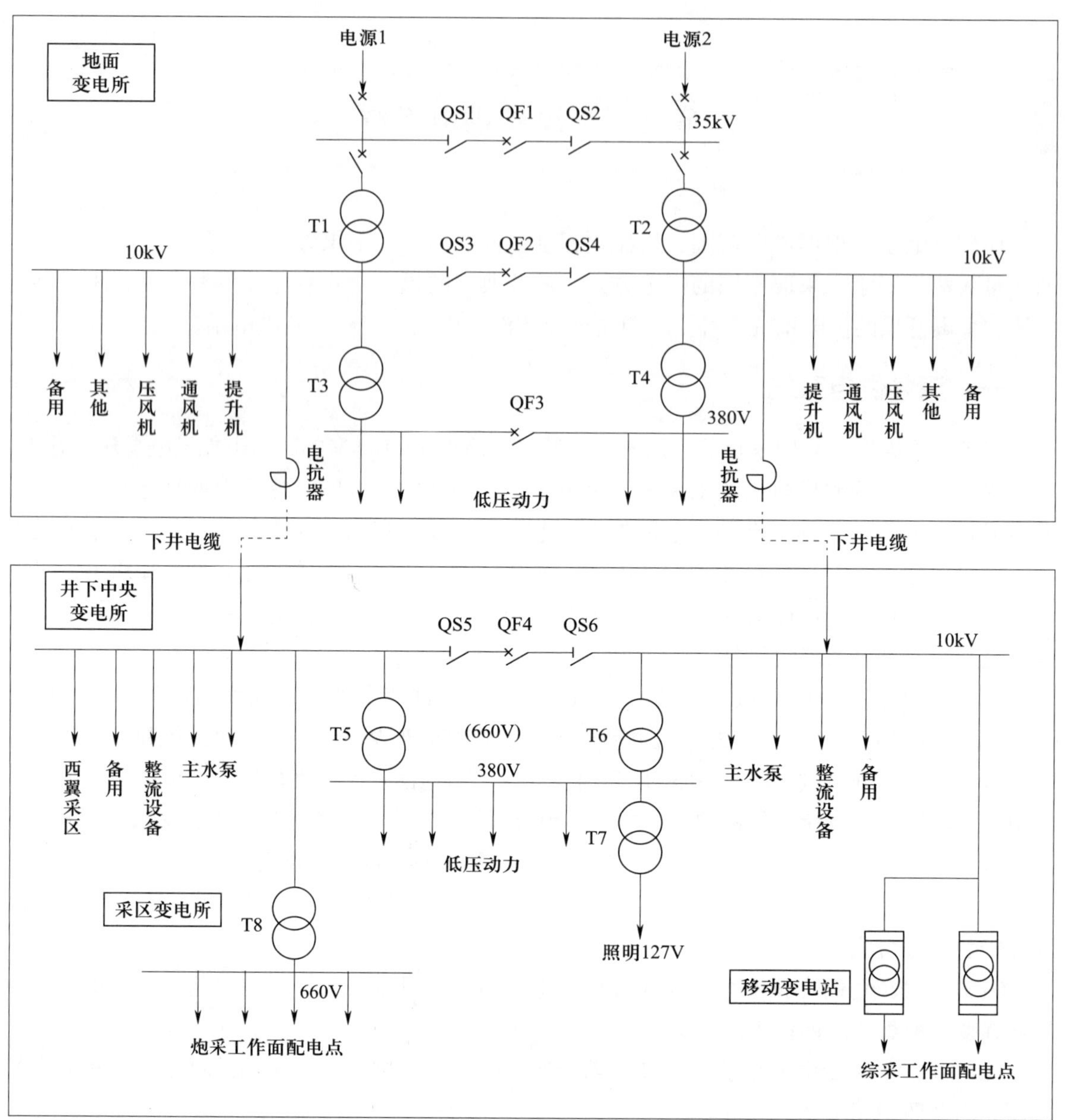

图 1-1　典型的深井供电系统

二、浅井供电系统

如果矿井煤层埋藏深度距地表 100～150 m，且电力负荷较小，井底涌水量不大，可通过井筒将低压电能经电缆直接送入井下，井底不需要开设专门的变电所硐室，此系统称为浅井供电。图 1-2 所示为典型的浅井供电系统。

根据煤矿用电情况，浅井供电有以下 3 种方式：

（1）井下涌水量小，井底不设由高压电动机驱动的水泵，采区用电负荷不大时，矿井地面变电所不向井下配送高压电能，而是在地面将电网电压降低到 380（660）V，用电缆沿井筒送到井底车场的低压配电所，然后再配送到井底车场及其附近的低压用电设备上，如图 1－2 中间电路所示。对采区的供电，可在与采区相对应的地面设置采区地面变电亭，由矿井地面变电所用高压架空输电线路将 10 kV 高压电能送到此变电亭，用变压器降压至 380（660）V，然后用低压电缆经钻孔将其送到井下采区内低压配电所（不设采区变电所），再配送到各工作面配电点和附近的电气设备，如图 1－2 右边电路所示。这种方式的优点是节省井下大量昂贵的高压电气设备、电缆和变电所硐室设施，不会发生井下高压触电事故。缺点是从地面向井下钻孔下线时，为防止钻孔塌落，钻孔内要套装钢管加固，这些钢管通常无法回收。

（2）当井下涌水量较大，井底必须设置由高压电动机驱动的水泵，但采区用电量不大时，可对井底车场部分采用高压供电，在井底车场附近设置井下中央变电所，但对采区的供电仍由地面钻孔向井下采区提供低压电能。

（3）如果采区的用电负荷很高，也可以在采区地面设置高压配电所，将高压电能经钻孔送到采区变电所，如图 1－2 左边电路所示。

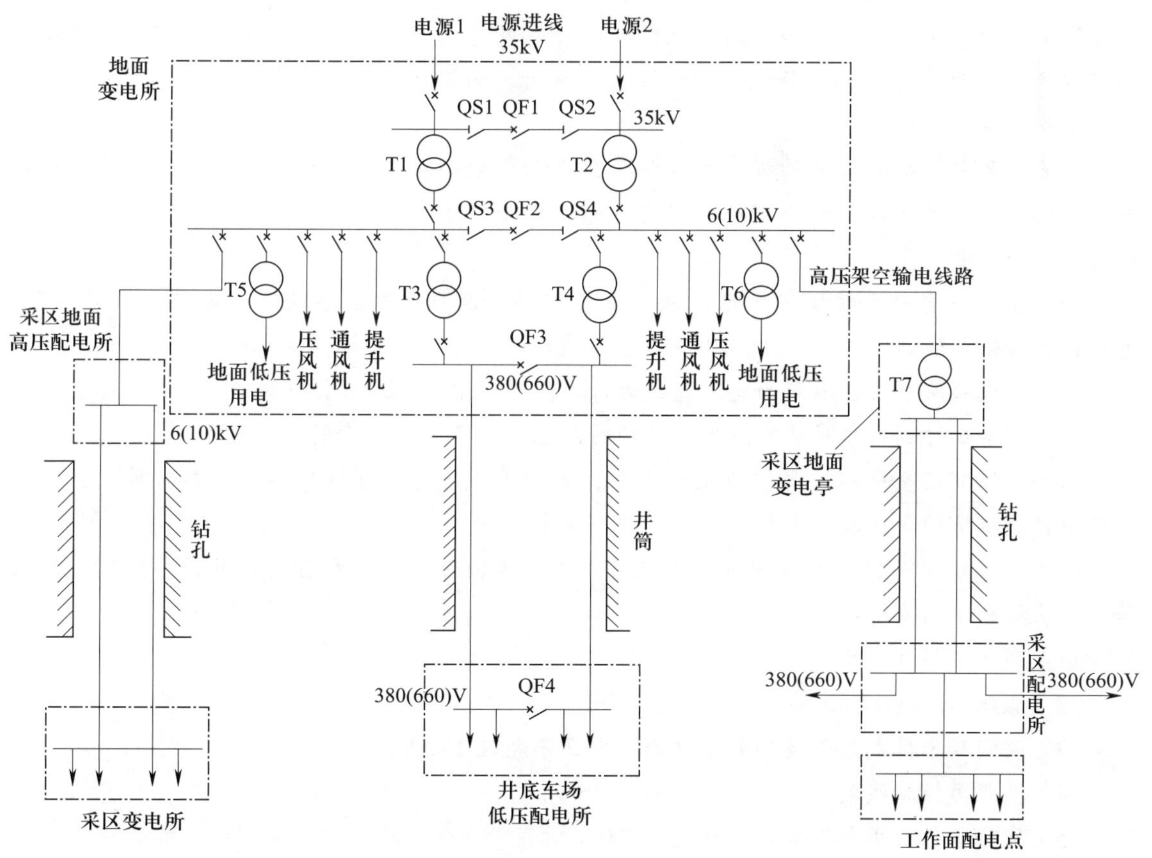

图 1－2　典型的浅井供电系统

【注意】

矿井供电系统的形式，在实际工作中，要根据矿井的具体情况，经过分析比较再确定。

【知识拓展】

《煤矿安全规程》对煤矿供电系统的有关规定

根据《煤矿安全规程》第四百七十二条，矿井应有两回路电源线路。当任一回路发生故障停止供电时，另一回路应能满足矿井全部一级电力负荷、二级电力负荷电力需求。

矿井的两回路电源线路上都不得分接任何负荷。

正常情况下，矿井电源应采用分列运行方式。若一回路运行，另一回路必须带电备用。带电备用电源的变压器可以热备用；若冷备用，备用电源必须能及时投入正常运行，保证主要通风机在 10 min 内启动和运行。

10 kV 及以下的矿井架空电源线路不得共杆架设。

矿井电源线路上严禁装设负荷定量器等各种限电断电装置。

根据《煤矿安全规程》第四百七十四条，对井下各水平中央变（配）电所和采（盘）区变（配）电所、主排水泵房和下山开采的采区排水泵房供电线路，不得少于两回路。当任一回路停止供电时，其余回路应能承担全部用电负荷。向局部通风机供电的井下变（配）电所应采用分列运行方式。

主要通风机、提升人员的提升机、抽采瓦斯泵、地面安全监控中心等主要设备房，应各有两回路直接由变（配）电所馈出的供电线路；受条件限制时，其中的一回路可引自上述同种设备房的配电装置。

向突出矿井自救系统供风的压风机、井下移动瓦斯抽放泵应各有两回路直接由变（配）电所馈出的供电线路。

上述供电线路应来自不同的变压器或者母线段，线路上不应分接任何负荷。

上述设备的控制回路和辅助设备，必须有与主要设备同等可靠的备用电源。

根据《煤矿安全规程》第四百七十六条，严禁井下配电变压器中性点直接接地。严禁由地面中性点接地的变压器或发电机直接向井下供电。

根据《煤矿安全规程》第四百八十一条，井下各级配电电压和各种电气设备的额定电压等级，应符合下列要求：

（1）高压不超过 10 kV；

（2）低压不超过 1 140 V；

（3）照明和手持式电气设备的供电额定电压不超过 127 V；

（4）远距离控制线路的额定电压不超过 36 V；

（5）采掘工作面用电设备电压超过 3 300 V 时，必须制定专门的安全措施。

根据《煤矿安全规程》第四百八十二条，井下配电系统同时存在 2 种或 2 种以上电压时，配电设备上应明显地标出其电压额定值。

思考练习题

1. 什么是供电系统？其主要作用是什么？
2. 什么是煤矿供电系统？有哪几种供电方式？怎样确定？
3. 简述煤矿企业对供电系统的要求。
4. 简述国家对煤矿电力负荷的分类条件和要求。
5. 煤矿常用的电压等级有哪些？根据什么条件选择煤矿输电线路的电压等级？

第二章

煤矿变配电系统

学习目标

1. 了解矿井地面配电网络的结构特点及要求。
2. 掌握变（配）电所的接线形式和要求。
3. 了解煤矿井下变配电系统的主要电气设备及作用。
4. 熟悉煤矿井下变配电系统的结构特点和供电要求。
5. 掌握煤矿井下变配电系统的设备布置和要求。
6. 熟悉低压相序的核定和高压相序的核定。

学习导引

电力配电网络按电压的高低分为高压配电网络和低压配电网络。配电网络的作用是汇集和分配电能，从上一级的降压站（变电所）向下一级的降压站（变电所）或用电设备配送电能。

第一节　矿井地面变电所

一、供电网络的接线方式

供电系统接线是指由各种电气设备及其连接线构成的电路，其接线方式通常可根据变电所的位置、用电容量、负荷等级以及附近用户合理分配等情况来确定。

供电系统接线按布置方式分为放射式接线网络、树干式接线网络、环式接线网络等，按运行方式分为开式网络和闭式网络，按可靠性分为无备用网络、有备用网络。

1. 放射式接线网络

放射式接线网络主要由降压站（3～10 kV）引出多条独立线路，每条线路均向一个或几个配电站供电。

放射式接线网络的特点是维护方便，保护简单，便于发展，但可靠性较差。

（1）单回路放射式。单回路放射式接线如图 2-1 所示，在上一级降压站（变电所）的馈出母线上引出多条回路，直接向下一级降压站（变电所）或用电设备供电。各条引出线之间无联系，其沿线不分支，不接其他负荷。这种布置方式的优点是系统简单，运行维护方便；缺点是使用的开关、线路多，供电可靠性差。单回路放射式接线适用于三级负荷、二级小负荷或某些专用设备的供电。

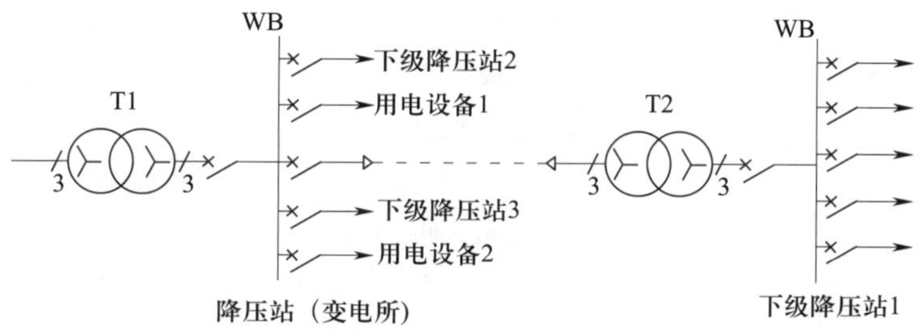

图 2-1　单回路放射式接线

（2）双回路放射式。

①单电源双回路放射式。单电源双回路放射式接线如图 2-2 所示，从一段母线上并列引出两条回路，每条回路由单独的开关控制。双回路放射式供电可靠性高，既可并列运行，也可一路运行、一路备用，运行灵活，适用于二级负荷。

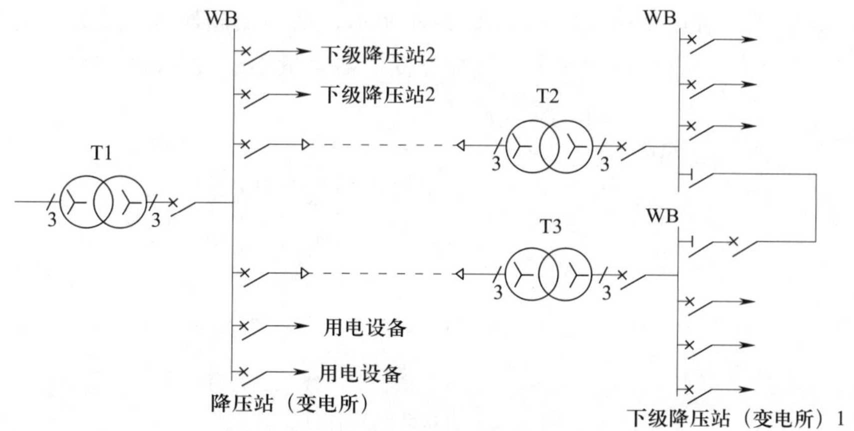

图 2-2　单电源双回路放射式接线

②双电源双回路放射式。双电源双回路放射式接线如图 2-3 所示，在上一级变电所设

置两套电源，分别接在不同的母线上，向下一级变电所或用电设备供电。当任一路电源或线路发生故障时，可通过另一路电源或线路向负荷供电。这种接线所用设备多，用线长，投资大，继电保护设置相对困难，负荷不大时将造成有色金属材料的浪费。这种接线从电源到负荷都是双套设备投入工作，并且互为备用，所以供电可靠性高，适用于容量较大的一级和二级负荷。

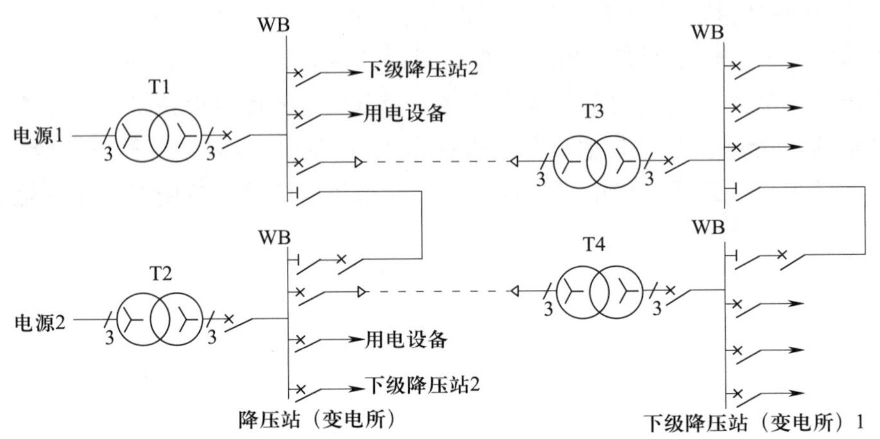

图 2－3　双电源双回路放射式接线

2. 树干式接线网络

树干式接线网络由降压站（3～10 kV）引出一条或几条主干线路，每条线路可向几个变（配）电所供电。树干式接线比较灵活，便于增加或减少变（配）电所的数目，比放射式接线网络使用的设备少，可使网络简化。任何一个变（配）电所的变压器均有切断设备，当变压器发生故障时，并不影响其他变（配）电所的供电。但当主干线上发生故障时，连接在这条主干线上的负荷均会停电。所以，树干式接线网络的缺点是供电可靠性较差，仅适用于二级和三级负荷，且主干线上所连接的负荷不宜过多。

（1）直接联络式。直接联络式接线如图 2－4 所示，从一路高压配电干线上直接引出分支线向用户供电，分支线一般不超过 5 个，且配电变压器容量不超过 3 000 kV · A。

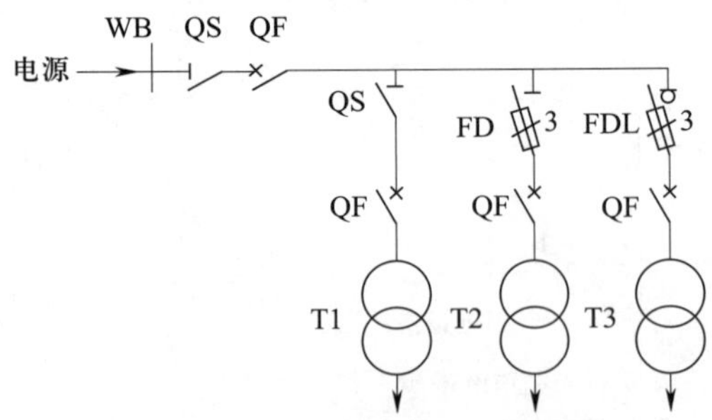

图 2－4　直接联络式接线

直接联络式通常适用于架空线上对三级负荷分散用户供电，也可用于井下电缆线路对多台顺槽输送机供电。优点是回路少，高压配电装置数量少，造价低；缺点是当公用干线发生故障时将全部断电，可靠性较差。

（2）贯穿联络式。贯穿联络式接线如图 2－5 所示。为提高树干式接线的可靠性，各用户采用进出线均装隔离开关的方式引接分支线，形成串联型树干式接线，可缩小某段干线故障时引起的停电范围，但设备资金投入增加。

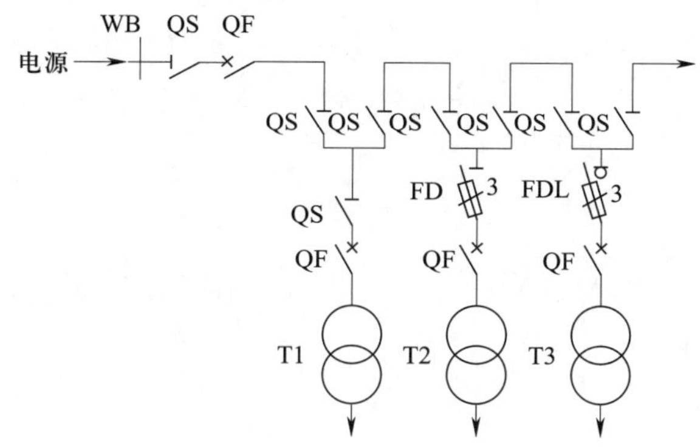

图 2－5 贯穿联络式接线

（3）备用干线的树干式。为提高单回路树干式接线方式的可靠性，可采用备用干线的方式供电，其接线如图 2－6 所示。当干线上任一处或任一干线发生故障（或需要检修）时，可通过开关切换由备用干线从另一侧供电，从而进一步缩小停电范围。

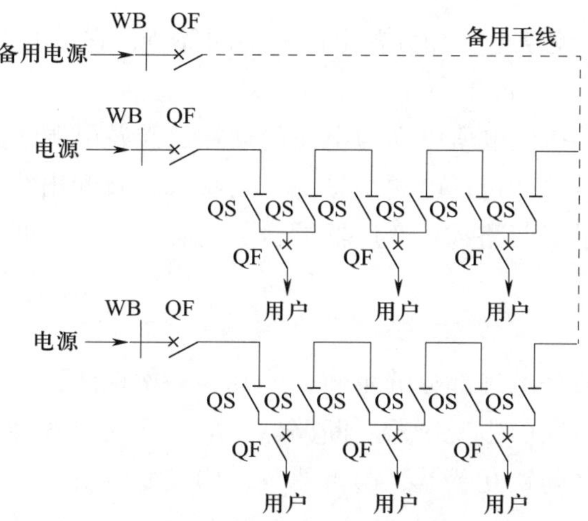

图 2－6 备用干线的树干式接线

3. 环式接线网络

如图 2－7 所示，同电压的变电所相连构成环形，每个变电所都有两路进线，当其中一路发生故障时，可由另一路供电，因而具有可靠性高、运行灵活的特点，适用于一级和二级负荷的供电系统。

环式接线网络的导线截面面积按故障情况下能承载环网的全部负荷考虑，有色金属材料用量较多，故适用于电源距矿区用户较远，而用户间距较近，且负荷相差不太悬殊的供电系统。环式接线的缺点是运行、保护整定困难。

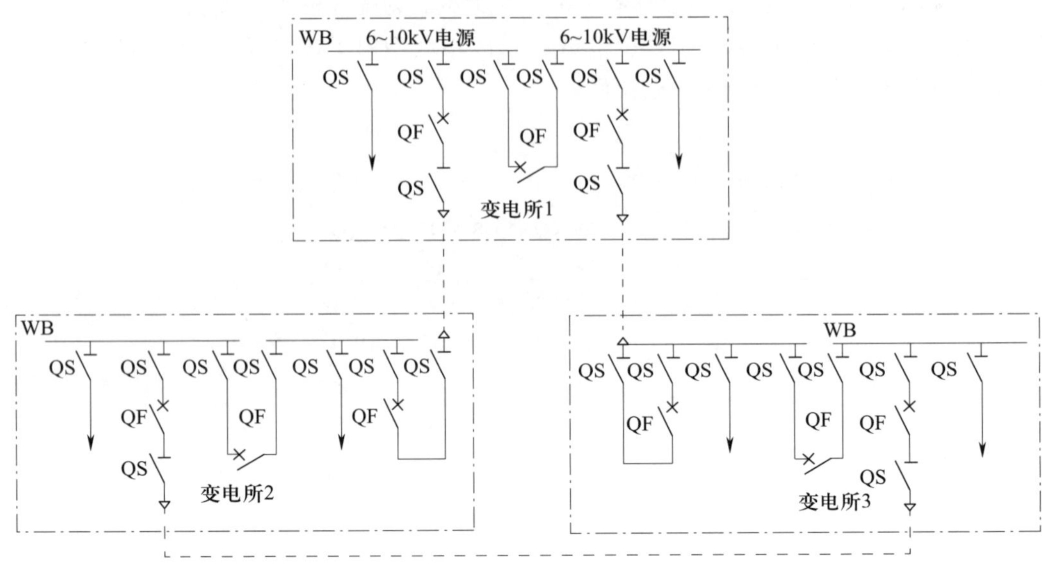

图 2-7　环式接线

二、变电所的接线形式与确定原则

变电所是汇集电能、变换电压和分配电能的中间环节，它由电力变压器及配电设备组成。不含电力变压器的变电所称为配电所（室）。

变电所的接线形式是指变电所中动力电路的连接，涉及电源线路与变压器的连接、母线系统、负荷馈出线的设置等，包括电源主接线、二次母线及配出线 3 部分。变电所的具体接线形式与变电所的电源进线回路数、变压器的台数与容量、负荷的级别与要求，以及负荷大小、与电源的距离等因素有关。

1. 电源主接线

变电所的电源主接线是电气部分的主体，又称为一次接线，是指变电所受电线路与主变压器的连接。它将电源进线、主变压器、断路器、隔离开关等各种电气设备通过母线（或导线、电缆等）连起来，并配置互感器、避雷器等，构成变电所汇集和分配电能的体系，用于接收和分配电能。

通常，可用电气主接线图表示各主要设备的规格、数量、作用、连接方式和各回路间的相互联系。电气主接线图是用规定的设备文字符号和图形符号，按其实际连接顺序绘制而成的，通常用单线图表示。如果三相不尽相同，则局部可以用三线图表示。

变电所常用的电源主接线形式有线路变压器组接线、桥式接线等。

（1）线路变压器组接线。单回电源进线—变压器组的典型接线如图 2-8 所示。其共同特点是单回电源进线经过一台主降压变压器向厂内配电母线供电。这种接线结构简单，不需要高压配电装置，所用电气设备少、投资小，但供电可靠性较差，适合对供电可靠性要求不高的某些中小型变电所。只有一路供电电源和一台变压器时，宜采用这种形式。

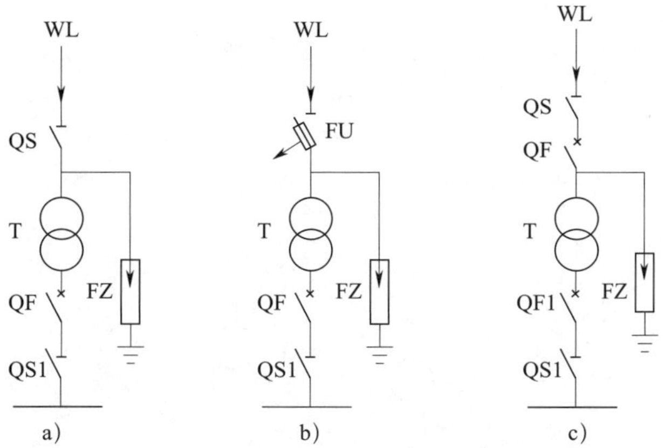

图 2-8　单回电源进线—变压器组的典型接线

a）隔离开关作为进线开关　b）跌落式熔断器作为进线开关　c）断路器作为进线开关

QS、QS1—隔离开关　QF、QF1—断路器　FU—跌落式熔断器　FZ—避雷器　T—变压器

变压器电源侧的控制方案可根据变压器容量大小和其负荷侧出线回路的多少，分别采用隔离开关、跌落式熔断器或断路器控制，具体如下：

①当供电线路不长，供电容量不大，上一级变电所的保护装置能保护本级变电所的变压器内部和低压侧短路故障时，可采用隔离开关作为进线开关，此时隔离开关应能切断变压器的空载电流，二次回路必须装断路器；

②当供电线路较长，短路容量不大，熔断器能切除短路故障时，则可采用跌落式熔断器作为进线开关，二次回路必须装断路器；

③当供电线路过长，如果熔断器的断流能力不够，又要考虑操作方便时，应采用断路器作为进线开关。

（2）桥式接线。对具有两回电源进线、两台变压器的变电所，可采用桥式接线。“桥”由断路器和隔离开关组成，用以进行线路的横联和跨接。正常运行时，断路器闭合。

桥式接线工作可靠、灵活，使用的设备少，装置简单，建设费用低，并且易发展为单母线分段接线或双母线接线，因此广泛使用在 220 kV 及以下的变电所中，还可以作为建设初期的过渡接线。

这种线路通常用于电压为 35～110 kV、双电源进线的终端变电所。根据跨接桥和横联位置的不同，桥式接线可分为内桥式、外桥式和全桥式，如图 2-9 所示。

①内桥式。内桥式接线的“桥”设置在变压器侧，线路的投入、切除和倒换比较方便，设备投资与占地面积较少。它由受电线路的两台断路器和内桥上的母联断路器组成，主变压器与一次母线通过隔离开关连接，受电线路较长。

内桥式接线的优点是高压断路器数量少。内桥式接线的缺点是变压器的切除和投入较复杂，需操作两台断路器；出线断路器检修时，线路需停运较长时间；操作变压器和后期扩展不如全桥式接线方便。

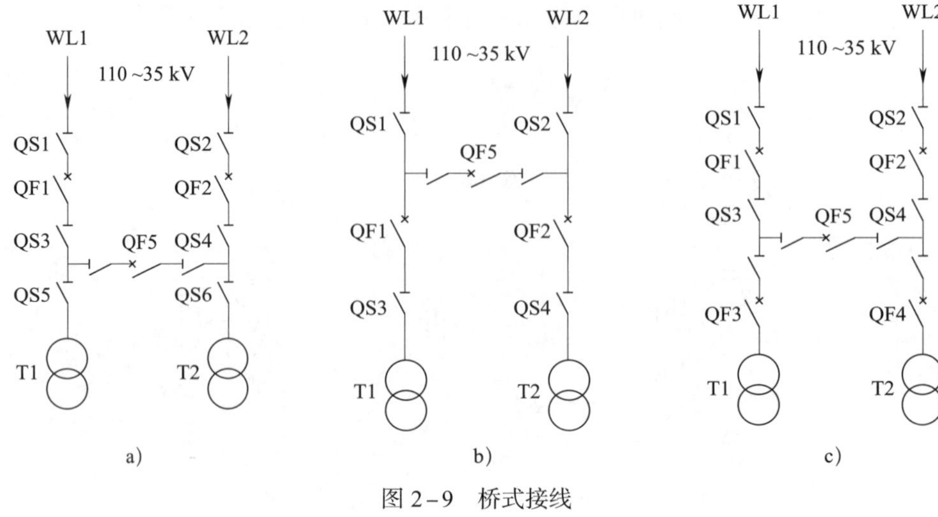

图 2-9　桥式接线

a）内桥式　b）外桥式　c）全桥式

QS1、QS2、QS3、QS4、QS5、QS6—隔离开关　QF1、QF2、QF3、QF4、QF5—断路器　T1、T2—变压器

内桥式接线适用于电源进线长、线路故障多、变压器负荷较平稳且不需要经常切换的变电所。

②外桥式。外桥式接线的“桥”设置在线路侧。它由主变压器一次侧的两台断路器和外桥上的联络断路器组成，进线通过隔离开关连接。这种接线在外部系统和受电线路保护对变电所受电侧无要求时和变电所内主变压器要求经常切换时使用。

外桥接线的优点：高压隔离开关数量少；变压器切换方便，其电源进线端只设隔离开关，继电保护简单，易于过渡到全桥式接线形式，并且投资少、占地面积小。外桥接线的缺点：变压器的投入和切除较复杂，线路倒换操作不方便。

外桥式接线适用于电源线路短、线路故障少、变压器负荷变化大且需要经常切换的变电所。此外，线路有穿越功率时，也宜采用外桥式接线。

③全桥式。主变压器一次侧由断路器与母线连接，环形系统中的变电所在操作时常被迫用隔离开关切合空载变压器。

全桥式接线的优点是适应性强，操作方便，运行灵活，易于发展成单母线分段的中间变电所。缺点是设备多，投资大，占地面积大。

变电所电源主接线形式的确定，与电气设备的选择、布置与安装以及工作运行的可靠性、灵活性、经济性和安全性等有着密切的关系。对于变电所电源主接线，应做到操作安全简便，运行灵活可靠，使用经济合理，维护检修方便，还要考虑以后发展的需要。

2. 二次母线

二次母线也称汇流排，是电路中的主干线。在变电所的各级配电装置中，将同一电压等级的所有进出线连接在一起的总导线就是母线。其作用是汇集、分配和传输电能。变电所二次母线的接线形式如图 2-10 所示。

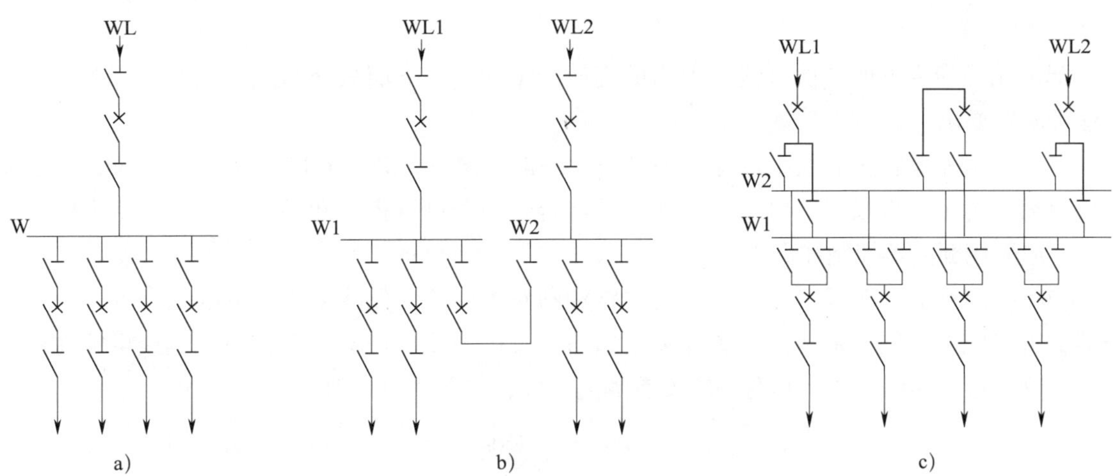

图 2－10　变电所二次母线的接线形式

a）单母线不分段　b）单母线分段　c）双母线

（1）单母线。进出线均有断路器、与母线相连的母线隔离开关，以及与负荷线路相连的线路隔离开关。单母线一般有单母线不分段和单母线分段两种典型接线。

图 2－10a 所示的是单母线不分段接线形式，用于只有单回进线的场合。其优点是接线简单清晰，所用电气设备较少，建造费用低，投资小。隔离开关仅在检修时用于隔离电源，不作其他用途，便于扩建和采用成套配电装置。缺点是可靠性和灵活性较低，母线或主干线上的设备如变压器、断路器、隔离开关等发生故障或检修时，需要全部停电，从而影响母线全部负荷的用电，故供电可靠性差。所以，它只适用于容量小、单电源供电的非重要变电所。

图 2－10b 所示为单母线分段接线形式，两条电源进线分别接在两段母线上。

对于变电所重要用户的配出线，必须分别接在两段母线上，构成平行双回路或环形回路，以防某段母线发生故障导致供电中断。

对于一般用户，如果采用单回路供电，可将它们分散接在两段母线上，使两段母线的负荷尽量均匀分配。

单母线分段接线的优点是所用电气设备少（与双母线接线形式相比），经济实用，结构简单，操作安全，供电可靠性好。缺点是当某一段母线或母线隔离开关发生故障或检修时，该段母线回路停电。扩建时需要向两个方向均匀扩展。因此，它适用于出线回路不多、母线故障率低的变电所，常见于矿井变电所。当每段母线出线回路较多时，应采用断路器作为两段母线的分段开关。当母线出线回路较少时，改用隔离开关作为母线分段开关比较经济。

（2）双母线。图 2－10c 所示为双母线接线，两母线之间用断路器连接，互为备用，变电所内的电源进线与负荷配出线都通过隔离开关分别接在两条母线上。所以不论哪一段母线与电源同时出现故障，都不会影响对用户的供电。因此，该接线形式供电可靠性高，运行灵活，扩建方便。缺点是所用电气设备多，投资大，接线复杂，操作安全性较低。双母线接线多用于对供电可靠性要求较高的区域变电所，中小型工厂供配电系统中通常不采用。

3. 配出线

配出线是指变电所二次母线上引出的高压配电线路。下面只介绍配出线所用开关的确定方法和配置要求。

（1）根据配电容量的大小选择开关种类。一般情况下，对于 6 kV、320 kV·A 以下的非重要负荷，为了节省投资，可采用负荷开关配合熔断器进行控制和保护。对于容量大的重要负荷，应采用断路器控制和保护。

（2）隔离开关的布置。在检修母线线路和断路器时，为保障工作人员的人身安全，在断路器靠近母线的一侧必须装设隔离开关，如图 2-11a 所示。向双电源用户配电或可能在检修时发生反向送电的断路器，其两侧应安装隔离开关，如图 2-11b 所示。

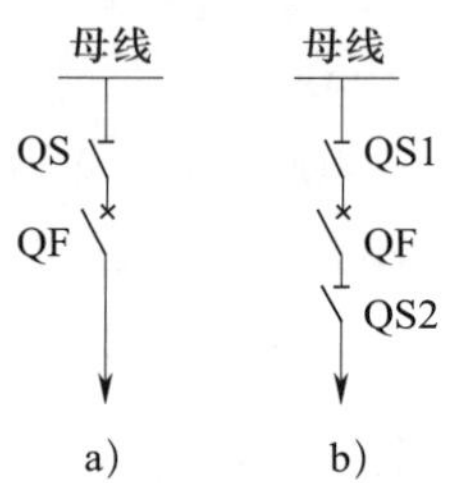

图 2-11　配出线隔离开关的布置

a）普通用户　b）双电源用户

在操作开关时，要严格按照下列操作程序进行：

1）如图 2-11a 所示电路，在送电时，先闭合隔离开关 QS，再闭合断路器 QF；停电时，先断开断路器 QF，再断开隔离开关 QS。隔离开关不能带负荷停送电，否则可能引发弧光短路事故。

2）如图 2-11b 所示电路，送电时，先闭合隔离开关 QS1，即靠近母线侧的隔离开关，再闭合 QS2，最后闭合断路器 QF；停电时，按相反顺序操作。

三、地面变电所的位置选择原则

矿井地面变电所为全矿供电的枢纽，担负着受电、变电、配电任务，向矿井地面及井下所有负荷配送电能。矿井地面变电所包括地面主变电所、绞车房变电所、风井变电所、压风机变电所等。

地面主变电所是矿井负荷中心，采用 110 kV 或 35 kV 双独立电源进线。它的位置选择直接关系全矿供电的安全，通常应满足以下要求：

（1）位于负荷中心，靠近主要负荷和入井电缆井筒，以减少金属导线消耗，降低电能损耗。

（2）交通方便，便于运送大而重的变配电设备，且有扩展空间，充分考虑企业和变电所扩建的可能。

（3）位于主导风向的上风方向，以免积尘；远离煤矸石山，避开危险区和排废场，与铁路距离大于 40 m；远离化工厂，避开污染源；有安静的环境和可靠的水源。

（4）四周开阔，具有适宜的地形和地质条件，避免洪水和雷电的威胁。

（5）地基坚固，避开塌陷区、滑坡区、断层区、采空区等。

（6）架空线与所址同时确定，以便为各级电压线路进出变电所留出走廊。

四、地面变电所的主接线与设备布置

一般情况下，10 kV 及以下电压等级采用户内式成套配电装置，35 kV 及以上电压等级采用户外架构式配电装置。在特殊地区或场合，35～110 kV 变电所也采用户内式配电装置。为保障电气设备和人员的安全，便于检修维护和搬运，室内外配电装置的各个部件应满足最小电气绝缘间距的要求。

图 2－12 所示为某煤矿的矿井地面变电所主接线，它包括 35 kV 高压受电线路、10 kV 高压配电线路和 380 V 地面低压动力及照明供电线路。各级电压的母线，都采用单母线分段接线方式。对于特大型矿井的地面变电所或兼作区域变电所的矿井地面变电所，为了提高供电的可靠性，可对其中的高压母线采用双母线接线方式。

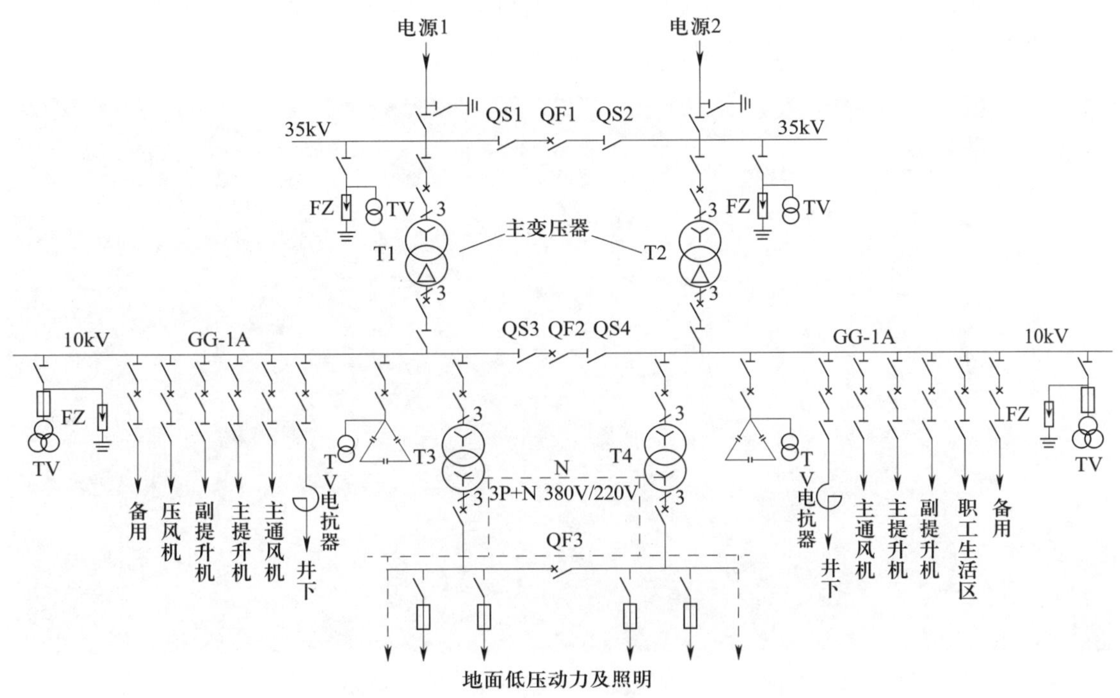

图 2－12　某煤矿的矿井地面变电所主接线

图 2－12 中矿井地面变电所用的双回路电源进线，分别来自电力系统中的区域变电所和地方发电厂，电压等级为 35～110 kV。变电所内设置有两台主变压器，将电网电压降至 10 kV，通过母线将电能分配给地面各高压用电设备，并用高压电缆沿井筒将 10 kV 高压电能送到井下中央变电所。当井下短路电流超过井下高压配电箱的开断电流时，要在地面下井电缆的输入端串联电抗器。

1. 35 kV 高压受电线路

由图 2－12 可以看出，该矿井地面变电所的受电电压为 35 kV，采用双回路电源进线。电源主接线采用外桥式。其电源进线控制采用带接地刀闸的隔离开关，目的是当检修电源线路或母线时，在电源线路断开后，将隔离开关的工作闸断开，同时合上接地刀闸，使电源线路接地。这样可避免电源线路的电源端断路器重新合闸送电，从而保障检修时的安全。

为了方便操作和保障安全，35 kV 和 10 kV 的母线分断开关都采用高压油断路器或高压真空断路器，因为它们有灭弧介质，可以在正常情况下接通或断开带负荷电流的高压电路，在故障情况下切断短路电流。当 10 kV 母线上的配出线较少时，为了降低成本，也可以用高压隔离开关作为母线分断开关，但必须注意的是，只有在母线没有负荷电流的情况下，才能操作高压隔离开关，以免在接通或切断负荷电流时，开关触点发生相间弧光短路。

为防止感应雷损坏电气设备，在变电所的 35 kV 受电母线上装设 FZ 型阀式电站用避雷器；35 kV 受电母线上还装设用于提供测量和保护信号的电压互感器。

图 2－13 所示为地面变电所 35 kV 高压受电线路。地面变电所内设置两台变压器和两套高压控制装置。变压器和断路器都安装在牢固的基础上，其下应设置油池，里面铺一层厚约 25 cm 的卵石或碎石，以免溢出的油引起火灾。

图 2－13　地面变电所 35 kV 高压受电线路

如果 35 kV 受电线路采用 KYN－40.5 型成套配电装置，除了变压器设在室外，10 kV 和 35 kV 成套配电装置则分别安装到楼上楼下，这样布置既简洁又紧凑，占地面积小，便于管理，且不受气候变化的影响，但造价较高。

为了防止直击雷对变配电设备造成损坏，在变电所外围四角按要求设置避雷针。

2. 10 kV 高压配电线路

由图 2－12 可以看出，10 kV 主接线采用单母线分段接线形式，主变压器（T1、T2）将

35 kV 高压降至 10 kV，通过断路器和隔离开关分别引到两段母线上。母线分段处设置联络开关。各段母线上的电压互感器分别向测量、保护和监视装置提供电压源。

在两段 10 kV 母线上集中设置电容补偿器和相应的三相电压互感器，用于提高电力负荷的功率因数。

为防止感应雷沿 10 kV 架空线路入侵，分别在两段母线上设置无间隔金属氧化物避雷器（MOA）。与避雷器同柜安装的电压互感器有两个绕组：一组用于提供电气测量信号；另一组接成开口三角形，用于向监视与接地保护装置提供零序信号。

变电所二次母线及所有电气设备都装设在高压开关柜内，排列在高压配电室的两侧，如图 2-14 所示。

图 2-14　变电所二次母线及所有电气设备

3. 380 V 地面低压供电线路

低压动力负荷中含有一级负荷，因此设置两台低压动力变压器，向地面小容量用电设备供电。

由图 2-12 可以看出，矿井地面低压动力及照明用电，由变压器 T3、T4 将 10 kV 高压降至 380 V/220 V 低压，采用变压器低压侧中性点直接接地的三相四线制供电电路。图中虚线部分为零线 N，向 220 V 照明和单相低压动力提供电源。

母线分为两段，将低压自动开关或隔离开关作为联络开关。重要的一级和二级负荷分别接在两段母线上，形成双回路电源供电方式。对容量较大的负荷，可单独使用一台低压配电柜；对容量较小的负荷，可合用一台低压配电柜。其低压的主接线，由通用型低压配电盘组合而成。地面低压配电线路多用熔断器进行短路保护。

为提高低压供电的功率因数，可在变电所内设置低压电容补偿器组，分别接在两段低压母线上。

第二节　煤矿井下供电系统

煤矿井下供电系统由井下中央变电所、整流变电所、采区变电所、工作面配电点、供电线路和保护装置等组成。以下主要介绍井下中央变电所、采区变电所和工作面配电点。

一、井下中央变电所的要求与设备布置

井下中央变电所（见图 2－15）是煤矿井下供电的中心，它直接由地面变电所供电。

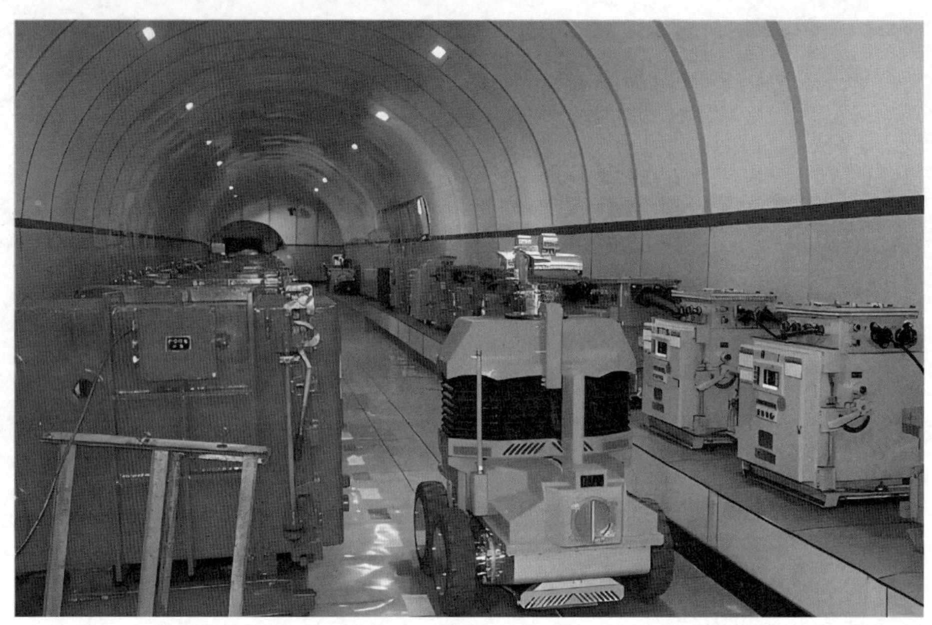

图 2－15　井下中央变电所

1. 井下中央变电所的作用及设置要求

（1）井下中央变电所的作用与任务。井下中央变电所接收从地面变电所送来的高压电能后，通过高压配电装置将 10 kV 高压电能分配给井底车场附近的高压用电设备，如主排水泵和变流设备等；井下中央变电所内的动力变压器应不少于 2 台，将 10 kV 高压降至 660 V（或 380 V），向井底车场及附近巷道、硐室的低压动力设备供电。当 1 台动力变压器停止运行时，其余动力变压器应能保证一级和二级负荷用电。

井下中央变电所的主要任务是向各采区变电所、井下主排水泵的高压电动机、井底车场及其附近巷道的低压动力设备与照明、井下电机车所需的变流设备配送电力。

（2）井下中央变电所的设置要求。根据煤矿井下负荷大小、分布特点和内部环境特点等因素，经技术、经济比较后确定井下中央变电所主接线的方式、位置，再确定变电所设备的

布置。单一水平生产的矿井只设一个井下中央变电所，多水平生产的矿井宜在每个水平设置一个中央变电所。当多水平中某一水平的电力负荷由邻近水平中央变电所供电，需要考虑技术的经济合理性时，该水平可不设中央变电所。当矿井涌水量很大且有多个主排水泵房时，应经过技术、经济比较后确定中央变电所的位置和数量。

2. 井下中央变电所的位置和硐室要求

（1）井下中央变电所位置的选择和要求。选择井下中央变电所的位置，除考虑靠近负荷中心、运输便利、进出线方便以外，还要考虑顶底板坚固和通风良好。井下中央变电所宜设置在靠近副井的井底车场范围内，并应符合下列规定：

①经钻孔向井下供电的井下中央变电所，钻孔宜靠近中央变电所。

②井下中央变电所既可与主排水泵房、牵引变流室联合布置，亦可单独设置硐室。当为联合硐室时，应有单独通至井底车场或大巷的通道。

井下中央变电所的位置如图 2-16 所示。

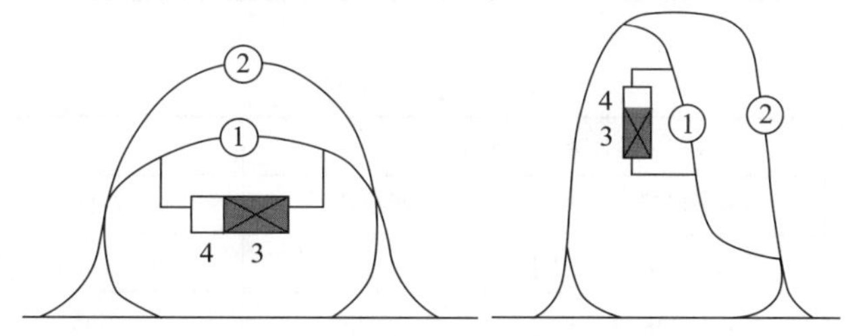

图 2-16　井下中央变电所的位置

1—副井井筒　2—主井井筒　3—中央变电所　4—主排水泵房

③井下中央变电所不应与空气压缩机站硐室联合或毗连。

（2）硐室构造与要求。井下中央变电所应特别注意防水、通风及防火问题。为了防水，变电所地面应比井底车场轨面标高高 0.5 m。为了使变电所有良好的通风条件，当硐室长度超过 6 m 时，应设两个出口。硐室内的温度不超过附近巷道 5 ℃。变电所的出口装设两道门，即密闭门和栅栏门。平时栅栏门关闭，密闭门打开，以利于通风。当发生火灾时，将密闭门关闭，以隔绝空气，便于灭火和防止火灾蔓延。两门均向外开，栅栏门敞开时不得妨碍外部密闭门的关闭。

为了防火，硐室用耐火材料建造，其出口 5 m 以内巷道也用耐火材料建造。硐室内须采用不带黄麻保护层的电缆。硐室内必须设置固定照明和灭火器材。

中央变电所硐室尺寸应按设备最大数量及布置方式确定，并应满足下列要求：

①高压配电设备的备用位置，按设计最大数量的 20% 考虑，且不少于 2 台；当前期设备较少、后期设备较多时，宜按后期需要预留备用位置。

②低压配电的备用回路，按最多馈出回路数的 20% 计算。

③中央变电所内设备布置时，高压配电装置通道尺寸、低压配电装置通道尺寸、变压器通道尺寸不宜小于表 2-1、表 2-2 和表 2-3 的规定。

表 2－1　高压配电装置通道尺寸　单位：mm

高压配电装置型式	操作走廊（正面）		维护走廊	
	单列布置	双列布置	背面	侧面
固定式	1 500	2 000	800	800
手车式	1 800	2 100	800	800
隔爆型	1 500	2 000	500～800	1 000

表 2－2　低压配电装置通道尺寸　单位：mm

低压配电装置型式	操作走廊（正面）		维护走廊	
	单列布置	双列布置	背面	侧面
固定式	1 500	1 800	800	800
抽屉式	1 800	2 000	800	800
隔爆馈电开关	1 500	1 800	500	1 000

表 2－3　变压器通道尺寸　单位：mm

变压器布置方式	操作走廊（正面）		维护走廊	
	单列布置	双列布置	背面	侧面
专用变压器室	1 500	—	500	800
变压器与配电装置并排	1 500	—	500	1 000
变压器与隔爆馈电开关并排	1 500	1 800	500	1 000

④高低压配电装置同侧布置时，高低压配电装置之间的距离应按高压配电装置维护走廊尺寸考虑。高低压配电装置相对布置时，其中走廊应按高压配电装置双列操作走廊尺寸考虑。

⑤中央变电所应在硐室的两端各设一个出口。

3. 井下中央变电所主要设备

（1）井下中央变电所设备选型要求：

①中央变电所严禁选用带油电气设备，设备选型应按《煤矿安全规程》的有关规定执行；

②井下中央变电所的高压进线和母线分段开关应采用断路器；

③井下中央变电所直接控制高压电动机时，宜采用高压真空接触器或能频繁操作的断路器。

（2）井下中央变电所主要电气设备：

①高低压配电装置：控制电源进线，控制向主排水泵房、各采区、掘进工作面的高低压配电线路。

②动力变压器：向井底车场及其附近巷道的低压动力设备与照明提供低压电源。

③低压馈电开关：控制井底车场及其附近巷道的低压动力设备。

④检漏继电器：漏电保护。

⑤电压互感器：向测量仪表和继电保护装置供电，在线路发生故障时保护线路中的贵重设备、电机和变压器。

⑥整流设备：向井下电机车提供直流电源。

煤矿井下中央变电所的各种电气设备除应满足电压、容量等基本要求外，还应符合《煤矿安全规程》的有关规定，选用矿用一般型或隔爆型设备。

（3）设备布置。井下中央变电所设备平面布置如图 2－17 所示。

①布置原则。在进行中央变电所的设备布置时，应将变压器与配电装置分开布置，两者之间应用防火门或防火墙分成两个间隔。高低压配电装置应分开布置，高压配电装置应集中在一侧，低压配电装置应布置在高压配电装置的对侧或同侧的另一端，两者之间应留有 0.8 m 以上的通道。

②布置方式。设备与墙壁之间、各设备之间应留有 0.5 m 以上的通道，便于维护与检修。如果设备完全不需要从两侧或后面进行维护与检修，可相互紧靠或靠墙放置。井下中央变电所中间的通道或装有运输轨道的通道，其宽度应不小于 1.5 m。

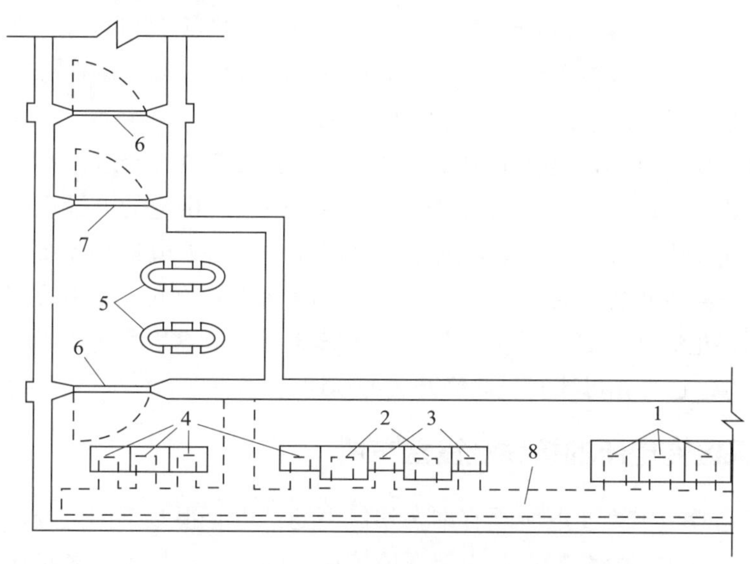

图 2－17　井下中央变电所设备平面布置

1—高压配电装置　2—硅整流装置　3—直流配电箱　4—低压配电装置
5—矿用变压器　6—防火铁门　7—铁栅栏门　8—电缆沟

4. 井下中央变电所的主接线

井下中央变电所是煤矿井下供电的枢纽，其主接线（见图 2－18）分 10 kV 高压和 660 V（或 380 V）低压两部分。

根据煤矿井下的特殊要求，矿井地面变电所利用沿着井筒敷设的铠装电缆，把 10 kV 的高压电能送至井下中央变电所的母线上。电缆的截面面积与数目取决于输送功率的大小。负荷大的矿井需要 2 根以上的电缆引入，当一条电缆损坏时，其余电缆必须保证 100% 供电。对于多水平生产的矿井，各水平中央变电所的电源电缆既可分别引自地面变电所，也可自上一水平的中央变电所引入，具体视各水平的负荷情况确定。

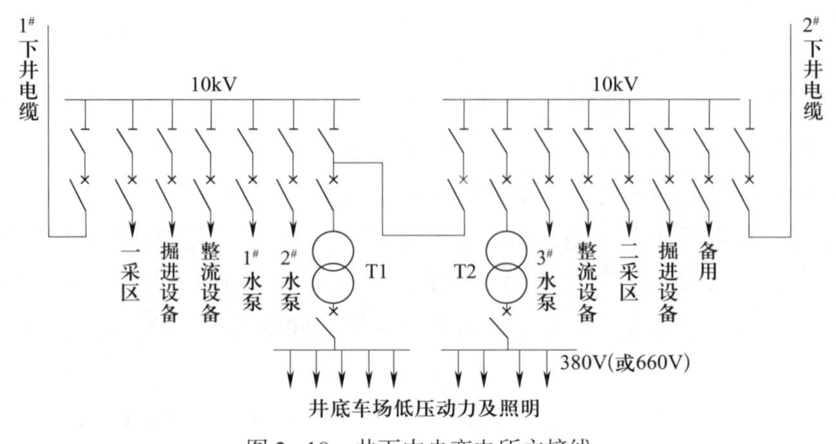

图 2-18　井下中央变电所主接线

为了提高供电的可靠性，根据煤矿的具体条件并考虑经济等因素，煤矿井下中央变电所的高低压母线都采用单母线分段接线方式，分段数与电缆进线数相对应。由地面变电所送来的电缆进线，分别接在母线的各段上。在正常情况下，各段母线多采取分列运行的方式，当某根电缆进线发生故障时，才合上相应段的联络开关。

井下水泵用的高压电动机是井下中央变电所的重要负荷，每台水泵都要用一根专用电缆供电，分别接在各段母线上，以保证供电的可靠性。向采区供电的电缆也应分别接在各段母线上，当一段母线发生故障时，不会造成全矿采区停产。井下电机车需要的直流电源，通常用硅整流装置，也应接在各段母线上。井底车场及附近巷道的低压动力及照明，通常设两台矿用动力变压器供电，正常情况下分列运行。变压器低压侧经出线馈电开关接至低压母线，各段母线单独供电，也可在母线间设联络开关分列运行。

二、井下采区变电所的接线及设备布置

井下采区变电所与中央变电所既有许多相似之处，也有很多不同之处。根据井下采区或掘进工作面负荷的大小、分布特点和内部环境特点等因素，经技术、经济比较后确定采区变电所接线方式、位置，再确定变电所电气设备的布置。

1. 井下采区变电所的作用及要求

井下采区变电所是采区的变配电中心，其主要任务是将中央变电所送来的高压电能转变为低压电能，并将电能配送到采掘工作面配电点或用电设备。对于负荷大、工作面多的采区，可设 2 个以上的采区变电所。

2. 采区变电所的设备组成

采区严禁选用带油电气设备，设备选型应按《煤矿安全规程》的有关规定执行。采区变电所的主要设备如下：

（1）高压配电箱，用于控制和保护动力变压器；

（2）动力变压器，用于将 10 kV 电压降至 660 V 或 380 V，向采掘工作面和配电点供电；

（3）低压馈电开关，用于控制采掘工作面和配电点供电线路；

（4）低压变压器，用于将 660 V 或 380 V 电压降至 127 V，向附近巷道的照明电路或煤电钻供电；

（5）检漏继电器，与接地装置配合用于防止电网漏电引起事故。

变电所内可设一台或多台变压器，具体根据采区布置、采煤方式、机械化程度、负荷大小和分布情况及其重要程度等要求而定。

3. 采区变电所的位置和硐室布置

（1）采区变电所的位置选择。采区变电所的位置对供电安全和供电质量有直接影响，一般由供电电压等级、供电距离、采煤方法及采区巷道的布置方式、机械化程度、采煤机组容量等因素决定。采区变电所位置确定原则与中央变电所位置确定原则基本相同，但根据采区生产的特殊性，其选址应当满足以下要求：

①采区变电所宜设在采区上（下）山的运输斜巷与回风斜巷之间的联络巷内，或在甩车场附近的巷道内。

②在多煤层的采区中，各分层是否分别设置或集中设置变电所，应经过技术、经济比较后择优采用。

③当集中设置变电所时，应将变电所设置在稳定的岩（煤）层中。

④当附近变电所不能满足大巷掘进供电要求时，可利用大巷的联络巷设置掘进变电所。当大巷为单巷且无联络巷可利用时，可采用移动变电站供电。

（2）采区变电所硐室。采区变电所硐室应符合下列规定：

①采区变电所硐室长度大于 6 m 时，应在硐室的两端各设一个出口，并必须有独立的通风系统。

②硐室尺寸应按设备数量及布置方式确定，一般不预留设备的备用位置。

③硐室必须用不燃性材料支护。

④硐室通道必须装设向外开的防火栅栏两用门。

⑤硐室内电缆应根据电缆数量及敷设路径选择电缆沟或电缆桥架的敷设方式。当电缆根数小于 6 根时，可采用电缆吊挂敷设。当采用电缆沟敷设时，电缆沟应设有盖板，宜采用花纹钢盖板，电缆沟宜有 0.3% 的坡度，使积水就近汇入巷道排水沟。

⑥变压器宜与高低压配电装置布置于同一硐室内，不应设专用变压器室。

⑦硐室门的两侧及顶端应预埋穿电缆的钢管，钢管内径应不小于电缆外径的 1.5 倍。

⑧硐室内应设置固定照明及灭火器。

（3）硐室设备布置。采区变电所的防水、防火、通风等安全设施与中央变电所相同。采区变电所电气设备硐室布置如图 2－19 所示。

①采区变电所设备的变压器可与配电装置布置在同一硐室内。

②变电所的高低压电气设备应分开布置。

③检漏继电器放置在固定于硐室墙壁的支架上。

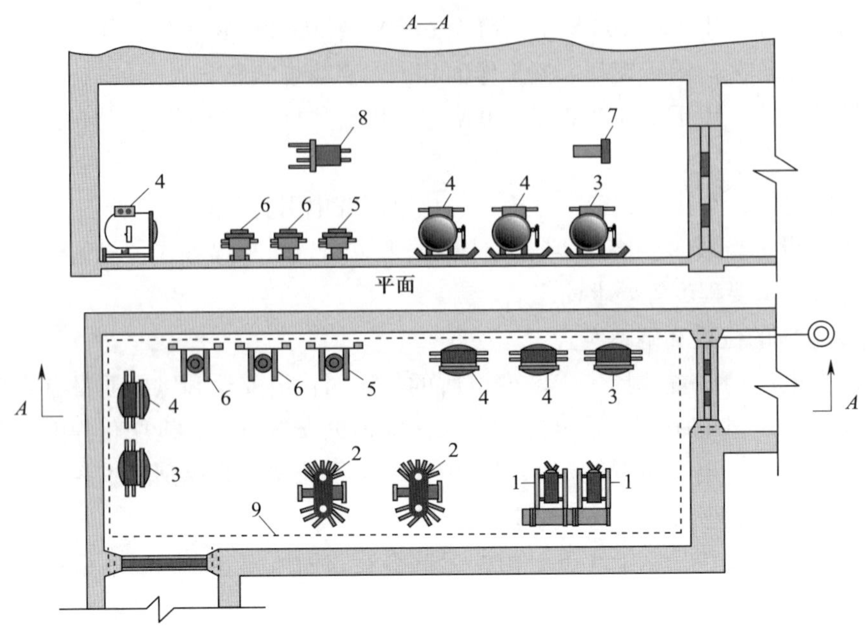

图 2-19　采区变电所电气设备硐室布置

1—高压配电装置　2—矿用变压器　3、4—矿用低压隔爆自动馈电开关
5、6—矿用低压隔爆手动起动器　7—检漏继电器　8—照明变压器　9—接地装置

④各设备之间、设备与墙壁之间均应留有维护与检修通道。

⑤硐室内所有电气设备的外壳都必须接地，接地干线沿墙壁敷设，接地极埋入水沟或潮湿的地方。

采区变电所在使用中的不足：硐室开拓费用高；变电所迁移时停电时间长；变电所距工作面较远，供电线路电压损失较大。

对机械化程度要求较高的采区，特别是综采工作面，设备多、用电容量大、采区面积大、回采速度快，使用固定的变电所不经济，且无法满足技术上的要求，所以必须采用移动变电站对这类采区的设备供电。

4. 井下采区变电所的主接线

为向采区供电，用高压铠装电缆将 10 kV 高压电能从井下中央变电所送至各采区变电所，采区变电所中设置矿用动力变压器，将电压降至 660 V，然后用低压电缆分送到各个工作面附近的配电点，由配电点的配电装置再分别送到工作面及附近巷道的生产机械设备。如果采区内有综采工作面，可经采区变电所中的高压配电装置，用高压橡套电缆将 10 kV 高压电能配送到综采工作面附近顺槽中的移动变电站，使电压降至 1 140 V，再送到工作面配电点，分配给各用电负荷。采区变电所与附近巷道中的照明装置，由设在采区变电所中的矿用照明变压器供电。

井下采区变电所通常属于二级负荷，所以大多采用单回路电源进线。但是也有一些采区设有一级负荷（如下山有时设有主排水泵等），故其采区变电所也属一级负荷，应采用双回路电源进行供电。要求一台开关只能控制一种用电设备，开关的容量越大，距离电源进线越近。

采区变电所的接线方式较多，下面分别介绍几种不同的接线方式。

（1）单回路电源进线、一台变压器的采区变电所主接线（见图2－20）。对于没有一级负荷（如下山排水设备）和综采工作面的采区，其负荷较小，如果变压器容量不超过320 kV·A，用一台变压器供电就能够满足采区设备需要，可在采区变电所设置一台矿用动力变压器，并采用单回路高压电缆线路供电。

从图2－20中可以看出，采区变电所的主接线分为高压和低压两部分。高压部分采用线路变压器组的接线方式，即高压电源线路经过高压配电装置直接和变压器的高压侧相连接，低压馈电开关的数量可根据负荷电流的大小及电气设备运行的要求来设置。当变压器容量小于或等于320 kV·A，低压侧额定电压为660 V时，可在变压器低压侧设一台低压馈电总开关和一台检漏继电器，如图2－20a所示。当变压器容量大于或等于320 kV·A，低压侧额定电压为380 V时，设置一台低压馈电总开关不能满足变压器额定电流（462 A）的要求，可设置两台低压馈电总开关，但只设一台检漏继电器，并要求该检漏继电器同时控制两台低压馈电总开关，如图2－20b所示。

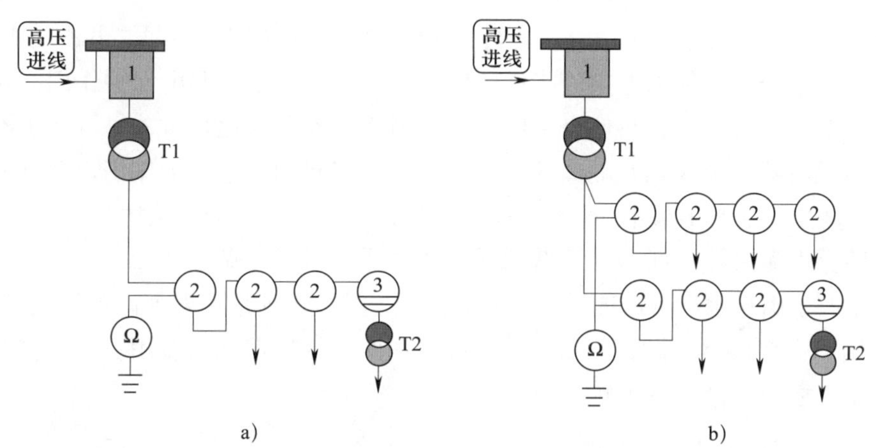

图2－20　单回路电源进线、一台变压器的采区变电所主接线

a）低压侧设置一台低压馈电总开关　b）低压侧设置两台低压馈电总开关

1—高压配电装置　2—低压馈电开关　3—煤电钻及照明变压器综合保护器

T1—主变压器　T2—煤电钻及照明变压器　Ω—检漏继电器

该接线方式操作方便、安全可靠、运行平稳。图中的进线高压配电装置，除了用于控制变压器的正常运行和故障处理时的停送电，还要对变压器的高低压侧可能发生的过电流故障进行保护。

（2）单回路电源进线、两台变压器的采区变电所主接线（见图2－21）。当采区负荷较大，一台变压器不能满足设备需要时，可采用两台或两台以上的变压器供电。

该接线方式的特点是每台变压器分别设置一台高压配电装置，具有供电可靠、运行灵活及操作方便的优点，同时对过流故障有较强的保护能力，所以被各矿井采区变电所广泛使用。由于电源进线上设置有总开关，当控制各台变压器的高压断路开关需要进行维修或故障处理时，可由电源进线总开关进行井下控制。只有电源进线总开关本身需要检修时，才由上一级电源开关进行控制。电源进线总开关具有过流保护作用，使采区变电所供电系统增加了一级过流保护，从而更有利于电路的供电安全。

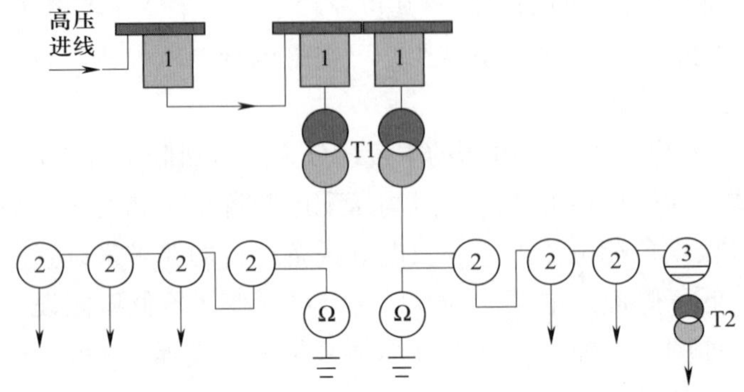

图 2-21　单回路电源进线、两台变压器的采区变电所主接线

1—高压配电装置　2—低压馈电开关　3—煤电钻及照明变压器综合保护器
T1—主变压器　T2—煤电钻及照明变压器　Ω—检漏继电器

采区变电所的变压器通常采用分列运行的接线方式，这是因为检漏继电器是非选择性的。如果并联运行，系统对地绝缘电阻值降低，检漏继电器将起不到漏电保护作用，同时全采区供电系统中任一处发生漏电，将使全采区停电。当变压器分列运行时，每台变压器低压侧都有本身的检漏继电器，形成相互隔离的保护系统，既能起到漏电保护作用，又可减小停电范围。所以采区变压器通常不采用并联运行，应将采区负荷按变压器容量适当分配。

（3）双回路电源进线、两台变压器的采区变电所主接线（见图 2-22）。为了提高供电的可靠性，对于有下山排水设备或综采工作面的采区，其变电所应由双回路高压电缆线路供电，设置两台矿用动力变压器，做到双回路电源进线和两台变压器互为备用。还应在变压器高压侧之间、低压侧之间设置联络开关。

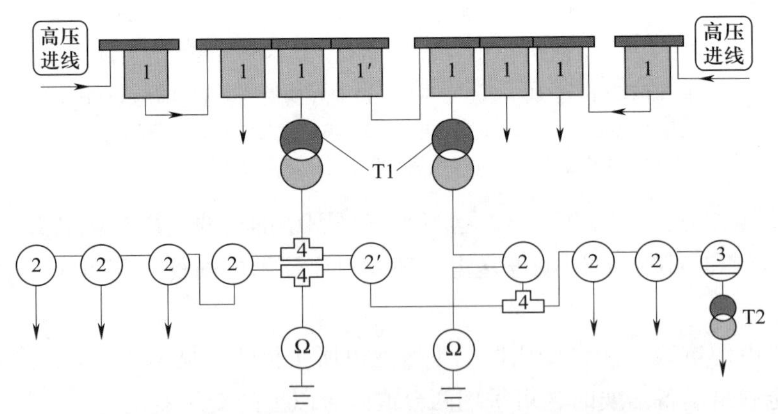

图 2-22　双回路电源进线、两台变压器的采区变电所主接线

1—高压配电装置　2—低压馈电开关　3—煤电钻及照明变压器综合保护器　4—三通接线盒
1′—高压侧母线联络开关　2′—低压侧母线联络开关　T1—主变压器　T2—煤电钻及照明变压器　Ω—检漏继电器

正常情况下，高压侧和低压侧母线联络开关都处于分断状态，两回路电源线路和两台变

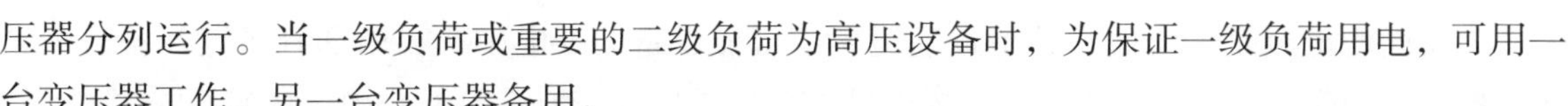

压器分列运行。当一级负荷或重要的二级负荷为高压设备时，为保证一级负荷用电，可用一台变压器工作，另一台变压器备用。

当一路电源因故障停止供电时，可断开该电源线路的进线开关，闭合联络开关，由另一回路向两台变压器供电。

当一台变压器因故障停止供电时，可以切断变压器负荷侧的总开关，闭合低压侧母线联络开关，由另一台变压器向重要负荷供电，从而提高供电的可靠性和运行的灵活性。

对于双回路电源进线的变电所，其低压侧接线要根据负荷的具体情况而定。为保证重要用户供电的可靠性，应将两回路供电线路分别从两段母线上配出。

这种接线方式需要注意：当某一回路电源线路或某一台变压器因故障停电，需要接通联络开关时，必须先切断停电线路的进线控制开关和运行变压器负荷侧的总开关，防止出现反送电压。与此同时，应断开停运变压器负荷侧的检漏继电器，以免降低另一台检漏继电器的动作灵敏度。

三、采煤工作面配电点的供电要求和设备布置

煤矿井下采区工作面的供电系统，与工作面选用的采煤机械类型、工作面及其附近巷道中的设备布置情况有关。以下主要介绍普通机械化采煤工作面和综合机械化采煤工作面的供电要求以及设备布置等内容。

1. 普通机械化采煤工作面配电点

为避免工作面内发生瓦斯、煤尘等爆炸，工作面内应避免放置会产生电弧、电火花的控制电器，同时为便于对这些控制电器进行集中管理，可将它们集中放置在工作面附近的巷道中，这就构成了工作面配电点，如图 2-23 所示。

图 2-23　工作面配电点

工作面配电点是工作面及其附近巷道生产机械设备的配电中心，内部有馈电开关、电磁起动器、手动起动器、照明变压器和煤电钻综合保护器等，所有设备必须选用矿用隔爆型。

工作面配电点可分为采煤和掘进两种，其设备布置及要求如下：

（1）采煤工作面配电点应设在工作面低压开关集中的地方，由于经常随工作面移动，一般不开设专门的硐室，大多直接设在工作面附近的运输平巷或回风巷道的一侧，一般距采煤工作面 50～80 m。

（2）掘进工作面配电点大多设在掘进巷道的一侧或掘进巷道的贯通巷道内，一般距掘进工作面 80～100 m。掘进工作面的配电点也随工作面的推进而移动。

对于普通机械化采煤工作面，其配电点大多设置在工作面的回风巷道。这是因为采煤机割完煤后，停放在回风巷附近，且当采煤机发生故障时，便于利用回风巷内的回柱绞车将采煤机运出工作面。另外，采煤机可以与回柱绞车及回风巷内的其他设备同用一路电缆。若将采煤机及其配电点设置在工作面运输巷，由于运输巷设备容量较大，采煤机需要设专线供电，同时还要在工作面运输巷的一端开设较大的机窝，这样不利于采煤安全。

由于采掘工作面的电气设备要随工作面的推移而经常移动，且负荷大、变化大、启动频繁，加之工作环境差，为了保障安全用电和正常生产，满足电气设备经常移动和日常维修的需要，每一个配电点都应设置一台电源进线总开关，而且总开关必须和其他控制开关放置在一起，以利于停送电操作。否则，一旦其他控制开关因触点粘连、机构失灵而发生故障，就不能立即利用总开关断开电源，从而导致事故发生。

采煤工作面配电点的任务是将采区变电所或移动变电站送来的低压电能，分配给采煤工作面各生产机械设备的电动机，同时将电源电压降低至 127 V，向煤电钻和工作面附近巷道中的照明电路供电。

图 2－24 所示为普通采煤工作面配电点的布置和配电情况。可以看出，该工作面附近设有两个配电点。一个配电点设在工作面上部的回风巷中，向回柱绞车、采煤机组和工作面上部的煤电钻供电。为了能就近控制该配电点，在此设置一台馈电自动开关作为总开关。另一个配电点设在工作面下部的顺槽平巷中，向工作面输送机、顺槽中的油泵和工作面下部的煤电钻供电。为节省电缆，由于下顺槽配电点的负荷容量不大，顺槽配电点和顺槽输送机由同一干线电缆供电，并在第一台输送机的机头处设置一台馈电自动开关作为总开关，控制和保护该条干线电缆。

2. 综合机械化采煤工作面供电系统

综合机械化采煤工作面简称综采工作面，综采工作面的用电设备多，单机容量和设备总容量都很大，加之回采速度快，如果仍采用固定的采区变电所和 660 V 电压供电，不仅不经济，而且不能保证用电设备所需的端电压。因此，对综采工作面，除将供电电压提高到 1 140 V 外，还必须采用移动变电站供电，以缩短低压供电距离。

移动变电站是由特制的高压配电装置、干式变压器和低压配电装置组成的整体，放置在平车上，可在平巷的轨道上移动。移动变电站通常设置在距工作面 150～300 m 的顺槽中，工

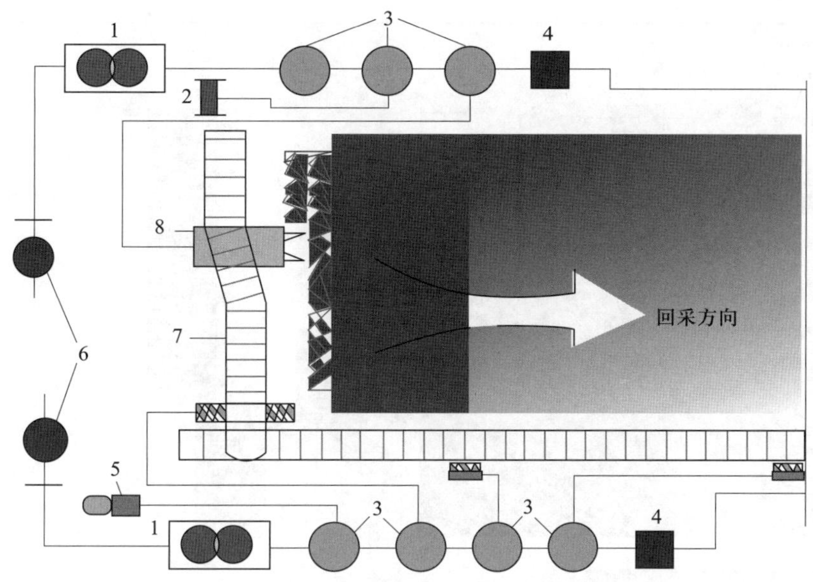

图 2-24 普通采煤工作面配电点的布置和配电情况

1—煤电钻变压器 2—回柱绞车 3—电磁起动器 4—低压馈电开关 5—油泵 6—煤电钻 7—输送机 8—采煤机组

作面每推动 100～200 m，变电站向前移动一次，从而使综采工作面的低压供电距离不超过 500 m。

根据《煤矿井下供配电设计规范》及《煤矿安全规程》，安装在巷道内的移动变电站或综采工作面机电设备的最突出部分，同巷道支护之间的距离应不小于 0.3 m；同输送机的距离应满足设备检修的需要，并不得小于 0.7 m。由采区变电所向移动变电站供电的单回电缆供电线路上，串接的移动变电站数不宜超过 3 个。不同工作面的移动变电站不应共用电源电缆。

根据煤矿井下供电要求，下列情况宜采用移动变电站供电：

（1）综采、连采及综掘工作面的供电；

（2）由采区固定变电所供电困难或不经济时；

（3）单一大巷掘进、附近无变电所可利用时。

综采工作面的机电设备布置如图 2-25 所示，供电系统如图 2-26 所示。

由图 2-26 可以看出，该综采工作面共设有 3 台移动变电站。其中，左边的一台专向采煤机组供电，供电电压等级为 1 140 V。中间一台向工作面的上配电点和下配电点供电，供电电压等级为 660 V，即供给下配电点的液压泵、转载机、水泵、小绞车、输送机机头电动机和煤电钻及照明变压器，以及上配电点的运输机机尾电动机、小绞车、回柱绞车和照明、煤电钻及照明变压器。右边的一台移动变电站设置在顺槽口（图 2-25 中未画出），除用来向顺槽中的两台可伸缩胶带输送机供电外，还向设置在顺槽口的小绞车、水泵和照明变压器等设备供电，供电电压等级为 660 V。

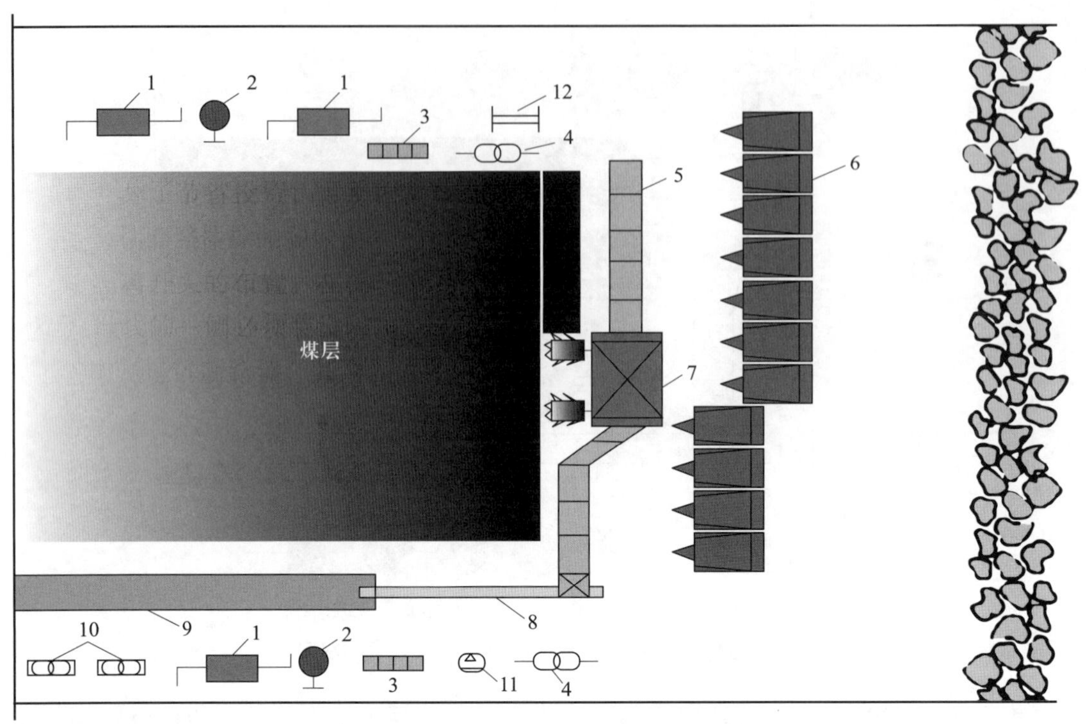

图 2-25　综采工作面的机电设备布置

1—小绞车　2—水泵　3—配电点　4—煤电钻及照明变压器综合装置　5—工作面输送机　6—液压支架
7—采煤机　8—转载机　9—胶带输送机　10—移动变电站　11—液压泵站　12—回柱绞车

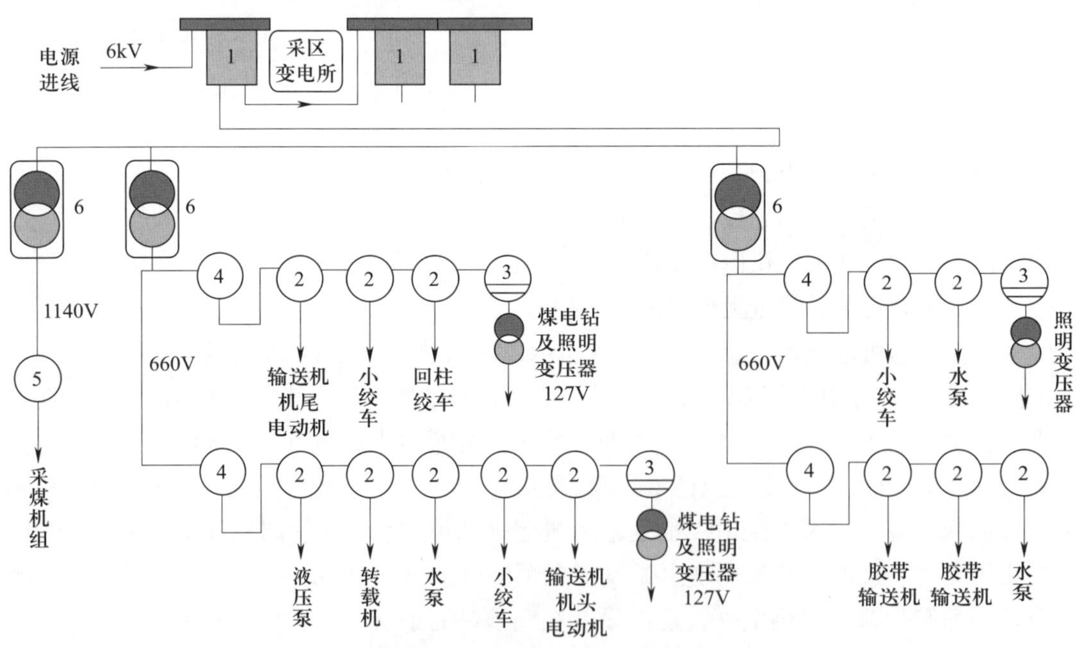

图 2-26　综采工作面供电系统

1—高压配电装置　2—电磁起动器　3—手动起动器　4—低压馈电开关
5—真空电磁起动器　6—移动变电站

思考练习题

1. 变电所的主接线有哪几种形式？对变电所的接线有什么要求？
2. 什么是母线？变电所二次母线有哪几种接线形式？各适用于什么场合？
3. 什么是配出线？对控制开关的选择有何要求？
4. 模拟操作配出线的控制开关（要求边说边做）。
5. 简述矿井地面变电所的作用及任务。
6. 绘制矿井地面变电所的主接线图。
7. 简述井下中央变电所的作用及任务。
8. 简述井下中央变电所主要电气设备的名称与作用。
9. 绘制井下中央变电所的主接线图。

技能实训一 煤矿供电系统的相序核定

一、实训目标

1. 熟悉低压电相序的核相方法，了解高压电相序的核相方法。
2. 掌握核相仪的使用方法。

二、任务描述

通过使用核相仪掌握电源相序的正确核定方法；在没有核相仪的情况下，使用指针式万用表和灯泡核定低压相序。

三、任务准备

1. 穿好实训服、绝缘鞋，戴好安全帽，领取实训报告单，有序进入实训车间。
2. 清点工具，包括核相仪及说明书、指针式万用表（3 只）、灯泡（3 只）、斜口钳、剥线钳、电阻（5 支）、导线（若干）。
3. 熟悉操作过程中的有关安全措施。

四、知识要点

供电的不间断性是煤矿供电系统安全可靠运行的关键，煤矿供电系统通常采用双回路电源供电及分列运行方式，且必须保证一回路发生故障停止供电时，另一回路电源能及时投入正常运行。在双回路电源的切换过程中，应避免相序错误使电动机“反转”，也应避免一回路电源突然来电，因相序不同误合闸引发相间短路事故。通过核定相序可以确保在双回路电源的切换过程中，设备能够正常工作，不发生电动机“反转”现象。

相序核定是供电管理和供电操作的重要内容，当 2 个或 2 个以上的电源有下列情况之一时，需要核相：

（1）2 个电源互为备用电源或者有并列运行要求时，投入运行前应核相；

（2）电源系统和设备在维修或改变后，投入运行前应核相；

（3）并列运行的设备经拆相大修之后，投入运行前应核相；

（4）设备经过大修，有可能改变一次相序时，投入运行前应重新核相。

三相电源的相序是以国家电网的相序为基准的，A、B、C 的相色定为黄、绿、红。对并入电网的电源来说，必须参照国家电网的相序分辨出 A、B、C，不能倒序。两条线路并列运行时，必须相序相同。线路检修后为防止接错相序，必须对相序进行检查，防止误合闸引起相间短路事故。

1. 核相仪的使用方法

三相高压电源相序的核定通常用核相仪（见图 2-27）进行。核相仪由 2 个发射器和 1 个接收主机组成，还带有绝缘杆（一般长 3 m）和充电器。发射器可以判断线路是否带电，并测量线路相位和频率。各发射器将测量的数据通过无线电发送给接收主机，接收主机依据发射器测量的数据计算两线路相位差值，判断同异相。

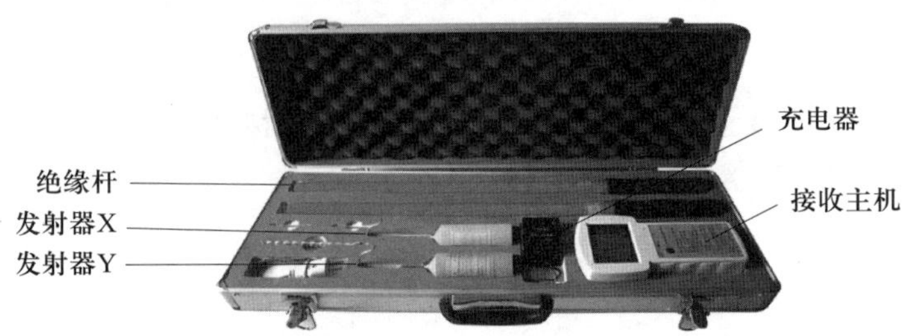

图 2-27　核相仪

（1）核相仪自检。发射器连接测试线（见图 2-28）。发射器启动，蜂鸣 2 s，红、绿两指示灯交替闪烁。接收主机开机，在测量界面显示对应发射器信息，则发射器与主机工作均正常。

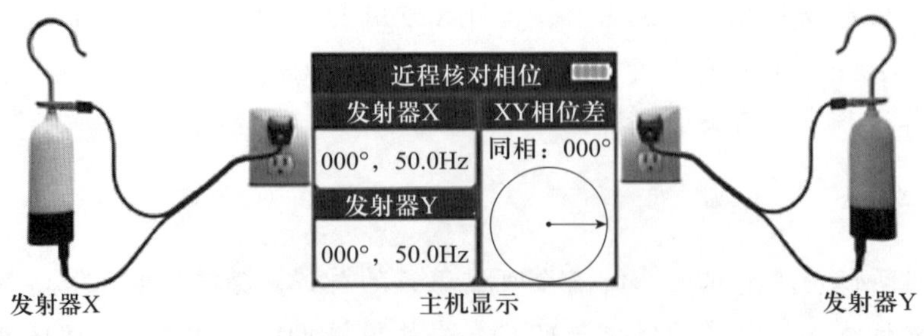

图 2-28　发射器连接测试线

（2）相序的核定。对于 6～66 kV 高压电源，应使用绝缘杆将发射器 X 和发射器 Y 直接钩挂在高压线上（见图 2-29），也可以与高压线间距 10～20 cm。主机开机后，选择近距离测量，观看测量结果。

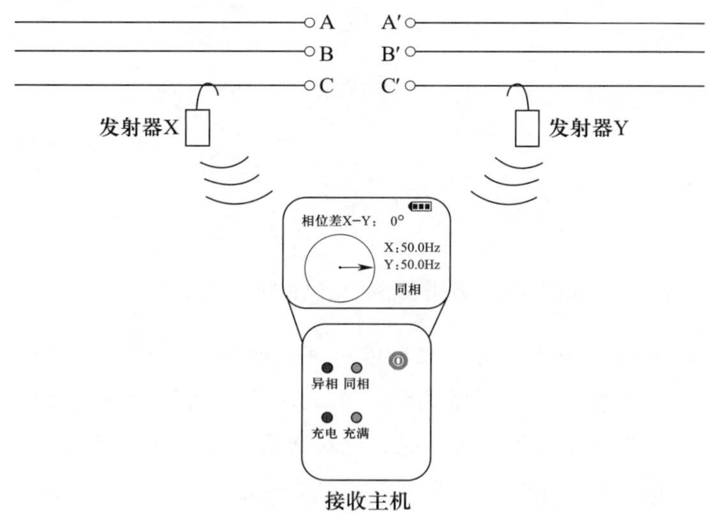

图 2-29　发射器 X 和发射器 Y 直接钩挂在高压线上

（3）测量显示。根据主机显示（见图 2-30）确定正确的相序。

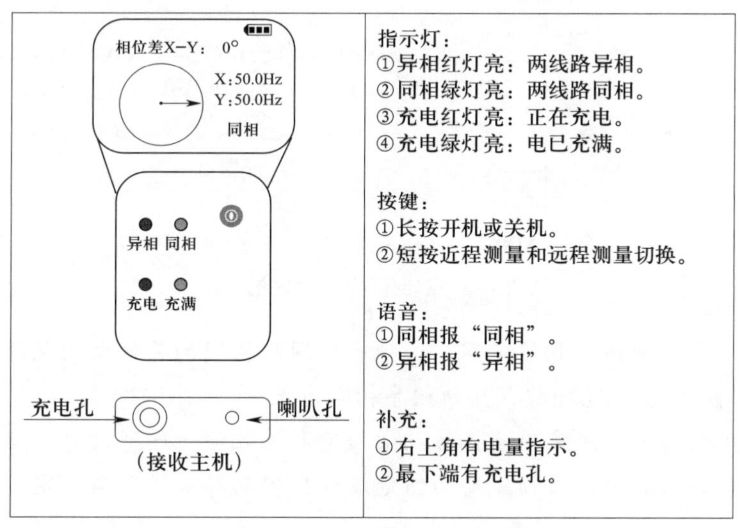

图 2-30　主机显示

2. 万用表或灯泡核相序方法

（1）低压相序的核定。

①核定相位相同电网的相序。对于 380 V 或 660 V 的低压电，通常采用直接核相法，即直接用万用表测量一回电源 A1、B1、C1 与二回电源 A2、B2、C2 对应相之间的电压，如图 2-31 所示。若对应相之间的电压为零或接近零，该相与对应电源另外两相之间的电压接

近线电压，则表示该相相序相同，可核定下一相。总共核定 9 次，即可完全确认相序是否正确。

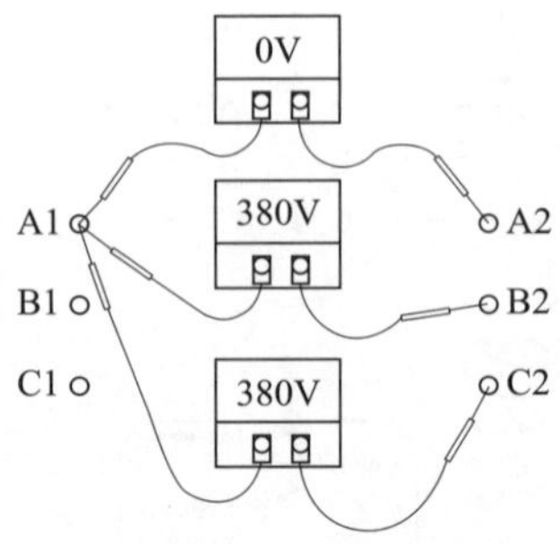

图 2-31　万用表核定相位相同电网的相序

②核定相位不同电网的相序。对于来自不同电源的异源电网，其相位往往不同，若用单只万用表核定相序，万用表指针会不断偏摆。在无法通过调整某一电源使二者相位同步的情况下，可用三只指针式万用表或者三只灯泡实现双回路电源相序的核定，如图 2-32 所示。核定时，将三只指针式万用表（或灯泡）分别接在 A1—A2、B1—B2、C1—C2 上，若三只万用表（或灯泡）的指针偏摆情况相同（或明暗变化情况相同），则表示同相；若三只万用表（或灯泡）的指针偏摆不同步（或明暗变化不同步），则表示不同相。

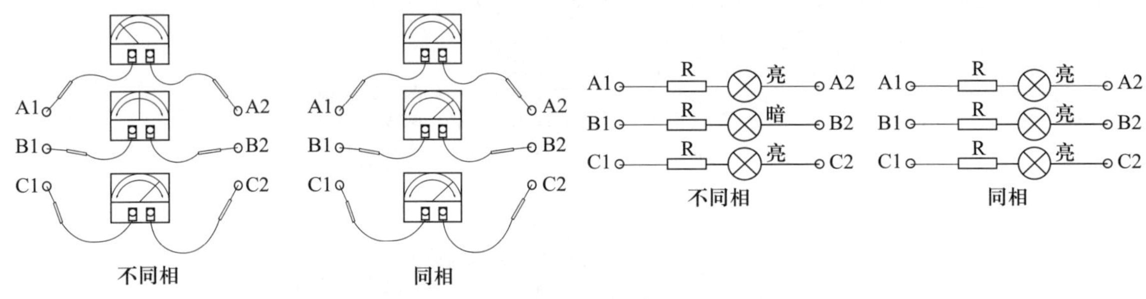

图 2-32　双回路电源相序的核定

上述两种核定方式适用于相位不同，但频率、周期相同的异源电网相序核定。若测出相序不同，则需调相后重复上述操作，直到相序相同为止。

（2）高压相序的核定。应采用间接核相法核定高压相序，即通过电压互感器在二次侧进行相序核定。在间接核相前，必须先对两组电压互感器的接线进行自核定，以保证其接线的正确性。

如图 2-33 所示，电压互感器自核相时，将两组电压互感器一次侧接在同一高压电源上，在二次侧用核定相位相同低压电网相序的方式（用一只万用表或灯泡）核相。

通过电压互感器自核相确认其接线无误后，即可开始高压双回路的相序核定操作。核定时，视电网实际情况，合理选择用“一表（灯）法”或者“三表（灯）法”。

具体操作与低压相序核定方法相同，可参考。

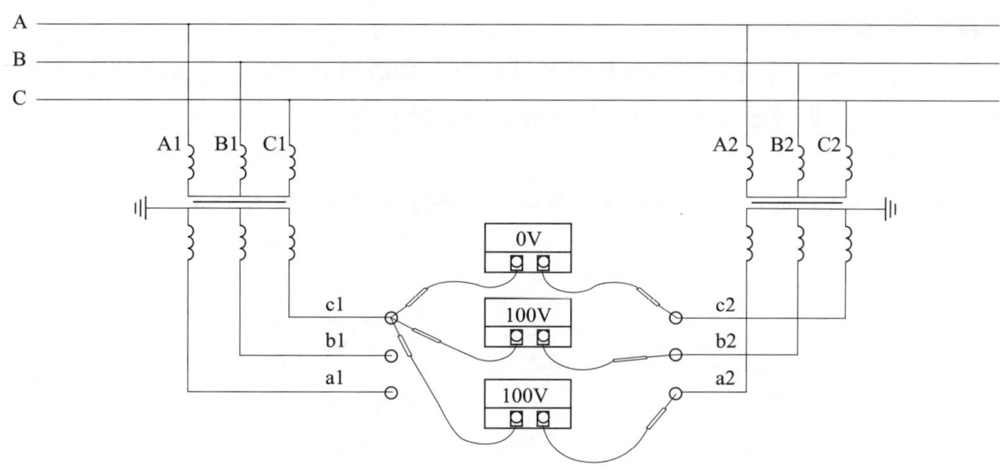

图 2-33　电压互感器自核相

五、实训过程

1. 讲解实训内容

在开始实训前，指导教师讲解本次实训内容和目标以及学生必须掌握的知识点，并做好作业前的安全操作培训。

2. 开展实训作业

学生根据实训步骤进行具体操作。

3. 巡回指导并及时反馈

在学生实训过程中，指导教师应及时跟进并进行巡回指导。

六、注意事项

（1）工作现场应宽敞，周围不得有其他杂物。

（2）核相操作时，应先检查工具、仪表是否完好。

（3）万用表的交流电压量程应大于被测电源电压。

（4）灯泡的额定电压应适当，若电压不符，须在核定回路中串入相应阻值的电阻，使灯泡两端电压接近其额定电压。功率不得超过 60 W。

（5）操作时，可先将万用表的黑表笔或灯泡的一端搭接在 A 电源的一相上不动，将红表笔或灯泡的另一端依次分别接 B 电源的三相上，若万用表指示接近于零值（或灯泡不亮），则表示被测的两相电源是同相位，否则不是同相位。

七、总结与思考

1. 课程总结

指导教师对本次实训进行总结，包括学生实训规范、实训教学效果以及存在的问题和改进措施等。

2. 书写实训报告

学生应认真填写实训报告单，总结实训过程中存在的问题，锻炼通过理论与实践相结合来解决问题的能力，进而通过实训演练提高自己的技能水平。

3. 评估反馈

指导教师对学生实训练习进行全面综合评估，并及时向学生反馈结果。

第三章

矿用电缆

学习目标

1. 了解电缆分类与特点。
2. 熟悉电缆接头的类型和特点。
3. 熟悉电缆的敷设方式及技术要求。
4. 掌握电缆线路常见故障及原因分析。

学习导引

在现代化煤矿中，电缆线路得到了越来越广泛的应用。特别是在有腐蚀性气体、蒸气或有火灾、爆炸危险的场所，其应用十分普遍。

第一节　矿用电缆规格

电缆线路与架空线路相比，具有成本高、投资大、不便分支、施工和维修难度大等缺点，但它运行可靠，不容易受大气中各种有害因素的影响，不用架设电杆，不占地面空间，不妨碍交通和地面建设等，特别是在有腐蚀性气体或有火灾、爆炸危险的场所，不宜架设架空线路时，只能敷设电缆线路。

一、电缆的分类与特点

常用的电缆有电力电缆、控制电缆、补偿电缆、屏蔽电缆、高温电缆、计算机电缆、信号电缆、同轴电缆、耐火电缆、船用电缆、铝合金电缆等，如图 3－1 所示。它们都是由单股或多股导线和绝缘层组成，用来连接电路、电气设备等。

图 3－1　常用的电缆

电力电缆按结构可分为铠装电缆（用于固定敷设）、橡套电缆（给移动设备供电）和塑料电缆（铠装电缆、橡套电缆的换代产品）。

（一）铠装电缆

1. 结构特点

铠装电缆主要由导体、绝缘层、保护层和铠装层 4 部分组成，其结构如图 3－2 所示。

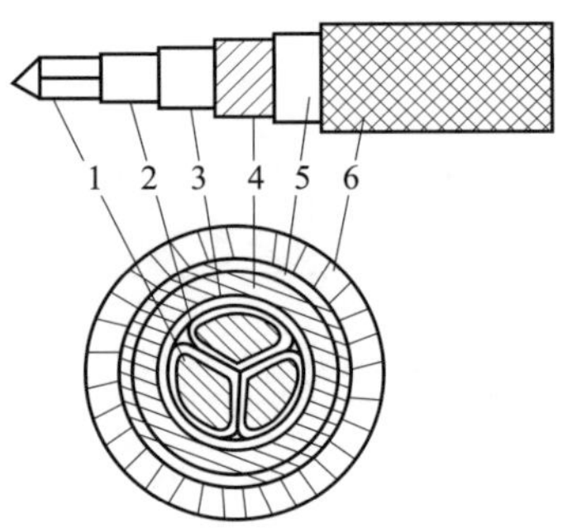

图 3－2　铠装电缆的结构

1—导体（芯线）　2—相绝缘层　3—带绝缘层　4—内护层　5—铠装层　6—外护层

（1）导体（芯线）。根据电缆中导体数量的不同，可将电缆分为单芯电缆、三芯电缆、四芯电缆和五芯电缆。铠装电缆按芯线的材料不同可分为铜绞线和铝绞线。铜绞线的导电性能、韧性和强度均好于铝绞线，但价格较高；铝绞线价格虽低，但接头容易氧化造成接触不良，产生断续电弧高温，易引燃引爆瓦斯和煤尘，故不用于煤矿井下。《煤矿安全规程》规定：煤矿井下必须采用铜芯电缆，严禁采用铝芯电缆。

（2）绝缘层。绝缘层的作用是使电缆中导体之间、导体与保护层之间保持绝缘。按其绝缘材料的不同，电力电缆有以下几种：

①油浸纸绝缘电力电缆。油浸纸绝缘电力电缆已逐渐被其他绝缘层电力电缆替代。

②橡胶绝缘电力电缆。它弯曲性能较好，能够在严寒天气下敷设，特别适用于敷设线路水平高差大或垂直敷设的场合。它不仅适用于固定敷设的线路，也可用于移动式线路。

③聚氯乙烯绝缘电力电缆。它的优点是制造工艺简便，没有敷设高差限制，质量轻，弯

曲性能好，接头制作简便，耐油、耐酸碱腐蚀，不延燃，价格便宜。因此，当线路高差较大，或敷设在桥架、槽盒内，或在含有酸、碱等化学腐蚀性物质的土壤中直埋敷设时，均可采用聚氯乙烯绝缘电力电缆。它的缺点是绝缘电阻较低，介质损耗较大。因此，6 kV 重要回路电缆不宜用聚氯乙烯绝缘电力电缆。

④交联聚乙烯绝缘电力电缆。它性能优良，结构简单，制造方便。交联聚乙烯材料绝缘性能好，因此，电缆外径小，质量轻，载流量比同截面其他绝缘形式的电缆大，敷设方便，除不受高差限制外，其终端和接头的制作也非常方便。

⑤矿物绝缘电力电缆。矿物绝缘电力电缆是将高导电率的铜导线嵌置在内有紧密压实的氧化镁绝缘材料的无缝钢管中。其特点是耐火、防爆、耐腐蚀、耐机械损伤、载流量大、过载能力强、寿命长，但价格昂贵。

（3）保护层。电力电缆的绝缘层外均有一层保护层，或称为护套层。它可以保护绝缘层，使其在运输、敷设过程中免受机械损伤，防止水分侵入。保护层又分内护层和外护层。内护层用以直接保护，常用的材料有铅、铝或塑料等。外护层用以防止内护层受到机械损伤和腐蚀，通常采用钢丝或钢带构成的钢铠，外覆麻被、沥青或塑料护套。

聚氯乙烯绝缘电力电缆和交联聚乙烯绝缘电力电缆采用聚氯乙烯或聚乙烯护套，前者阻燃性能较好，后者防水性能优越。橡胶绝缘电力电缆采用橡胶护套。矿物绝缘电力电缆采用钢管作为护套。

（4）铠装层。铠装层设于外护层的里面，其作用是增大受压、受拉强度。铠装的类型有钢带、细钢丝、粗钢丝等。粗钢丝铠装抗拉强度高，用于倾角在 45° 及以上的井巷；钢带铠装抗压强度高，用于倾角小于 45° 的井巷。

2. 型号和含义

铠装电缆全型号的表示和含义如下：

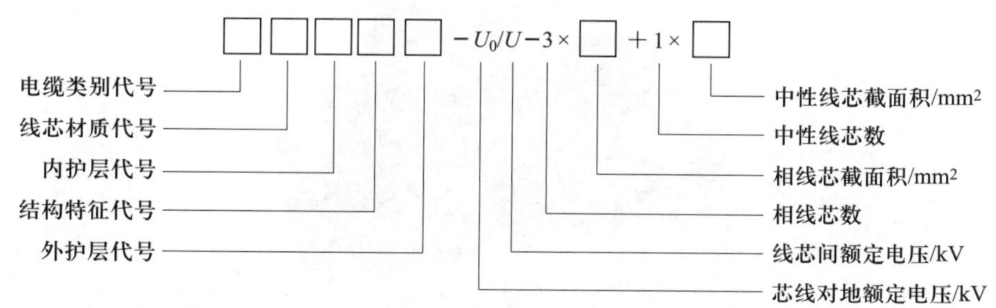

（1）电缆类别代号。“Z”表示油浸纸绝缘电力电缆，“V”表示聚氯乙烯绝缘电力电缆，“YJ”表示交联聚乙烯绝缘电力电缆，“X”表示橡胶绝缘电力电缆，“ZR”表示阻燃型电力电缆。

（2）线芯材质代号。“L”表示铝芯，“LH”表示铝合金芯，“T”表示铜芯（一般不标），“TR”表示软铜芯。

（3）内护层代号。“Q”表示铅包，“L”表示铝包，“V”表示聚氯乙烯护套。

（4）结构特征代号。“P”表示滴干式，“D”表示不滴流式，“F”表示分相铅包式。

（5）外护层代号。“02”表示聚氯乙烯套，“03”表示聚乙烯套，“20”表示裸钢带铠装，“22”表示钢带铠装聚氯乙烯套，“23”表示钢带铠装聚乙烯套，“30”表示裸细钢丝铠装，“32”表示细钢丝铠装聚氯乙烯套，“33”表示细钢丝铠装聚乙烯套，“40”表示裸粗钢丝铠装，“41”表示粗钢丝铠装纤维外被，“42”表示粗钢丝铠装聚氯乙烯套，“43”表示粗钢丝铠装聚乙烯套，“441”表示双粗钢丝铠装纤维外被，“241”表示钢带—粗钢丝铠装纤维外被。

例如，VV22 表示铜芯聚氯乙烯绝缘内钢带铠装聚氯乙烯套。

铠装电缆常用型号及使用场所见表 3－1。

表 3－1　铠装电缆常用型号及使用场所

型号	结构	使用地点
ZQ20	铜芯油浸纸绝缘铅包裸钢带铠装	45° 以下倾斜及水平巷道并有可燃性支架场所硐室
ZQP20	铜芯干绝缘铅包裸钢带铠装	高差小于 100 m、倾角小于 45° 的井巷中
ZQP30	铜芯干绝缘铅包裸细钢丝铠装	同 ZQP20 型铠装电缆
ZQP40	铜芯干绝缘铅包裸粗钢丝铠装	能承受一定的拉力，用于井筒中
ZQD30	铜芯不滴流铅包裸细钢丝铠装	垂直或倾角大于 45° 的井巷中，敷设高差不限
ZQD40	铜芯不滴流铅包裸粗钢丝铠装	在深井井筒作为下井电缆
YJV40	铜芯交联聚乙烯绝缘、聚氯乙烯护套内裸粗钢丝铠装	同 ZQD40 型铠装电缆

（二）橡套电缆

1. 类型及特点

根据橡套护套的材料不同，橡套电缆（见图 3－3）分为可燃型、非延燃型和加强型 3 类。

图 3－3　橡套电缆

可燃型橡套电缆的护套为易燃的天然橡胶，起绝缘和抗摩擦、防腐作用。非延燃型橡套电缆的护套为氯丁橡胶，除具有普通橡胶的特性外，还有在燃烧时使火焰与空气隔绝，不使火势蔓延的特点，适用于易燃易爆危险场所。加强型橡套电缆在结构上进行了强化，通常用于需要更高机械强度和耐用的场合。

移动式电气设备的供电回路应采用橡胶绝缘橡胶护套软电缆；有屏蔽要求的回路，应具有分相屏蔽功能。普通橡胶遇到油类及其化合物时，很快就被损坏，因此在经常被油浸泡的场所，宜使用耐油型橡胶护套电缆。普通橡胶耐热性能差，允许运行温度较低，故对处于高温环境下且有柔软性要求的回路，宜选用乙丙橡胶绝缘电缆，这种电缆即使在潮湿环境下也具有良好的耐高温性能，线芯长期允许工作温度可达 90 ℃。

2. 型号和使用场所

矿用橡套电缆常用型号及使用场所见表 3-2。

表 3-2　矿用橡套电缆常用型号及使用场所

型号	名称	使用场所
UG	矿用高压橡套电缆	采区变电所至移动变电站
UGF	矿用高压氯丁橡胶护套电缆	采区变电所至移动变电站
UGSP	矿用监视型双屏蔽高压橡套电缆	采区变电所至移动变电站
UCP	采掘机械用屏蔽橡套电缆	各种采掘机械
UC	采掘机械用橡套电缆	各种采掘机械
UP	矿用移动屏蔽橡套电缆	各种移动电气设备
U	矿用橡套电缆	各种电气设备及采区动力线路
UCPQ	千伏级采煤机械用屏蔽橡套电缆	采煤机
UCPJQ	千伏级采煤机械用加强型屏蔽橡套电缆	采煤机
UPQ	千伏级矿用移动屏蔽橡套电缆	各种千伏级电气设备
UZ	矿用电钻电缆	电钻及控制信号线
UM（UMP）	矿灯电缆	矿灯

型号中，“U”表示矿用，“G”表示高压，“P”表示屏蔽，“SP”表示双屏蔽，“C”表示采掘机械用，“Q”表示千伏级线路，“Z”表示电钻用，“M”表示矿灯用，“F”表示氯丁橡胶护套电缆，“J”表示加强。

3. 结构

矿用普通橡套电缆芯线有 4 根、6 根、7 根、8 根、11 根不等，其中 3 根为三相动力芯线，1 根为接地芯线，其余芯线作为控制芯线，如图 3-4 所示。

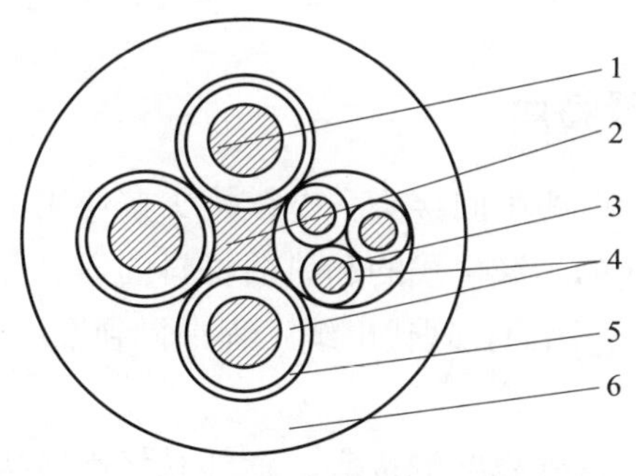

图 3-4　橡套电缆的结构

1—动力芯线　2—接地芯线　3—控制芯线导体橡胶保护套　4—绝缘层　5—绝缘屏蔽层　6—外护层

（三）塑料电缆

塑料电缆是一种使用非常广泛的新型电缆，其芯线绝缘和护套全部采用塑料制成，

YJV22 型塑料电缆如图 3-5 所示。塑料电缆的绝缘材料有聚氯乙烯和交联聚乙烯两种，交联聚乙烯有更好的耐热性，长期允许工作温度可以达到 80 ℃。

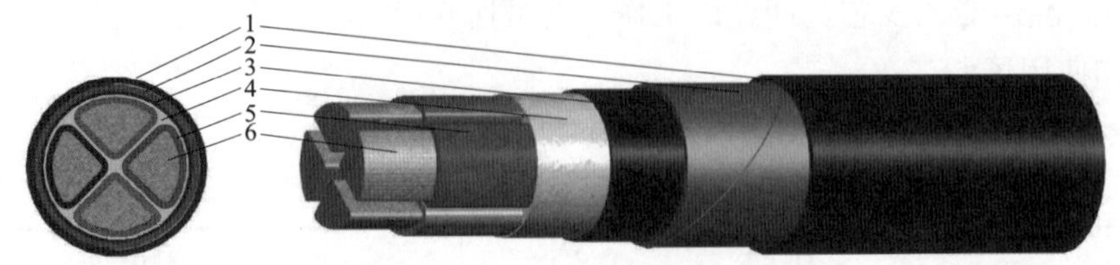

图 3-5　YJV22 型塑料电缆

1—外被层　2—钢铠　3—内衬层　4—统包绝缘　5—相间绝缘　6—导电芯线

塑料电缆既有铠装电缆也有软电缆，其具有良好的电气性能，耐水、耐腐蚀，不延燃，敷设落差不受限制，制造工艺简单，质量轻，运输方便。

（四）电缆的选择

根据《煤矿安全规程》第四百六十三条，井下电缆的选用应当遵守下列规定：

（1）煤矿井下必须采用铜芯电缆，严禁采用铝芯电缆。

（2）电缆主线芯的截面应当满足供电线路负荷的要求。电缆应当带有供保护接地用的足够截面的导体。

（3）对固定敷设的高压电缆：

①在立井井筒或者倾角为 45° 及其以上的井巷内，应当采用煤矿用粗钢丝铠装电力电缆。

②在水平巷道或者倾角在 45° 以下的井巷内，应当采用煤矿用钢带或者细钢丝铠装电力电缆。采（盘）区变电所到采掘工作面、临时配电点的高压电缆在水平巷道或者近水平巷道敷设时，可以采用煤矿用橡套软电缆。

（4）固定敷设的低压电缆，应当采用煤矿用铠装或者非铠装电力电缆或者对应电压等级的煤矿用橡套软电缆。

（5）非固定敷设的高低压电缆，必须采用煤矿用橡套软电缆。移动式和手持式电气设备应当使用专用橡套电缆。

二、电缆接头的类型及特点

电缆接头包括终端接头和电缆中间接头。电缆接头按使用的绝缘材料或填充材料分，有填充电缆胶的、环氧树脂浇注的、缠包式的和热缩材料的等。热缩材料的电缆接头具有施工简便、价廉和性能良好等优点，因而在现代电缆工程中得到推广应用。

1. 终端接头

户外用电缆终端接头有铸铁外壳终端接头、瓷外壳终端接头和环氧树脂终端接头，户内用电缆终端接头常用环氧树脂终端接头和尼龙终端接头。

环氧树脂浇注的电缆头具有绝缘和密封性能好、体积小、质量轻、成本低等优点，曾广泛用于 10 kV 及以下的系统中。图 3-6 所示是户外热缩环氧树脂终端接头，图 3-7 所示为交联聚乙烯绝缘电缆户内冷缩环氧树脂终端接头。

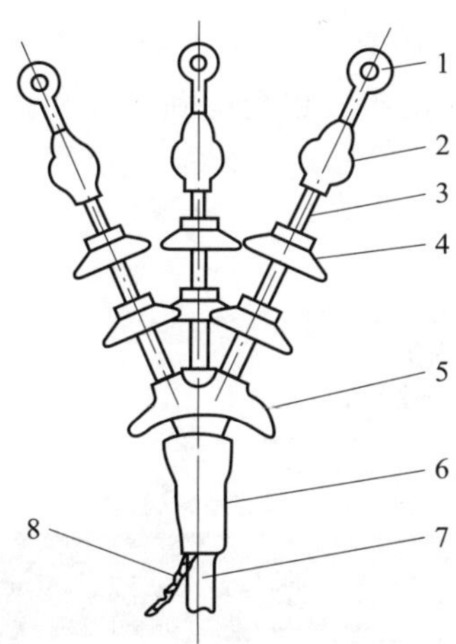

图 3－6　户外热缩环氧树脂终端接头

1—缆芯接线端子　2—热缩密封管　3—热缩绝缘管　4—单孔防雨伞裙　5—三孔防雨伞裙　6—热缩三芯手套　7—PVC（聚氯乙烯）外护套　8—接地线

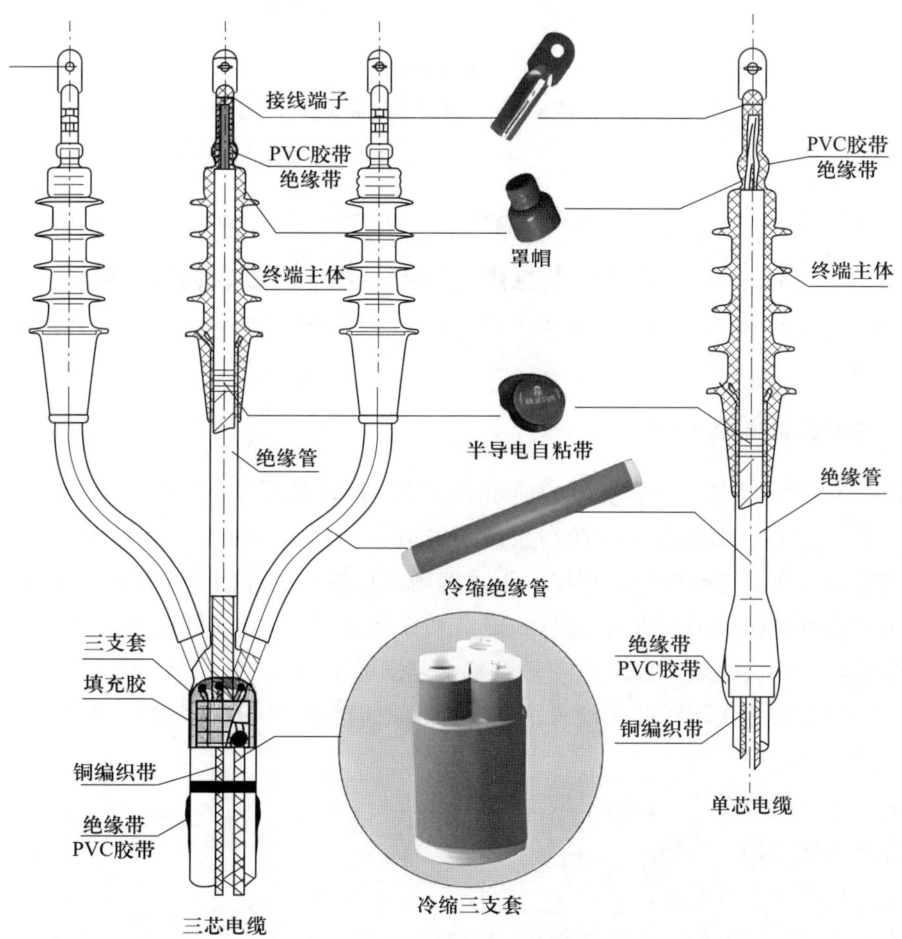

图 3－7　交联聚乙烯绝缘电缆户内冷缩环氧树脂终端接头

2. 电缆中间接头

电缆中间接头有环氧树脂中间接头、铅套中间接头和铸铁中间接头。图 3－8 所示是环氧树脂中间接头盒。

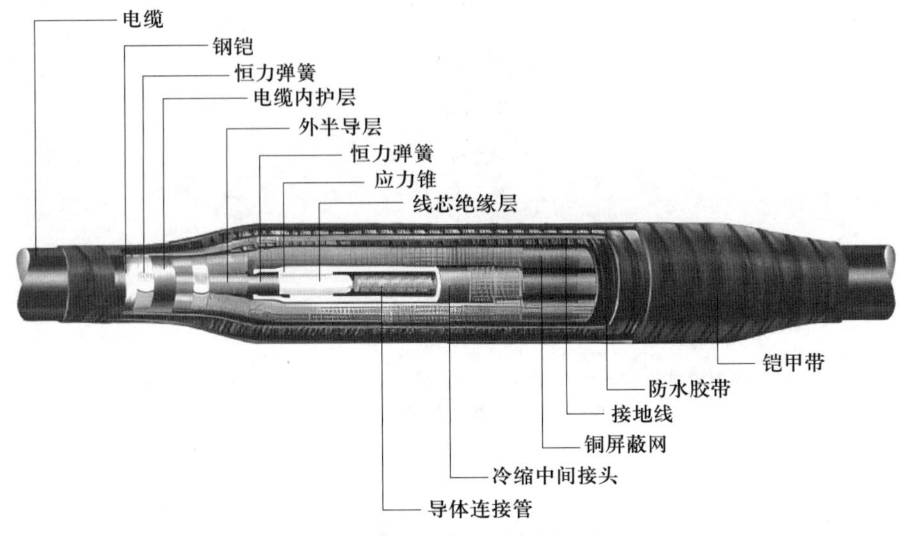

图 3－8　环氧树脂中间接头盒

第二节　矿用电缆的敷设、连接及故障处理

一、电缆敷设基本要求

电缆敷设是否得当直接影响供电的质量和安全。因电缆敷设不当而引发的事故很多。电缆的敷设方式主要有直埋敷设、电缆沟敷设、隧道敷设、架空敷设、排管敷设等。一些特殊场合对电缆敷设方式有特殊要求，煤矿井下电缆敷设应符合《煤矿安全规程》的规定。

敷设电缆应严格遵守有关技术规范的规定和设计要求。竣工以后，应按规定程序和要求进行检查和验收，确保线路质量。电缆敷设基本要求如下：

（1）电缆长度宜按实际线路长度考虑 5%～10% 的裕量，以作为安装、检修时备用；直埋电缆应进行波浪形埋设。

（2）下列场合的非铠装电缆应采取穿管敷设：

①电缆进出建（构）筑物；

②电缆穿过楼板及墙壁处；

③从电缆沟引出至电杆，或沿墙敷设的电缆距地面 2 m 高度及埋入地下小于 0.3 m 深度的一段；

④电缆与道路、铁路交叉的一段。电缆保护管的内径不得小于电缆外径或多根电缆包络外径的 1.5 倍。

（3）同一通道内电缆数量较多时，若在同一侧的多层支架上敷设电缆，应按下列要求进行配置：

①电力电缆应按电压等级由高至低的顺序排列，控制、信号电缆和通信电缆应按强电至弱电的顺序排列。

②支架层数受通道空间限制时，35 kV 及以下的相邻电压级的电力电缆可排列在同一层支架上；少量 1 kV 及以下的电力电缆在采取防火分隔和有效抗干扰措施后，也可与强电控制、信号电缆配置在同一层支架上。

③同一重要回路的工作电缆与备用电缆应配置在不同层或不同侧的支架上，并应实行防火分隔。

④明敷的电缆不宜平行敷设于热力管道上部。电缆与管道之间无隔板保护时，按《电力工程电缆设计标准》（GB 50217—2018）规定，其相互间的允许距离应符合表 3－3 的要求。

表 3－3　　电缆与管道相互间的允许距离　　单位：mm

电缆与管道之间走向		电力电缆	控制和信号电缆
热力管道	平行	1 000	500
	交叉	500	250
其他管道	平行	150	100

（4）在可能的范围内宜保证电缆距爆炸释放源较远，敷设在爆炸危险较小的场所，并应符合下列规定：

①可燃气体比空气重时，电缆宜埋地或在较高处架空敷设，且对非铠装电缆采取穿管或置于托盘、槽盒中等机械性保护措施；

②可燃气体比空气轻时，电缆宜敷设在较低处的管、沟内；

③采用电缆沟敷设时，电缆沟内应充砂。

（5）电缆在空气中沿输送可燃气体的管道敷设时，宜配置在危险程度较低的管道一侧，并应符合下列规定：

①可燃气体比空气重时，电缆宜配置在管道上方；

②可燃气体比空气轻时，电缆宜配置在管道下方。

（6）电缆沟的结构应考虑防火和排水要求。电缆沟从厂区进入厂房处应设置防火隔板。为了顺畅排水，电缆沟的纵向排水坡度不得小于 0.5%，而且不得排向厂房内侧。

（7）直埋于非冻土地区的电缆，其外皮至地下构筑物基础的距离不得小于 0.3 m，至地面的距离不得小于 0.7 m。当电缆敷设于耕地下方时，应适当加深埋置深度，且埋置深度不得小于 1 m。电缆直埋敷设于冻土地区时，应埋入冻土层以下；当受条件限制时，应采取防止电缆受到损伤的措施。直埋敷设的电缆严禁位于地下管道的正上方或正下方。电缆直埋敷设时应避开含有酸、碱强腐蚀或杂散电流等电化学腐蚀严重的地段。

（8）电缆的金属外皮、金属电缆头及保护钢管和金属支架等，均应可靠接地。

二、电缆的敷设方式及技术要求

1. 直埋敷设

电缆直埋敷设施工比较简单，投资少，并且电缆的散热条件好，因此应用非常广泛。但是直埋敷设又受当地土壤、地下水的性质及同一沟内电缆根数的限制。一般，在对电缆无侵蚀地区，若同一路径的电缆不超过 6 根，应尽量采用直埋敷设。在对电缆有侵蚀的地区，要考虑电缆的选型及防腐措施。具体要求如下：

（1）电缆直埋的深度，一般不得小于 700 mm。在寒冷地区，直埋深度必须大于冻土的深度。

（2）在选定电缆线路的路径和埋设深度时，必须考虑该地区有无平土的可能性，以免电缆在平土时暴露或者埋设过深、过浅。

（3）电缆在从地下引出地面时，地坪以上 2 m 内、地坪以下 0.3 m 内应采用金属管或保护罩加以保护。

（4）直埋敷设采用电缆沟方式时，沟内要加保护板。电缆沟及保护板尺寸与规格如图 3－9 所示。

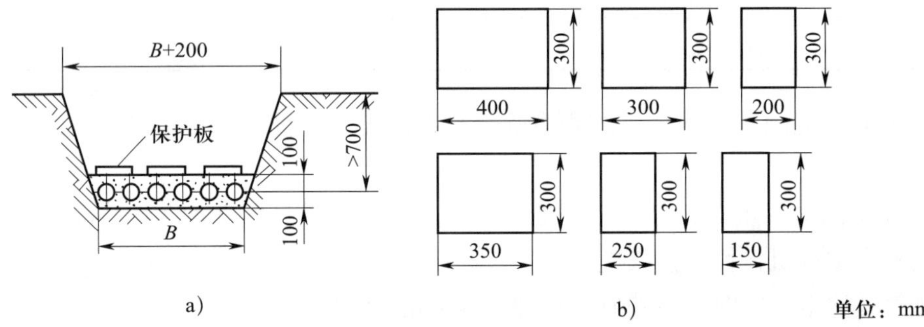

图 3－9　电缆沟及保护板尺寸与规格

a）电缆沟尺寸　b）保护板规格

保护板采用 150 号以上混凝土制作，厚度均为 30 mm。当电缆沟转 90°～120° 弯时，转弯处另加大 200 mm。

电缆直埋敷设时与其他设施之间允许最小距离见表 3－4。

表 3－4　电缆直埋敷设时与其他设施之间允许最小距离　单位：m

电缆直埋敷设时的配置情况		平行	交叉
控制电缆之间		—	0.5①
电力电缆之间或与控制电缆之间	10 kV 及以下电力电缆	0.1	0.5①
	10 kV 以上电力电缆	0.25②	0.5①

续表

电缆直埋敷设时的配置情况		平行	交叉
不同部门使用的电缆		0.50②	0.5①
电缆与地下管沟	热力管沟	2.0③	0.5①
	油管或易（可）燃气管道	1.0	0.5①
	其他管道	0.5	0.5①
电缆与铁路	非直流电气化铁路路轨	3.0	1.0
	直流电气化铁路路轨	10	1.0
电缆与建筑物基础		0.6③	—
电缆与道路边		1.0③	—
电缆与排水沟		1.0③	—
电缆与树木的主干		0.7	—
电缆与 1 kV 及以下架空线电杆		1.0③	—
电缆与 1 kV 以上架空线杆塔基础		4.0③	—

注：①用隔板分隔或电缆穿管时不得小于 0.25 m。
②用隔板分隔或电缆穿管时不得小于 0.1 m。
③特殊情况时，减少值不得大于 50%。

2. 电缆沟敷设

电缆沟敷设如图 3－10 所示。

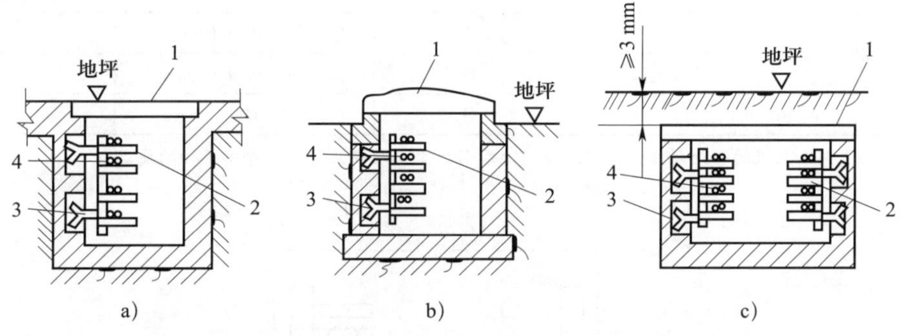

图 3－10　电缆沟敷设

a）户内电缆沟　b）户外电缆沟　c）厂区电缆沟

1—盖板　2—电缆支架　3—预埋铁件　4—电力电缆

当电缆线路与地下管道交叉不多，地下水位较低，又无化学腐蚀液体或高温熔化金属溢流，并且同一路径电缆根数较多时，可采用电缆沟敷设，具体技术要求如下：

（1）电缆沟内电缆间水平净距应不小于电缆外径。控制电缆间距不作规定。当在沟底敷设电缆时，1 kV 以上的电力电缆与控制电缆间的净距应不小于 100 mm。

（2）室内电缆沟盖板宜与地坪齐平，室外电缆沟的沟壁宜高出地坪 100 mm。考虑排水时，可在电缆沟上分区段设置现浇钢筋混凝土渡水槽，也可使电缆沟盖板低于地坪 300 mm，上面铺以细土或砂。

（3）电缆沟应实现排水畅通，其纵向排水坡度应不小于 0.5%。沿排水方向适当距离宜设置集水井及其泄水系统，必要时应实施机械排水。

（4）电缆沟沟壁、盖板及其材质构成应满足承受荷载和适合环境耐久的要求。厂、站内可开启的沟盖板，单块质量不宜超过 50 kg。

（5）对于厂区长距离的电缆沟，为便于维修，沟内的通道尺寸应适当放大，宽度不宜小于 700 mm，高度不宜低于 1 300 mm。

（6）室外电力电缆沟进入变电所或厂房内，入口处应有耐火隔墙。

3. 隧道敷设

当同一通道的地下电缆较多，电缆沟不足以容纳时，可采用隧道敷设。电缆隧道的规格见表 3－5，结构如图 3－11 所示。

表 3－5　电缆隧道的规格　单位：mm

尺寸名称		符号	一般	最小
隧道高度（净距）		H	2 000	1 900
通道宽度	单侧有支架	A	900	800
	双侧有支架	Am	1 000	800
电缆格架层间垂直距离	控制电缆	mK	120	120
	电力电缆	m	150～350	150
电缆水平距离	控制电缆	t	依固定电缆方式而定	不规定
	电力电缆	t	—	1 倍电缆外径
最上排格架至顶部的距离	控制电缆	Ck	依允许弯曲半径而定①	120
	电力电缆	C	依允许弯曲半径而定①	—
最低格架距底部距离		G	100	100

注：①最上层支架距盖板的净距允许最小值应满足电缆引接至上层格架时最小弯曲半径的要求。

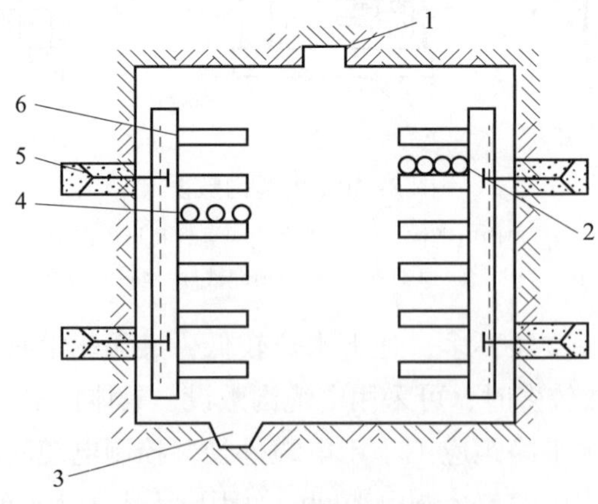

图 3－11　电缆隧道的结构

1—装灯用壁槽　2—控制电缆　3—排水沟　4—动力电缆　5—地脚螺栓　6—电缆搁架（或电缆钩子）

电缆隧道敷设的技术要求如下：

（1）电缆隧道的维修人员出入口数目要求：长度小于 7 m 时，允许一个出口；长度在 7～75 m 时，应有两个出口；长度在 75 m 以上时，每两个出口之间的距离不大于 75 m。

（2）室外电缆隧道在进入变电所或厂房处以及沿隧道全长每隔 100 m 处应设带门的耐火隔墙，其位置应与通风系统、维修人员出入口的位置结合起来统一考虑。

（3）电缆隧道宜采取自然通风。当有较多电缆导体工作温度持续在 70 ℃以上或有其他因素使环境温度显著升高时，可采取机械通风，但风机的控制应与火灾自动报警系统联锁，一旦发生火灾，应可靠切断风机电源。长距离的隧道宜分区段实行相互独立的通风。

（4）电缆隧道内的通风亭和维修人员出入口的地坪或门挡应高出工矿企业厂区地平面 150 mm，以防止雨水流入。

（5）严禁其他管线横穿电缆隧道。

（6）电缆隧道应有可靠的防水设施。

（7）电缆隧道通常应采用钢筋混凝土结构，并且门、阶梯、隔墙和百叶窗等结构应是耐火的。

（8）电缆隧道内的照明电压应不高于 36 V，否则应采取安全防护措施。

4. 架空敷设

有些施工现场由于条件所限，采用电缆架空敷设。敷设时常采用帆布带、塑料带、铁钩、专用卡子或者镀锌铁丝环，将电缆吊在镀锌钢绞线上。吊具的间隔距离通常为 0.5～1.0 m。

5. 穿管敷设

当电缆线路与铁路、公路交叉，或过墙、过地面、过基础、过沟，或经过高温介质溢出的地区时，可采用穿管敷设。同一通道采用穿管敷设的电缆数量较多时，宜采用排管敷设。

6. 电缆敷设距离

在输送容量一定的情况下，通过电压损失限值来确定输送距离。6 kV 线路不宜超过 3 km，10 kV 线路不宜超过 6 km，35 kV 线路不宜超过 20 km。

三、矿用电缆敷设及连接的要求

《煤矿安全规程》规定，敷设橡套电缆应当符合下列要求：

（1）避开火区、水塘、水仓和可能出现滑坡的地段。

（2）跨台阶敷设电缆应当避开有伞檐、浮石、裂缝等的地段。

（3）新投入的高压电缆，使用前必须进行绝缘试验；修复后的高压电缆必须进行绝缘试验；对于运行的高压电缆，每年雷雨季节前应当进行预防性试验。

（4）电缆接头应当采用热缩或者冷补修复，其强度和导电性能不低于原要求。

（5）缠绕在卷筒（盘）上电缆载流量的计算符合相关要求，温升不超过要求。

（6）电缆穿越铁路、公路时，必须采取防护措施，严禁设备碾压电缆。

四、电缆线路常见故障及原因分析

1. 电缆线路的常见故障

（1）相间短路故障。绝缘完全损坏将导致电缆芯线间短接，短路时流过线路的电流增大为正常工作电流的几倍到几十倍，以致发热量急剧增加，短时间即可能起火燃烧。如因短路而造成断路，则会发生弧光放电，高温电弧可能烧伤邻近的工作人员，也可能直接引起燃烧。电缆“放炮”属于相间短路，是煤矿井下电缆线路中常见的故障。

（2）断线故障。断线主要指电缆导体有一相或几相断开，导致电缆故障。断线可能造成接地、混线、短路等多种事故。导线断落在地面或接地导体上可能导致电击事故。导线断开或拉脱时产生的电火花以及架空线路摆动、跳动时产生的电火花均可能引燃邻近的可燃物。此外，三相线路断开一相将造成三相设备不对称运行，可能烧坏设备；中性线（工作零线）断开也可能造成负载三相电压不平衡，并烧坏用电设备。

（3）接地故障。接地故障包括电缆线路单相接地故障和多相接地故障。接地电流与短路电流相差甚远，虽然接地电流产生的热量不会引燃线路，但接地处的局部发热和电弧可导致起火燃烧。矿用橡套电缆单相漏电接地，也是煤矿井下电缆线路最常见的故障之一。

2. 电缆线路故障原因分析

（1）绝缘损坏。外力破坏、化学腐蚀或电解腐蚀、雷击、水淹、虫害、施工不当、维护不当等易造成绝缘损坏。电缆长期运行，受到电热、化学及机械作用，易造成电缆绝缘老化变质，使得绝缘能力下降。

（2）接触不良。电气连接部位包括导体间永久性连接（如焊接）、可拆卸连接（如导体与接线端子的螺栓连接）和工作性活动连接（如各种电器的触头）。电气连接部位是线路的薄弱环节。如电气连接部位接触不良，则接触电阻增大，必然造成连接部位发热增加，乃至产生危险温度，构成引燃源。特别是铜导体与铝导体的连接，如没有采用铜铝过渡段，经过一段时间使用后，很容易成为引燃源。

（3）严重过载。过载将加速绝缘老化。如严重过载或过载时间过长，将造成导线过热，带来火灾危险。此外，过载还会增大线路上的电压损失。严重过载的主要原因如下：一是设计选型不当，电缆截面过小而无法满足实际负荷需求；二是规划不足，随着用电设备随意增容，线路长期过载运行；三是三相负荷严重不平衡，使中性线或高负荷相电流激增等。

（4）间距不足。线路安装中最常见的问题是间距不足。间距不足不仅可能导致碰撞短路、电击、漏电等事故，还可能妨碍正常操作。间距不足的原因如下：一是施工质量差，没有严格按照规范设计和安装；二是运行维护不当或长时间不维护、检修等。

（5）保护导体带电。保护导体带电除可能导致电气设备外壳带电外，还有引发火灾的危险。在下列情况下，保护导体可能带电：

①接地方式与接零方式混合使用，且接地的设备漏电；

②保护导体（PE 线）或保护接地中性导体（PEN 线）断开（或接触不良），且后方有接地的设备漏电；

③ TN－C 系统中 PEN 线断开（或接触不良），且后方有不平衡负荷；
④ PE 线或 PEN 线阻抗太大，末端接零设备漏电；
⑤ TN－C 系统中的 PEN 线阻抗较大，且不平衡负荷太大；
⑥在 TN－S 系统中，单相负荷接在相线和 PE 线上；
⑦某一相线因故障接地；
⑧某一相线经负载接地；
⑨保护导体与其他系统的保护导体连通，其他系统的保护导体带电；
⑩感应带电。

思考练习题

1. 电力电缆有哪几种？各有何特点？
2. 简述铠装电缆的结构特点。
3. 简述矿用橡套电缆的类型和使用场所。
4. 什么是电缆接头？电缆接头如何分类？
5. 电缆敷设的方式有哪些？
6. 电缆沟敷设的技术要求有哪些？
7. 电缆敷设距离有哪些规定？

技能实训二　10 kV 电缆冷缩中间接头的制作

一、实训目标

1. 熟悉电力电缆的结构及电缆冷缩中间接头等附件。
2. 掌握 10 kV 电缆冷缩中间接头的制作步骤。

二、任务描述

熟悉常用 10 kV 电缆冷缩中间接头制作步骤和基本要求，掌握常用 10 kV 电缆冷缩中间接头制作所需的工具、材料、作业条件、制作步骤及工艺要求。

三、任务准备

1. 穿好实训服、绝缘鞋，戴好安全帽，领取实训报告单，有序进入实训车间。

2. 根据电缆型号、截面正确选择电缆附件及工具。对电缆附件进行开箱检查，确认正确无误。细读附件提供的安装图，了解电缆开剥尺寸。

3. 清点工具，包括手套、毛巾、酒精纸、砂纸、卷尺、PVC 胶带、铜接管、铜线、电工专用刀具、尖嘴钳、钢丝钳、鲤鱼钳、活动扳手、一字螺丝刀、锉刀、钢直尺、钢锯，确认正确无遗漏。

4. 熟悉操作过程中有关安全措施。

四、知识要点

1. 10 kV 电力电缆的结构

10 kV 电力电缆的结构如图 3－12 所示。

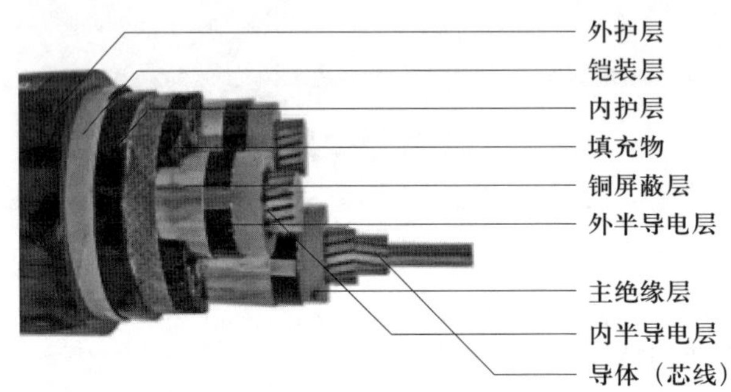

图 3－12　10 kV 电力电缆的结构

2. 10 kV 电缆冷缩中间接头制作步骤

将电缆调直，确定接头中心。电缆长端 700 mm，短端 460 mm，两电缆重叠 200 mm（见图 3－13），锯掉多余电缆。同时将电缆外护层擦干净。

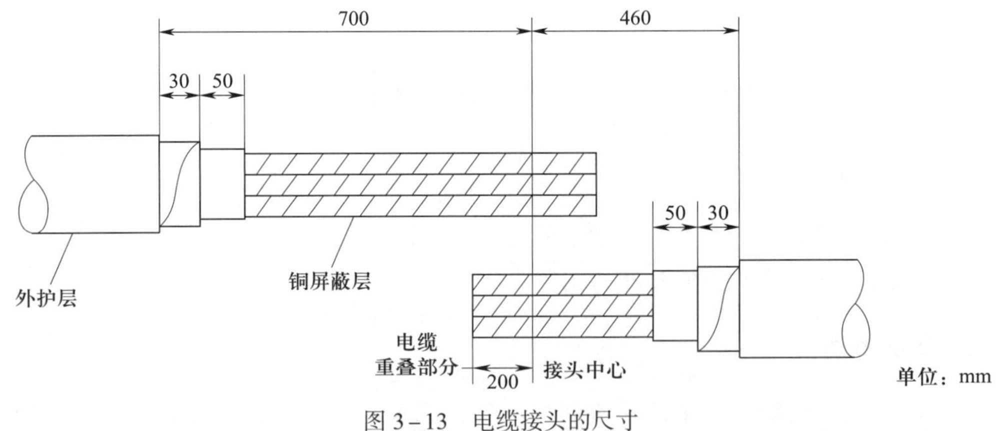

图 3－13　电缆接头的尺寸

（2）剥外护层和铠装层。按照图纸规定尺寸，先后剥开外护层、铠装层，如图 3－14 和图 3－15 所示。环切深度为 2/3 的外护层、铠装层厚度。外护层的断口应平整、无毛刺，不伤到铠装层。用恒力弹簧或铜丝固定铠装层，再用钢锯剥除铠装层，铠装层切口应平齐，不应有尖角、锐边，锯钢铠时不得锯伤内护层。

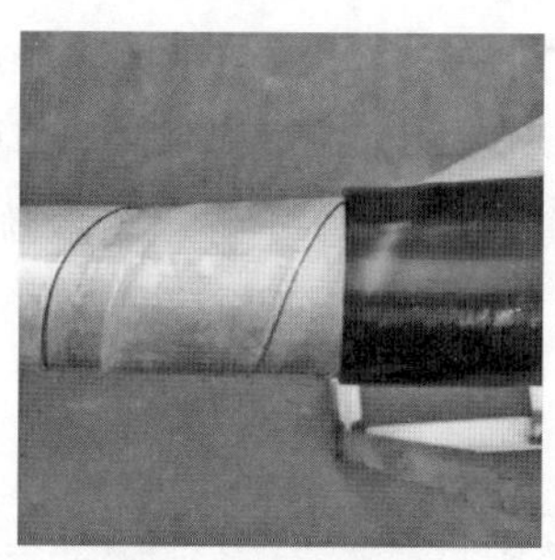

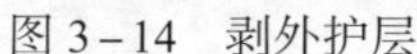
图 3－14 剥外护层

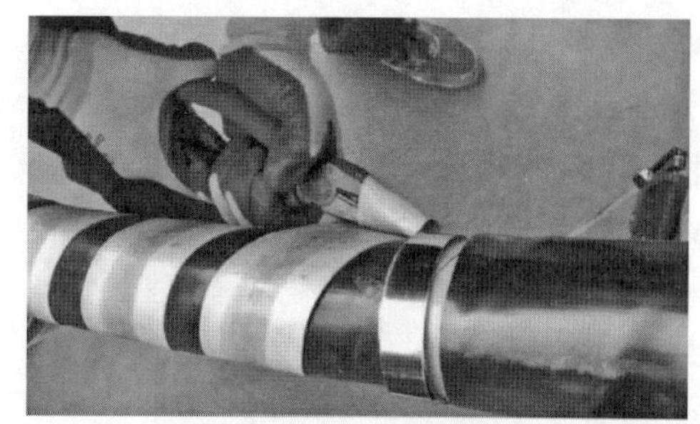

图 3－15 剥铠装层

（3）剥内护层。从铠装层断口量取图纸规定尺寸的内护层，剥除内护层及填充物。用刀按内护层 2/3 厚度环切内护层，下刀时不得割伤铜屏蔽层，断口应平整。剥除内护层后应立即将电缆芯线端部铜屏蔽层用 PVC 胶带包缠住（见图 3－16），以防止其散开。将电缆的三相呈品字形分开，刀口向外割除填充物。

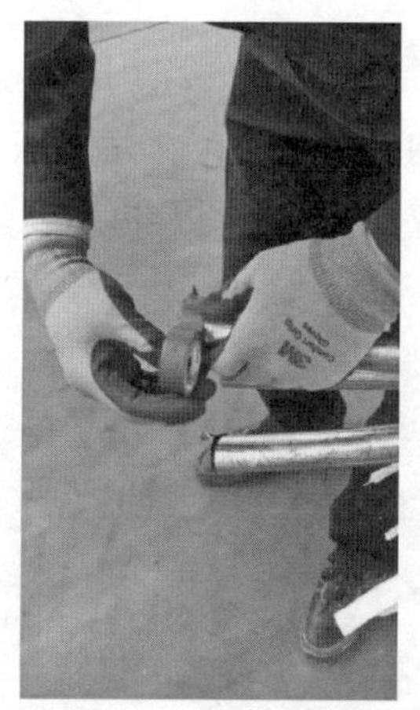

图 3－16 用 PVC 胶带包缠住

（4）剥铜屏蔽层。由芯线端部向下量取图纸尺寸规定长度，用 PVC 胶带做好标记，沿标记按铜屏蔽层 2/3 厚度环切一圈，剥除铜屏蔽层，如图 3－17 所示。切割时不得划伤半导电层，铜屏蔽层切口（见图 3－18）边缘不应有尖角及毛刺。

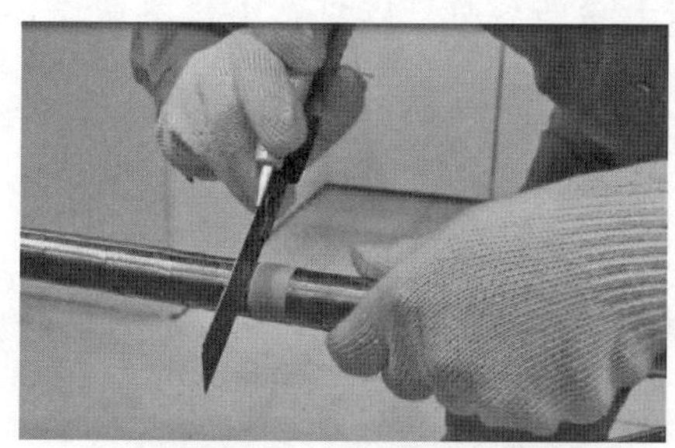

图 3－17 剥除铜屏蔽层

图 3－18 铜屏蔽层切口

（5）剥半导电层。由芯线端部向下量取图纸尺寸规定长度，用 PVC 胶带做好标记，沿标记按半导电层厚度的 1/2 环切一圈剥除，断口应平整、无毛刺，且不得割伤主绝缘层，如图 3-19 所示。半导电层断口倒角处应用细砂纸打磨光滑、平整，避免产生台阶，使半导电层与主绝缘层之间平滑过渡。打磨半导电层时，断口主绝缘层处应反包 PVC 胶带（见图 3-20），防止将半导电层颗粒带入主绝缘层。

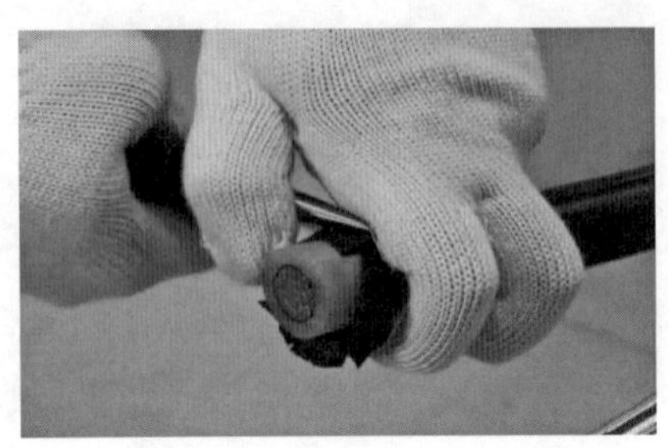

图 3-19　剥除半导电层

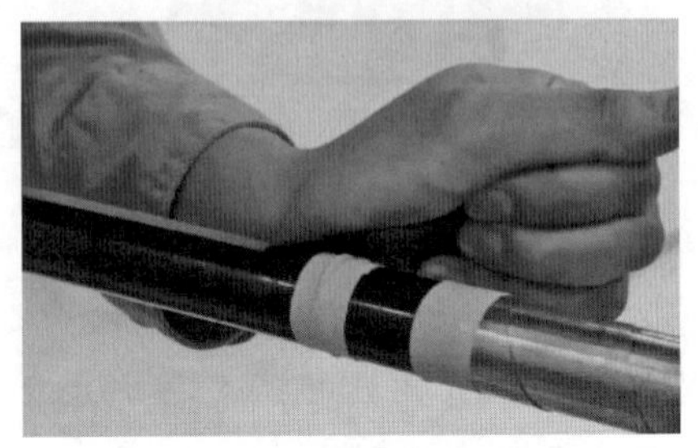

图 3-20　反包 PVC 胶带

（9）剥主绝缘层。按照电缆接头说明书的要求剥除规定长度的主绝缘层（见图 3-21），用 PVC 胶带做好标记，沿标记环切一圈将其余主绝缘层剥除。应用鲤鱼钳顺着芯线方向剥下主绝缘层，防止芯线散开。主绝缘层断口做 45° 倒角，用细砂纸打磨主绝缘层及其断口倒角处，确保打磨光滑、平整，避免产生台阶。芯线处应包缠 PVC 胶带，防止损伤芯线。

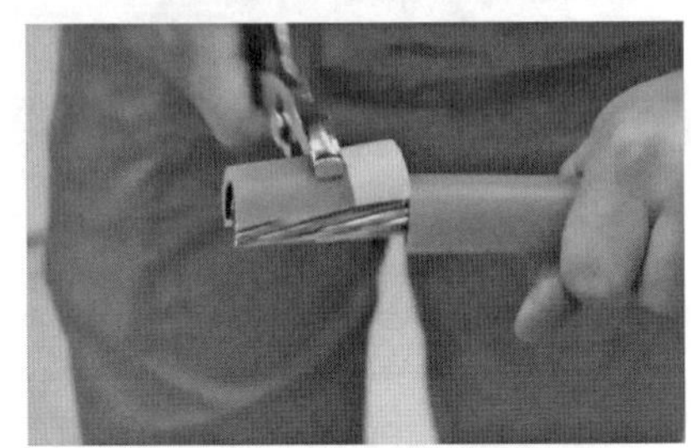

图 3-21　剥除主绝缘层

（10）打磨及清洁。用锉刀、砂纸打磨铠装层（见图 3-22），用砂纸打磨内外护层、铜屏蔽层、导体芯线及主绝缘层。砂纸打磨芯线如图 3-23 所示。打磨完成后，用酒精纸清洁。清洁主绝缘层表面时，清洁方向应从主绝缘层断口向半导电层断口进行，不得来回擦拭，否则

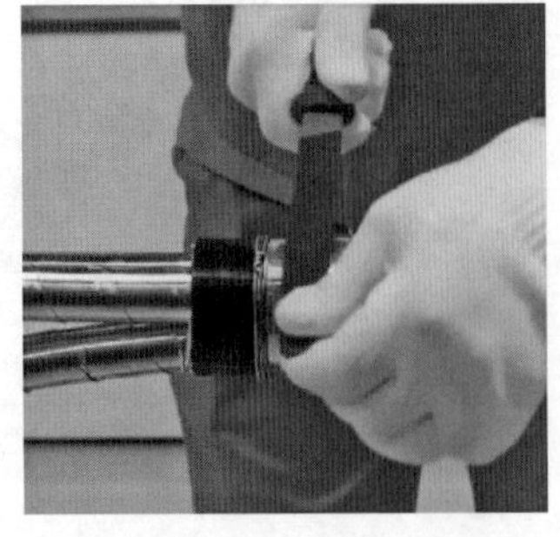

图 3-22　锉刀打磨铠装层

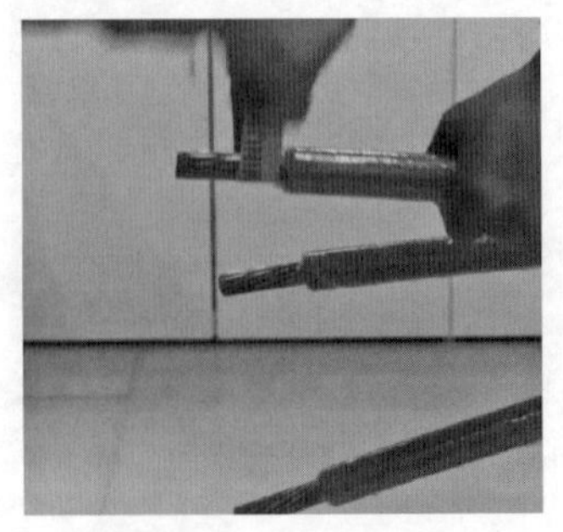

图 3-23　砂纸打磨芯线

会将半导电层颗粒带入主绝缘层。清洁纸不得反复使用。

（11）铜屏蔽层封口。在铜屏蔽层断口处，从铜屏蔽层向外半导电层方向绕包半导电带（见图 3–24），防止铜屏蔽层断口的尖角损伤中间接头本体。

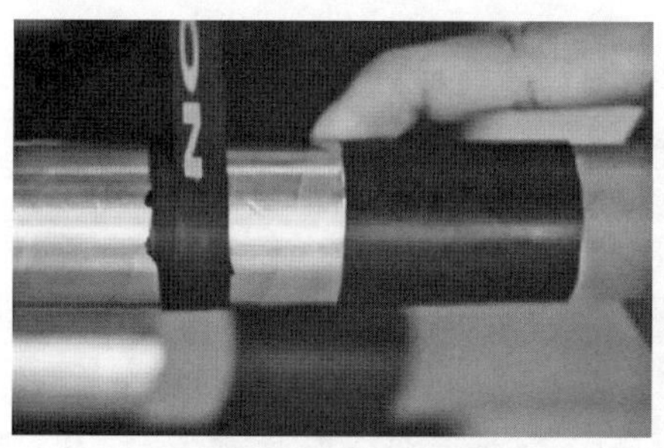
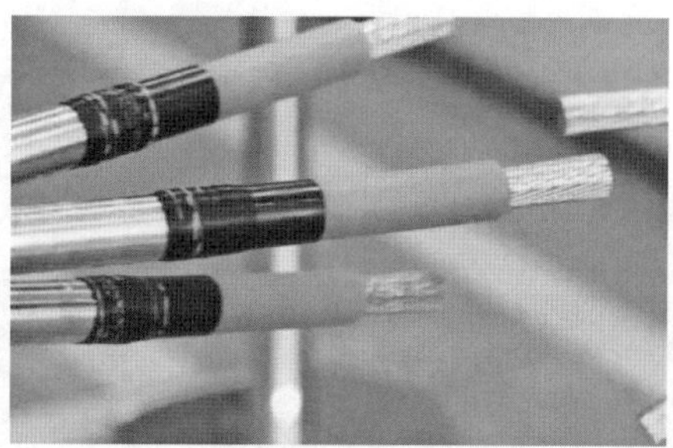

图 3–24　绕包半导电带

（12）套入附件。将冷缩中间接头放入长端电缆各相，将铜网套放入短端各相。

（13）压接连接管。根据电缆的规格选择相对应的模具，压接的顺序为先中间后两边，分别将两端芯线插入连接管进行压接，如图 3–25 所示。压接后打磨毛刺、压痕，并清洁表面，如图 3–26 所示。

图 3–25　压接连接管

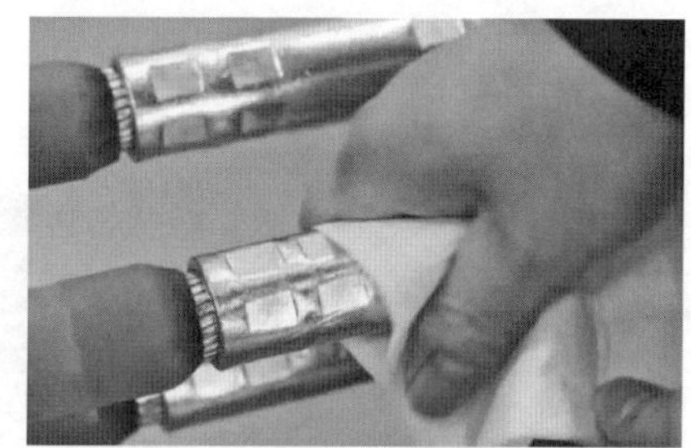

图 3–26　清洁连接管

（14）绕包中间接管（见图 3–27）。在倒角及电缆导体芯线位置绕包芯线堵水胶带，绕包应充分填充、压紧，绕包后胶带的整体外径应不超过电缆的主绝缘层外径。半重叠绕包半导电胶带，覆盖中间接管和堵水材料，从中间接管的中央位置开始向两端绕包一个来回，绕包后胶带的整体外径应不超过电缆的主绝缘层外径，在半导电胶带末端收口处绕包一圈 PVC 胶带（见图 3–28），以防止半导电胶带因黏性不足而导致松脱。

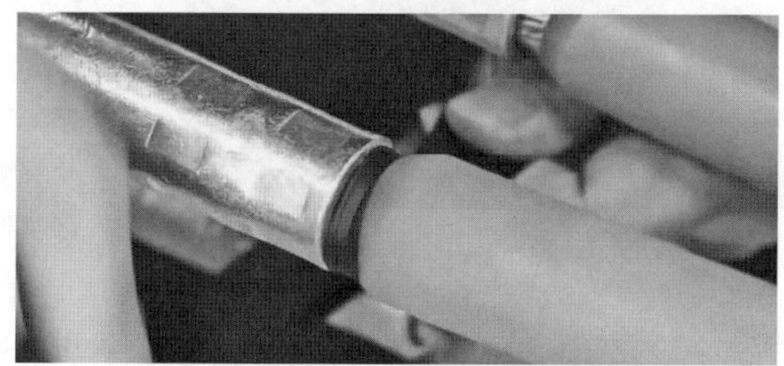

图 3–27　绕包中间接管

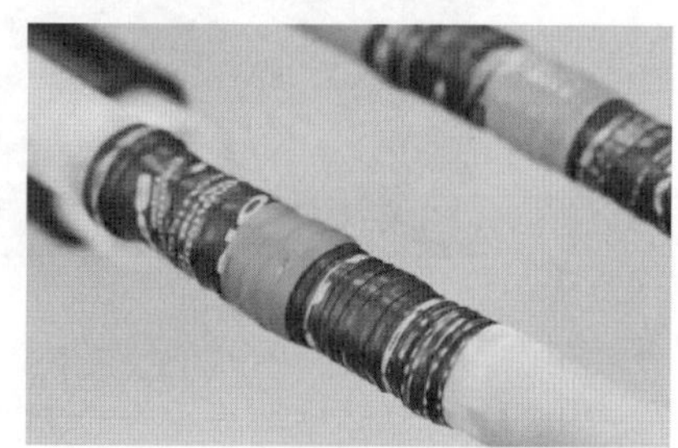

图 3–28　绕包 PVC 胶带

（15）安装冷缩绝缘管。在主绝缘层及连接管上涂抹硅脂，将冷缩绝缘管移至中间位置，先将一端的支撑芯按逆时针方向稳稳抽出，一般在收缩至冷缩绝缘管长度的 1/2 后，校正冷缩绝缘管是否居中，如未居中，应移动冷缩绝缘管使其位于中间位置，用同样方法抽取另外一端的支撑芯。

（16）恢复铜屏蔽层。用恒力弹簧卡紧并固定铜屏蔽网两端（见图 3－29），拉伸覆盖冷缩绝缘管，铜屏蔽网两端分别与电缆铜屏蔽层搭接 50 mm 以上。用 PVC 胶带包扎恒力弹簧处，并将三相电缆绑扎在一起，如图 3－30 所示。

图 3－29　恒力弹簧卡紧并固定铜屏蔽网两端

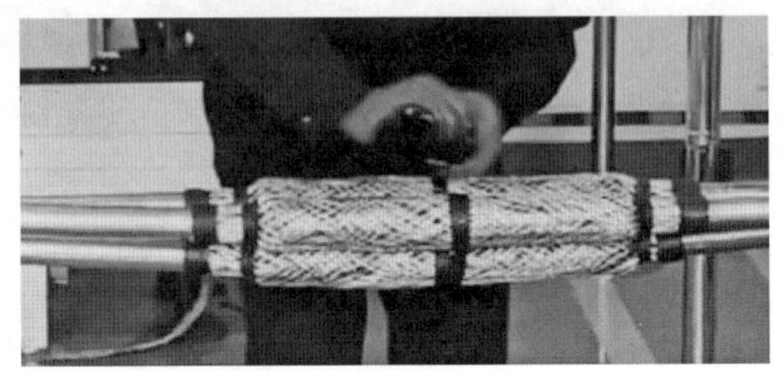

图 3－30　PVC 胶带包扎电缆

（17）绕包内防水胶带。从电缆一端内护层开始半重叠绕包 2 层防水胶带至另一侧内护层，并与内护层搭接 60 mm，如图 3－31 所示。防水胶带要充分拉伸均匀，胶面朝里。

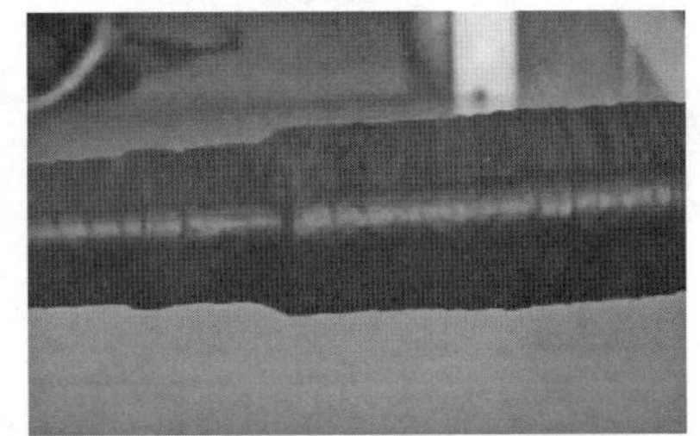

图 3－31　绕包内防水胶带

（18）安装钢铠接地。将电缆两端钢铠充分打磨光滑，用恒力弹簧卡紧并固定接地线（见图 3－32），在恒力弹簧外绕包 PVC 胶带，如图 3－33 所示。

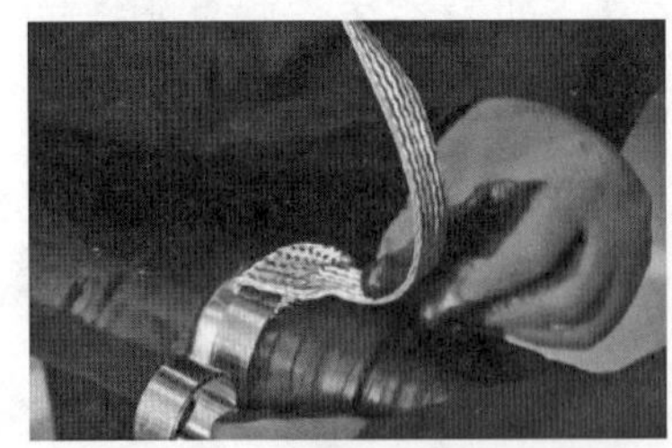

图 3－32　恒力弹簧卡紧并固定接地线

图 3－33　PVC 胶带绕包覆盖

（19）绕包外防水胶带。打磨规定长度的电缆两端外护层，从电缆一端搭接外护层 60 mm 处半重叠绕包防水胶带至另一侧搭接 60 mm 外护层。绕包时，将胶带拉伸至原来宽度的 3/4，绕包后，双手用力挤压所包胶带，使其紧密贴服。

（20）绕包铠装带（见图 3-34）。用水将铠装带浸规定时长后拿出，从外护层一端规定长度处半重叠绕包铠装带至另一端搭接规定长度的外护层。包缠时，铠装带要充分轻拉，不能松散，静置 30 min 后，待铠装带胶层完全固化后，方可移动电缆。

图 3-34　绕包铠装带

（21）安装防爆盒。使用防水胶带制作密封圈，防爆盒内填充防火包，用防爆盒完全包裹住制作好的中间接头，锁紧螺栓。安装完毕，按要求清理现场，整理工具、材料。

五、实训过程

1. 讲解实训内容

在开始实训前，指导教师讲解本次实训内容和目标以及学生必须掌握的知识点，并做好作业前的安全操作培训。

2. 开展实训作业

学生根据实训步骤进行具体操作。

3. 巡回指导并及时反馈

在学生实训过程中，指导教师要及时跟进并进行巡回指导。

六、总结与思考

1. 课程总结

指导教师对本次实训进行总结，包括学生实训规范、实训教学效果以及存在的问题和改进措施等。

2. 书写实训报告

学生应认真填写实训报告单，总结实训过程中存在的问题，锻炼通过理论与实践相结合来解决问题的能力，进而通过实训演练提高自己的技能水平。

3. 评估反馈

指导教师对学生实训练习进行全面综合评估，并及时向学生反馈结果。

第四章

煤矿高低压电气设备

学习目标

1. 了解高低压配电设备的类型及要求。
2. 了解电力变压器的类型及特点。
3. 熟悉高压开关电器的结构和动作原理。
4. 掌握高压开关电器的操作方法和要求。
5. 掌握高低压成套配电装置的结构。
6. 掌握高低压电气设备的选择与校验方法。

学习导引

在正常情况下，为便于检修或改变运行方式，常在供电系统中接入或退出一些高压电气设备；在发生故障时，又必须能够迅速地切除故障部分，使供电系统恢复正常运行。为此，供电系统中必须装设一些开关和保护电器，主要有断路器、隔离开关、负荷开关、熔断器、电抗器、互感器、母线装置及成套配电设备等，以接收、分配和控制电能，发挥保护作用等。

第一节　高压开关电器

一、高压断路器

高压断路器是电力系统中最重要的一种开关设备。在正常情况下，高压断路器用来分合

电路；当电力系统发生短路故障或严重过载时，高压断路器可通过继电保护装置自动而快速地切除故障部分，防止事故范围扩大，以保障系统安全运行。同时，高压断路器又能完成自动重合闸任务，以提高供电的可靠性。因此，高压断路器必须具有完善的灭弧装置和快速动作的特性。其文字符号为“QF”，电路符号为“—×/—”。

1. 型号及技术参数

（1）型号。高压断路器的型号由字母和数字两部分组成，具体如下：

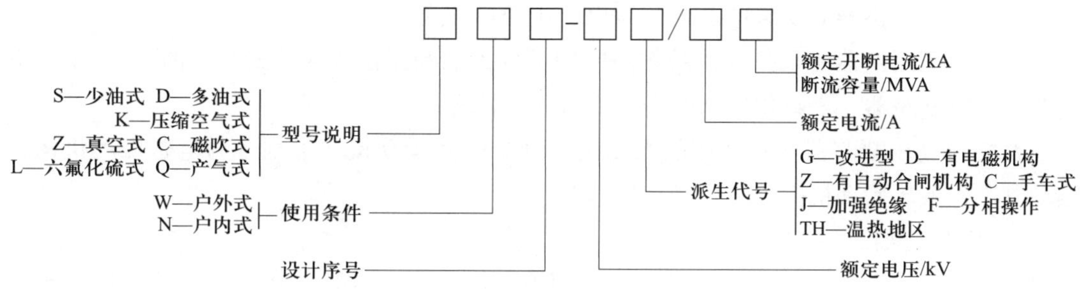

（2）技术参数：

①额定电压（U_N）。额定电压是表征高压断路器绝缘强度的参数，是指高压断路器正常工作时的线电压，其电压等级有 3 kV、6 kV、10 kV、20 kV、35 kV、60 kV、110 kV 等。通常，高压断路器可以长期在 1.1 U_N～1.5 U_N 电压下正常工作。

②额定电流（I_N）。额定电流是表征高压断路器触头长时间工作通过电流大小的参数，指环境温度在 40 ℃时，高压断路器允许长期通过的最大工作电流（有效值）。我国采用的电流等级有 200 A、400 A、600 A、1 000 A、…、10 000 A 等。

③额定开断电流（I_{OC}）。额定开断电流是表征高压断路器切断电路能力的参数，是指高压断路器工作在电网额定电压下所能开断的最大短路电流的有效值（有时也可用额定开断容量表示，额定开断容量定义为额定电压与额定开断电流的乘积）。它是高压断路器开断能力的标志，其大小取决于高压断路器的灭弧结构和使用的灭弧介质。

④额定峰值耐受电流（额定动稳定电流）。额定峰值耐受电流表征高压断路器的机械结构承受短路电流电动力冲击的能力，即高压断路器在闭合状态下能通过的保证机械部分不变形及损坏的最大短路电流（峰值）。

⑤额定短时耐受电流（额定热稳定电流）。额定短时耐受电流表征高压断路器通过短路电流时承受短时发热的能力，其值应等于额定短路开断电流值。

⑥额定短路持续时间（额定热稳定时间）。当额定短时耐受电流通过高压断路器的时间为额定短路持续时间时，高压断路器的各部分温度不超过短时允许发热的最高温度。

⑦热稳定电流和热稳定电流的持续时间。热稳定电流指高压断路器在合闸状态下，在一定的持续时间内，允许通过电流的最大周期分量有效值。国家标准规定：断路器的热稳定电流等于额定开断电流，热稳定电流的持续时间在 110 kV 及以下为 4 s，在 220 kV 及以上为 2 s，此时断路器触头不会因为发热而损坏。

⑧分闸时间。高压断路器分闸时间是指从高压断路器跳闸控制回路接收分闸信号瞬间起，到高压断路器各触头间的电弧完全熄灭为止所经过的时间。它包括固有分闸时间和燃弧时间。

⑨合闸时间。高压断路器的合闸时间是指从高压断路器的合闸控制回路接收合闸信号到主触头全部接通电路所经过的时间。

2. 分类

高压断路器一般按下列方法分类：

（1）按高压断路器的安装地点可分为户内式和户外式两种；

（2）按高压断路器的灭弧介质及作用原理可分为油断路器（多油式和少油式）、压缩空气断路器、真空断路器、六氟化硫断路器、磁吹断路器等；

（3）按与高压断路器配套使用的操动机构划分，其操动机构可划分为电磁操动机构、气动操动机构、液压操动机构、弹簧操动机构等。

3. 应用及其操作

（1）高压少油断路器。高压少油断路器以变压器油作为灭弧介质，变压器油仅用于触头间绝缘和灭弧，导体部分对地绝缘利用的是空气、陶瓷或有机绝缘材料。因此，高压少油断路器油量少，体积小，耗用钢材少，价格便宜。与高压多油断路器相比，高压少油断路器具有结构简单、装置坚固、使用安全等优点，所以被广泛应用于配电装置中。

SN10－10 型高压少油断路器如图 4－1 所示。它由框架、传动机构和油箱 3 个主要部分组成。框架上装有分闸弹簧、分闸限位器、合闸缓冲器及固定油箱的 6 个支撑绝缘子等。

高压少油断路器可配用 CS2 型手动操动机构、CD10 型直流电磁操动机构或 CT7 型交直流弹簧（储能）操动机构等。

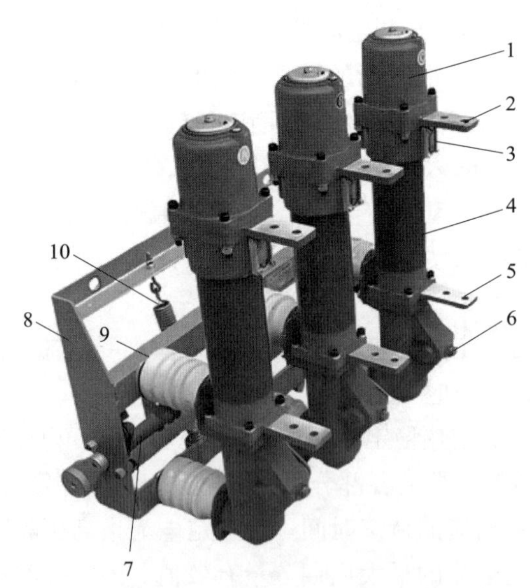

图 4－1　SN10－10 型高压少油断路器

1—铝帽　2—上接线端子　3—油标　4—绝缘筒　5—下接线端子

6—基座　7—主轴　8—框架　9—支撑绝缘子　10—分闸弹簧

手动操动机构能手动和远距离分闸，但只能手动合闸，其结构简单，且为交流操作，因此经济实用。然而受操动速度所限，其操动的断路器断开的短路容量不宜大于 100 MV·A。这类手动操动机构现已不再用于断路器操作。

电磁操动机构能手动和远距离操动断路器的分合闸，但需直流操作，且要求合闸功率大。

弹簧操动机构能手动和远距离操动断路器的分合闸，且适用于交流、直流操作，但其结构较复杂，价格较高。

如需实现自动合闸或自动重合闸，或者当短路容量大于 100 MV·A 时，则必须采用电磁操动机构或弹簧操动机构。由于采用交流操作电源较为简单、经济，弹簧操动机构的应用越来越广。

（2）真空断路器。真空断路器是利用真空的良好绝缘性能和耐弧性能等特点，将断路器触头部分安装在真空的外壳内而制成的。图 4－2 所示是 ZW32－12/T630 型户外式真空断路器。

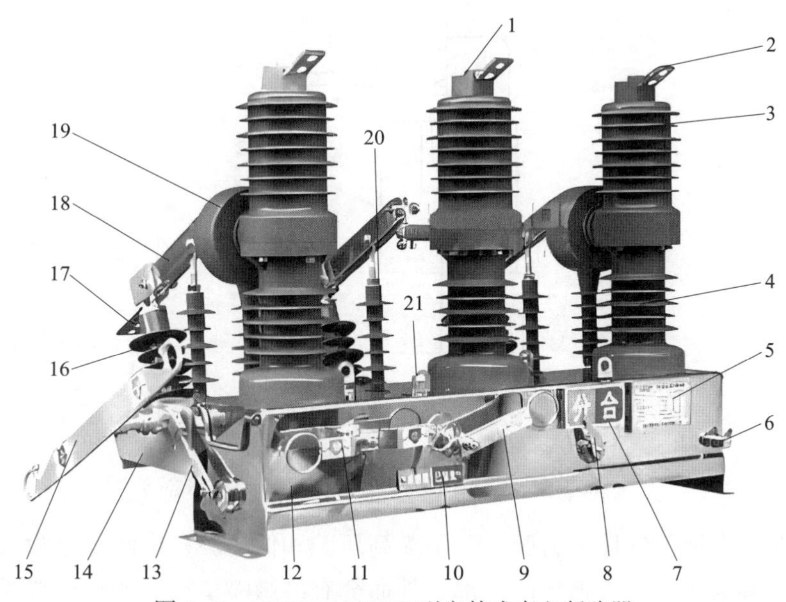

图 4－2　ZW32－12/T630 型户外式真空断路器

1—真空管防雨帽　2—上出线　3—上绝缘筒　4—下绝缘筒　5—断路器铭牌
6—接地螺栓　7—分合铭牌　8—分合指示针　9—储能手柄　10—已 / 未储能铭牌
11—分合闸手柄　12—不锈钢壳体　13—隔离联锁　14—隔离架　15—隔离分合手柄
16—支柱绝缘子　17—刀座　18—隔离刀片　19—电流互感器　20—隔离拉杆　21—起吊环

真空断路器与其他断路器相比具有如下特点：

①动静触头开距小，如 10 kV 级真空断路器的触头开距仅为 12 mm，故断路器体积小、质量轻；

②燃弧时间短，且与开断电流的大小无关，电弧一般在电流过零时熄灭，故开断特性好；

③在开断电流时，由于触头的旋弧作用，触头不易烧损，故使用寿命长；

④真空断路器适用于频繁操作的场合，特别适用于开断容性负载电流；

⑤操作功率小，动作快，噪声小，运行维护简单；

⑥灭弧室无须维修，无火灾和爆炸危险。

真空断路器的不足之处是在分断感性负载时会产生操作过电压，因而在电路中必须采取防止过电压的措施。真空断路器配用 CD10 型电磁操动机构或 CT7 型弹簧操动机构等。

（3）六氟化硫断路器。六氟化硫断路器是利用六氟化硫气体作为灭弧和绝缘介质的一种断路器。六氟化硫是一种无色、无味、无毒且不易燃的气体。在 150 ℃以下，六氟化硫化学性能相当稳定。六氟化硫在电弧高温作用下会部分分解，电弧熄灭后的极短时间内又会重新合成。

根据六氟化硫断路器灭弧结构的不同，六氟化硫断路器可分为双压式和单压式两种。

①双压式六氟化硫断路器。双压式六氟化硫断路器灭弧装置结构如图 4－3 所示。它由低压腔、高压腔、高压泵、灭弧室等部分组成。

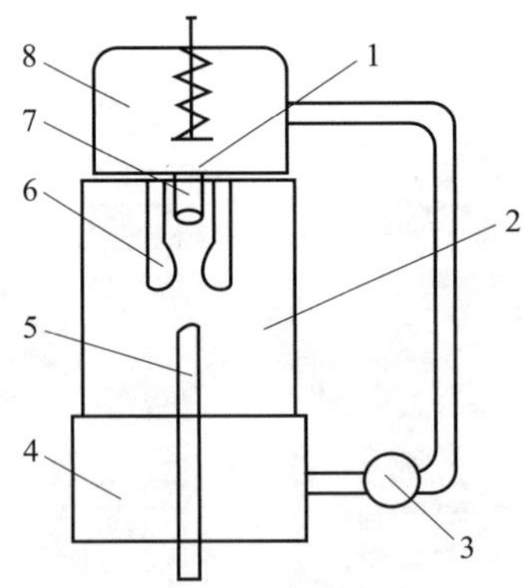

图 4－3　双压式六氟化硫断路器灭弧装置结构

1—气阀　2—灭弧室　3—高压泵　4—低压腔
5—动触头　6—绝缘喷口　7—静触头　8—高压腔

这种灭弧装置有两个气体压力腔，分别为高压腔和低压腔；中间部分为灭弧室，它与低压腔连通；管形静触头装在灭弧室的上部，外面套有绝缘喷口；静触头上端通过气阀与高压腔连通；整个灭弧室内充有低压六氟化硫气体。

电路合闸时，动触头通过传动机构向上运动，进入绝缘喷口与静触头接触，接通电路。开断电路时，操动机构由手动或电动脱扣后，动触头快速向下运动，当触头快退出绝缘喷口时，通过相应的传动机构使气阀打开，高压腔中的六氟化硫气体由上向下冲出喷口，进行纵吹灭弧，使电弧熄灭。进入低压腔的六氟化硫气体由高压泵再压入高压腔，以备下次开断电路使用。

②单压式六氟化硫断路器。单压式六氟化硫断路器灭弧装置结构如图 4－4 所示，它由压气罩、固定活塞、绝缘喷口等器件组成。

这种灭弧装置是将静触头固定在灭弧室上部。杆状动触头和用耐弧绝缘材料制成的喷口及压气罩组装在一起。压气罩内装有固定不动的活塞。整个灭弧装置内充有一定压力的六氟化硫气体。

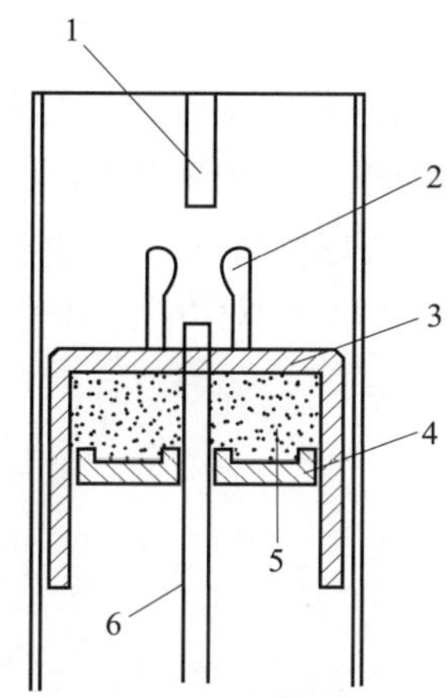

图 4－4 单压式六氟化硫断路器灭弧装置结构

1—静触头 2—绝缘喷口 3—压气罩
4—固定活塞 5—六氟化硫气体 6—动触头

当断路器合闸时，动触头在操动机构的控制下向上运动与静触头接触，接通电路。当断路器分闸时，传动机构使动触头连同绝缘喷口、压气罩一起快速向下运动，在静触头退出绝缘喷口之前，压气罩内的六氟化硫气体受到压缩而形成高压。当静触头退出喷口时，压气罩内的高压气体向上冲出绝缘喷口，对电弧形成纵吹，使之熄灭。

单压式六氟化硫断路器在分闸过程中，操动机构不但要使动触头加速运动，而且还要克服压气罩内压缩气体的作用力，所以操作这种断路器需要较大的动力，故这种断路器的操动机构多采用液压系统、强力弹簧、压缩空气等作为操作动力。

六氟化硫断路器与其他断路器相比具有以下特点：六氟化硫的介质强度恢复特别快，故灭弧能力较强，易于制成断流容量很大的断路器；六氟化硫在高温下会被分解，但温度降低后又可恢复为六氟化硫，故不影响其绝缘性能，因而六氟化硫可重复使用；六氟化硫灭弧时间短，且电弧不易重燃，触头烧损轻，故可延长设备的检修周期，并提高触头的电寿命；六氟化硫断路器在开断电感电流或电容电流时，通常不会出现过电压。

六氟化硫断路器的缺点是加工精度高，对灭弧装置的密封度要求严格，在电晕作用下会产生有害气体，特别是发生漏气时将危及人身安全。另外，单压式六氟化硫断路器分闸时间长，分闸功率大。

二、高压隔离开关

高压隔离开关是一种没有专门灭弧装置的开关设备，须与高压断路器配套使用。高压隔离开关在分闸状态下有明显可见的断口，在合闸状态下能可靠地通过正常工作电流和短路电流，是发电厂和变电站电气系统中重要的开关电器。文字符号为“QS”，电路符号为“—┤╱—”。

对于 10 kV 的隔离开关，在正常情况下，它允许的操作范围如下：

（1）分、合电压互感器和避雷器；

（2）分、合母线的充电电流；

（3）分、合励磁电流不超过 2 A 的空载变压器和电容电流不超过 5 A 的空载线路。

高压隔离开关根据其使用场合不同，分户内式和户外式两大类；按绝缘支柱数目不同，分为单柱式、双柱式和三柱式。各电压等级都有可选设备。

图 4-5 所示是 GW9-10/600 A 型户外式高压隔离开关。

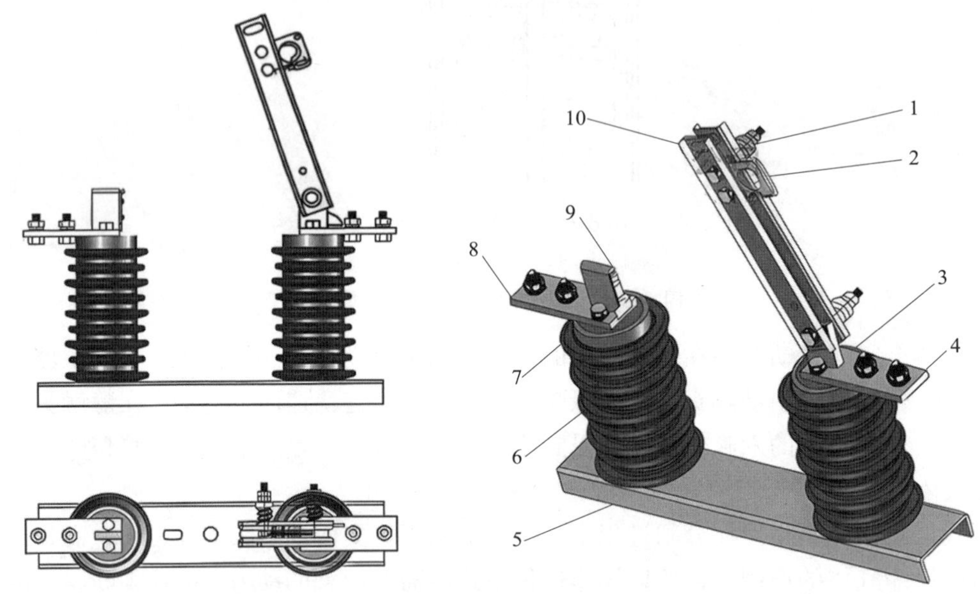

图 4-5　GW9-10/600 A 型户外式高压隔离开关

1—触头弹簧　2—锁扣装置　3—分闸限位板　4—触头座　5—槽钢
6—绝缘子　7—缓冲纸垫　8—触头座　9—锁扣板　10—触刀片

1. 主要作用

（1）隔离电源。高压隔离开关可以使回路中存在明显的断口，以保障检修人员的人身安全。

（2）转换线路，倒换母线。在断口两端接近等电位的条件下，高压隔离开关可带负荷进行分闸、合闸，变换双母线或其他不长的并联线路的接线方式，增加线路联络的灵活性。

（3）分、合空载电路。高压隔离开关没有灭弧装置，一般不能用于分、合负载电流，但可利用高压隔离开关断口分开时拉长电弧和空气的自然熄弧能力，分、合一定长度的母线、空载电缆或架空线路的电容电流（不超过 5 A），分、合一定容量变压器的空载励磁电流（不超过 2 A），以及分、合电压互感器、避雷器和消弧线圈等回路。

此外，在高压成套配电装置中，高压隔离开关常用作电压互感器、避雷器、配电所用变压器及计量柜的高压控制电器。

2. 型号及含义

高压隔离开关的型号及含义如下：

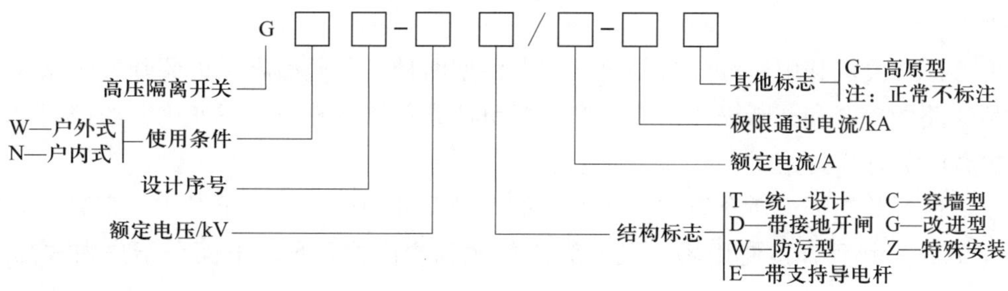

3. 主要技术参数

高压隔离开关的主要技术参数有额定电压、额定电流、额定开断电流、额定峰值耐受电流（额定动稳定电流）、额定短时耐受电流（额定热稳定电流）、额定短路持续时间（额定热稳定时间）等。各参数的意义及额定等级可参考高压断路器的主要技术参数。

4. 操作运行要求

高压隔离开关都配有手动操动机构，一般采用 CS6－1 型。操作时应先拔出定位销，分合闸动作应果断、迅速，终了时注意不可用力过猛，操作完毕应用定位销销住，并目测其动触头位置是否符合要求。

若用绝缘杆操作单极隔离开关，合闸时应先合两边相，后合中相；分闸时，顺序与此相反。

不管合闸还是分闸，都应在不带负荷或负荷在隔离开关允许的操作范围内时进行。为此，在操作高压隔离开关之前，必须先检查与之串联的断路器，确保断路器处于断开位置。如高压隔离开关的负荷是规定容量范围内的变压器，则必须使变压器的低压侧负荷停止运转，令其空载之后再分闸；送电时，确认变压器低压侧主开关在断开位置后，方可合闸。

如果发生误操作，如带负荷合闸，不得再将其拉开；如果带负荷分闸，若已拉开，不得再合闸（若拉开一点，发觉有火花产生时，可立即合上）。

应经常巡视运行中的隔离开关。在有人值班的配电所中，应每班一次；在无人值班的配电所中，每周至少一次。日常巡视的内容：观察有关的电流表，确保运行电流在正常范围内；根据高压隔离开关的结构，检查其导电部分是否接触良好，确保无过热变色，绝缘部分应完好，以及无闪络放电痕迹；传动部分应无异常（无扭曲变形、销轴脱落等）。

三、高压负荷开关

高压负荷开关是一种专门用于关合和开断负荷电流的开关设备，具有安全可靠、电气使用寿命长、可频繁操作、结构紧凑、体积小、质量轻等优点。高压负荷开关可开断额定电流、过载电流，防止设备缺相运行，开关有明显可见的隔离断口，装配接地开关、电动弹簧机构，能够实现远程启动和远程分合闸控制。其结构简单，价格较断路器便宜。

高压负荷开关常与高压熔断器配合使用，用于控制电力变压器。其文字符号为“QL”，电路符号为“——⁄——”。

1. 类型

高压负荷开关按其用途可分为普通型和专用型两种。普通型高压负荷开关能完成配电系统中各种线路的关合和开断操作；专用型高压负荷开关供特殊条件下使用，如控制电容器频繁操作的高压负荷开关。

高压负荷开关根据灭弧介质和灭弧方式的不同又分为产气式、压气式、充油式、真空式和六氟化硫式等几种，按使用场合又分为户外式和户内式两种。下面介绍户内式高压负荷开关。

2. 结构与动作原理

图 4-6 所示为 FN12-12/630 型户内式高压负荷开关。图中上半部为负荷开关操作部分和触头部分，其操作部分与隔离开关相似；下半部是高压熔断器，用于电路的短路保护。高压负荷开关的所有元器件均安装在框架上。

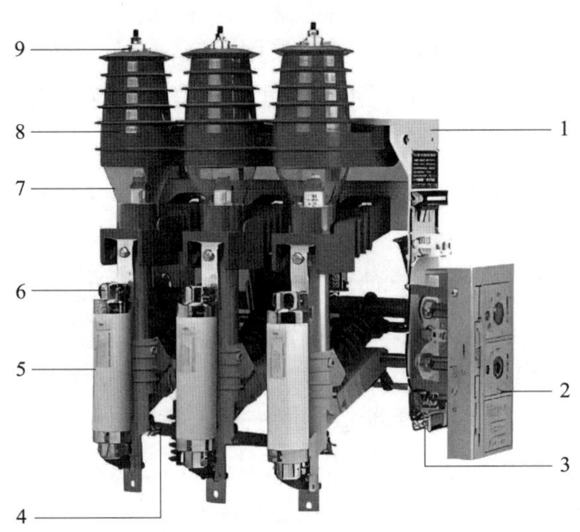

图 4-6　FN12-12/630 型户内式高压负荷开关

1—总支架　2—操作面板　3—电分　4—接地刀　5—熔芯
6—触头弹簧　7—透明玻璃罩　8—静触头绝缘罩　9—隔离开关上触头座

高压负荷开关具有简单的灭弧装置，能开断负荷电流和一定的过载电流，但不能切断短路电流。当装有脱扣器时，高压负荷开关在过载情况下能自动跳闸。在大多数情况下，高压负荷开关与高压熔断器组合使用，由高压熔断器切断过载及短路电流，由高压负荷开关关合和开断负荷电流。高压负荷开关断开后具有明显可见的断开间隙，因而它具有隔离电源、保障检修安全的作用。高压负荷开关用于 35 kV 及以下、功率较小且对保护性能要求不高的场所。

3. 型号及含义

高压负荷开关的型号及含义如下：

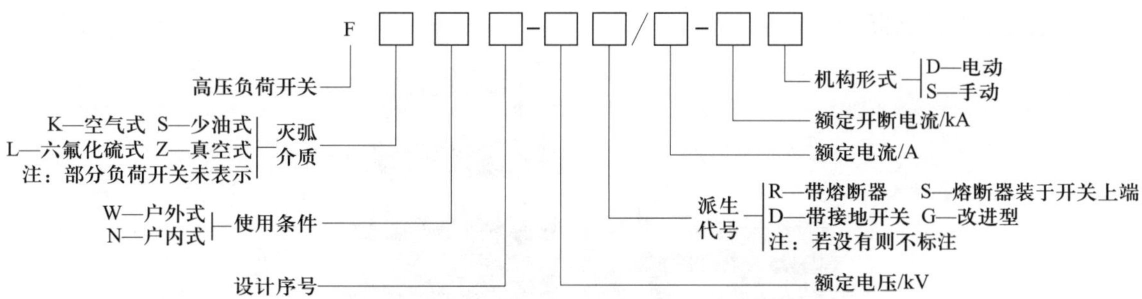

高压负荷开关各技术参数的意义及额定等级可参考高压断路器的主要技术参数。

4. 操作运行要求

（1）垂直安装，开关框架、合闸机构、电缆外皮、保护钢管均应可靠接地（不能串联接地）。

（2）运行前应进行数次空载分闸、合闸操作，各传动部分应无卡阻，合闸到位，分闸后有足够的安全距离。

（3）与高压负荷开关组合使用的高压熔断器熔体应选配得当，即当故障电流大于高压负荷开关的额定开断电流时，应保证熔体先熔断，然后高压负荷开关才能分闸。

（4）合闸时接触良好，连接部无过热现象。巡检时，应注意检查瓷瓶有无脏污、裂纹、掉瓷、闪络放电现象。开关不能用水冲（户内式）。

第二节 低压开关电器

一、低压刀开关

刀开关是用来隔离电源或在规定条件下接通、分断正常或非正常电路的一种配电电器，俗称闸刀开关。

1. 分类及特点

刀开关的种类很多，按结构分为单极、双极和三极，按操动机构分为中央手柄操作、侧面手柄操作和杠杆操作，按用途分为单投、双投（双投开关用于转换电路），按灭弧性能分为带灭弧装置的和不带灭弧装置的。不带灭弧装置的刀开关起隔离电源作用，带灭弧装置的刀开关可切断额定负荷电流。

每种系列的刀开关，按其额定电流的大小可分为若干等级。在统一设计的刀开关中，额定电流在 400 A 以下时，动触头采用单刀片，静触头插座由铜材拼铆而成；额定电流大于 600 A 的刀开关，动触头采用双刀片，静触头插座由铜材拼焊而成。

中央手柄式刀开关由手柄、刀片、刀座和底座等组成，如图 4－7 所示。其特点是结构简单、操作方便，推进和拉出手柄即可实现电路的通断。由于没有灭弧装置，这种刀开关只能用于小电流电路的通断。

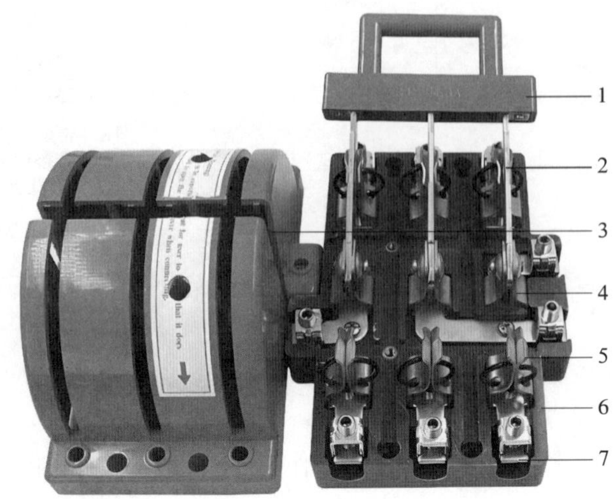

图 4-7　中央手柄式刀开关

1—手柄　2—刀片　3—外壳　4—刀座　5—刀夹　6—底座　7—下片

带灭弧装置的刀开关如图 4-8 所示，由操作手柄、连杆、主轴、动静触头、金属栅灭弧罩等部分组成。这种开关具有灭弧装置，故可切断较大电流。

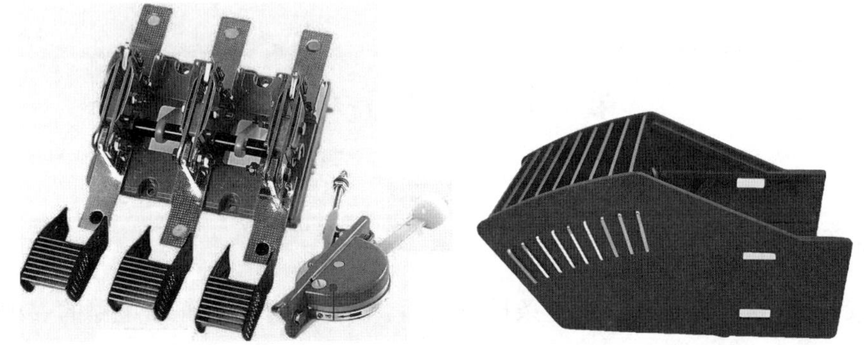

图 4-8　带灭弧装置的刀开关

2. 型号及含义

低压刀开关全型号的表示和含义如下：

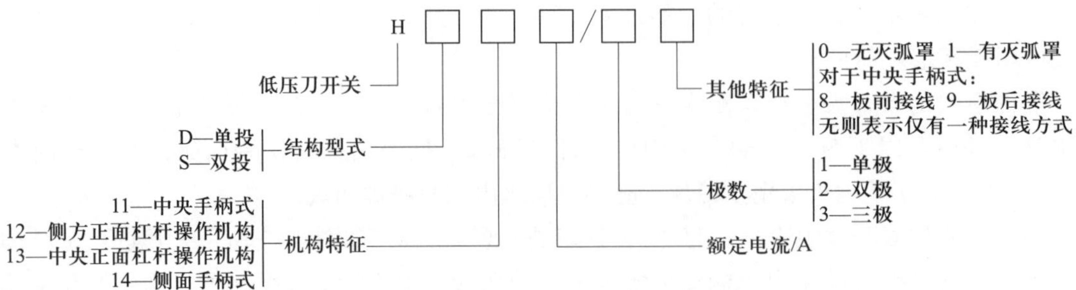

二、低压熔断器式刀开关

低压熔断器式刀开关又称刀熔开关，是一种由低压刀开关与低压熔断器组合而成的熔断器式开关。它具有熔断器和刀开关的双重功能，可以简化配电装置，经济实用，广泛应用于工厂车间的低压配电屏上。最常见的HR3系列低压熔断器式刀开关，就是将HD型刀开关的闸刀换以RT0型熔断器的具有刀形触头的熔管，如图4－9所示。

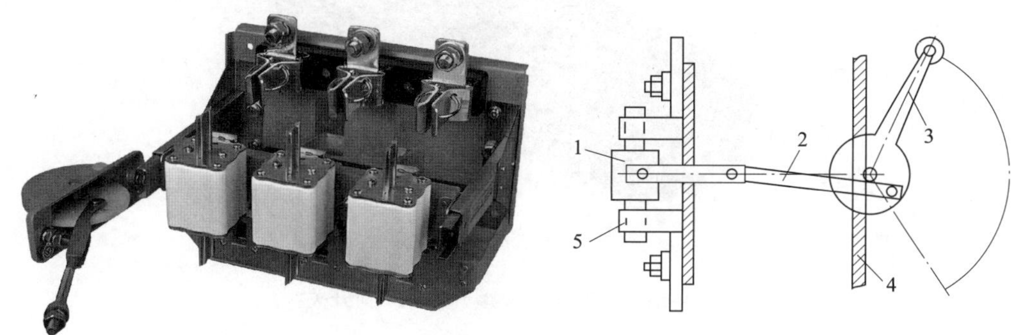

图4－9　HR3系列低压熔断器式刀开关

1—RT0型熔断器　2—传动连杆　3—操作手柄　4—配电屏面板　5—弹性触座

HR3系列低压熔断器式刀开关由触头系统（包括熔断器、插座）、底板、灭弧室和操动机构组成。3对插座和灭弧室固定在底板上，熔管固定在带有弹簧钩子锁板的绝缘横梁上，操作手柄上下转动，横梁随之前后移动，熔管的刀形触头就插入或脱离插座，完成电路的接通或分断。

低压熔断器式刀开关全型号的表示和含义如下：

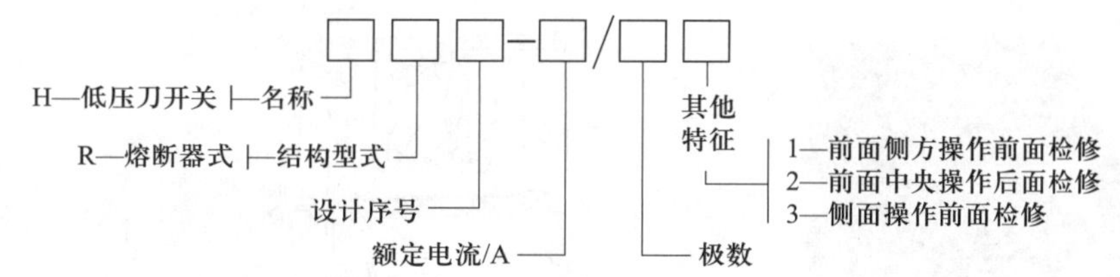

三、低压负荷开关

低压负荷开关是由低压刀开关和低压熔断器串联组合而成的开关电器，有开启式负荷开关和封闭式负荷开关（铁壳开关）等。

低压负荷开关全型号的表示和含义如下：

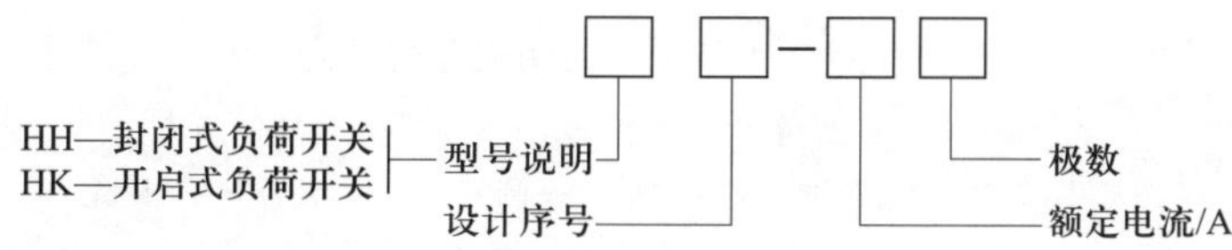

1. HK系列开启式负荷开关

图4－10所示为常用的HK系列开启式负荷开关。根据其极数，该类开关可分为两极和三

极两种。

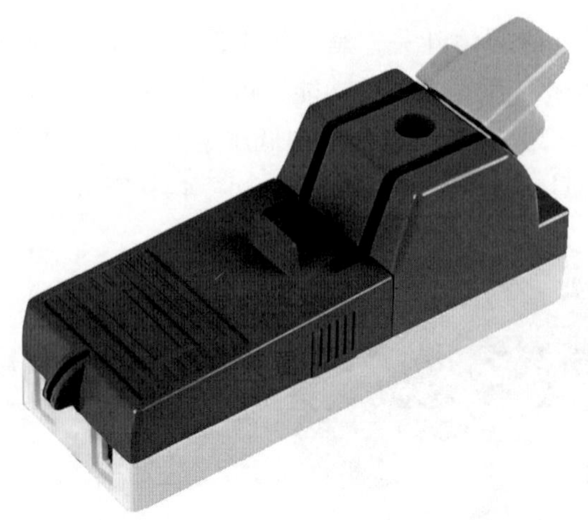

图 4－10　常用的 HK 型开启式负荷开关

2. HH 系列封闭式负荷开关

HH 系列封闭式负荷开关如图 4－11 所示。当闸刀断开电路负荷时，闸刀与触座之间的电压很高，将产生较大的电弧，如不迅速熄灭电弧，易烧坏闸刀和触座。因此，在封闭式负荷开关的手柄、转轴与底座之间装有一个速断弹簧，用钩子扣在转轴上，当扳动手柄分闸或合闸时，开始阶段 L 形刀片并不移动，只拉伸弹簧，储存能量，当转轴转到一定角度时，弹簧使 L 形刀片快速从触座夹缝中拉开或迅速嵌入触座的夹缝中，电弧被很快熄灭。

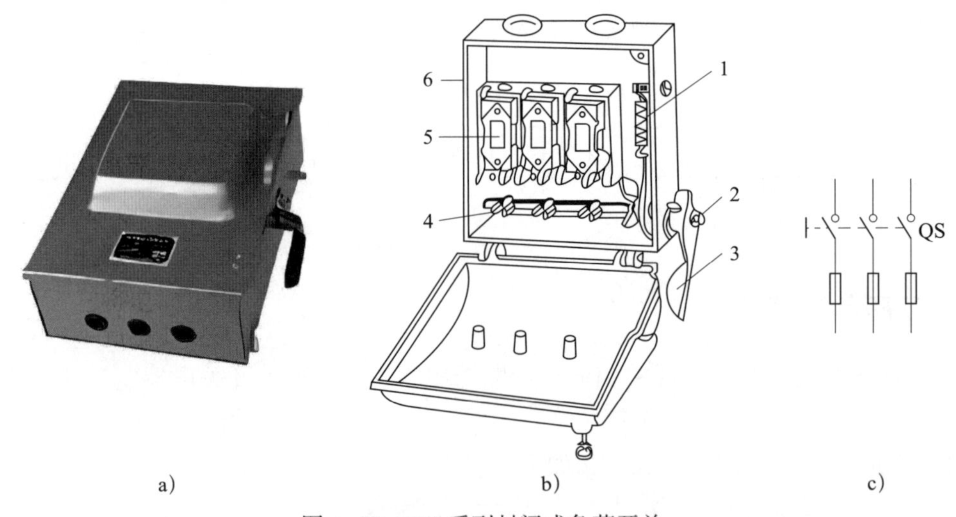

图 4－11　HH 系列封闭式负荷开关

a）外形　b）结构　c）符号

1—速断弹簧　2—转轴　3—手柄　4—闸刀　5—熔断器　6—铁壳

封闭式负荷开关内装有熔断器，用于短路保护。为了保障用电安全，封闭式负荷开关装有机械联锁装置：当箱盖打开时，不能合闸；当闸刀合上后，箱盖不能打开。

四、低压断路器

低压断路器又称空气开关或自动开关。它相当于开关、熔断器、热继电器、过流继电器和欠电压继电器的组合，既能带负荷通断电路，又能在短路、过负荷和低电压（失压）下自动跳闸。低压断路器可用来分配电能，不频繁地启动异步电动机，对电源线路及电动机等实行保护，功能与高压断路器类似，文字符号为“QF”。

1. 型号及含义

低压断路器全型号的表示和含义如下：

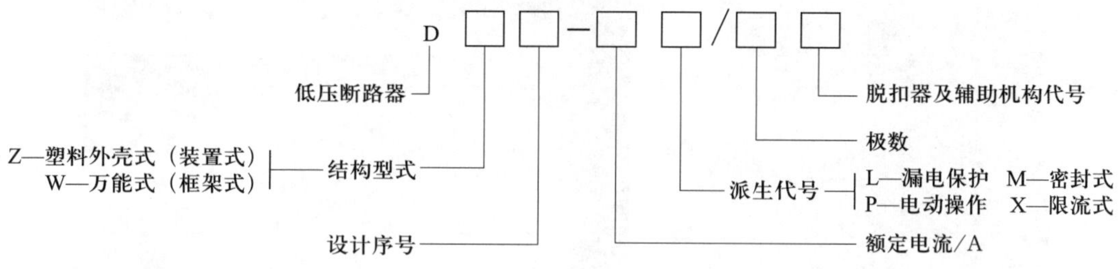

2. 动作原理

低压断路器的结构和接线如图 4-12 所示。当线路上出现短路故障时，其过流脱扣器动作，使开关跳闸。如果出现过负荷，其串联在一次线路的加热电阻丝被加热，使双金属片弯曲，进而使开关跳闸。当线路电压严重下降或失压时，其失压脱扣器动作，同样使开关跳闸。如果按下脱扣按钮，可使开关远距离跳闸。

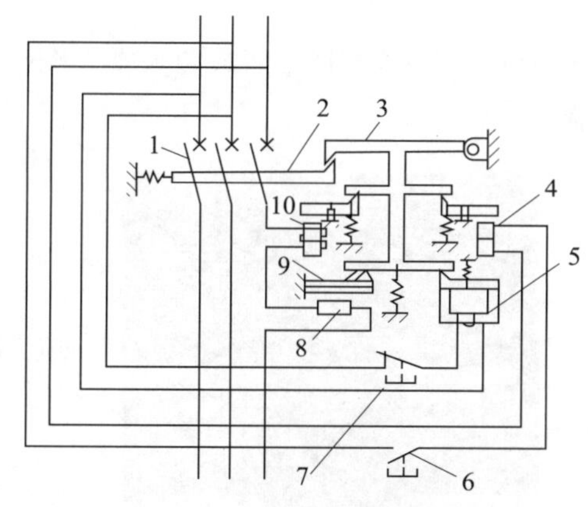

图 4-12 低压断路器的结构和接线

1—主触头 2—跳钩 3—锁扣 4—分励脱扣器 5—失压脱扣器
6、7—脱扣按钮 8—加热电阻丝 9—热脱扣器 10—过流脱扣器

3. 分类及特点

（1）低压断路器按灭弧介质分类，有空气断路器和真空断路器等；按用途分类，有配电用断路器、电动机保护用断路器、照明用断路器和漏电保护用断路器等。

（2）配电用断路器按保护性能分，有非选择型和选择型两类。

①非选择型断路器通常为瞬时动作，只用于短路保护；也有的为长延时动作，只用于过

负荷保护。

②选择型断路器有两段保护、三段保护和智能化保护。两段保护具有瞬时—长延时特性或短延时—长延时特性。微型塑壳断路器即两段保护，如图 4-13 所示。三段保护具有瞬时—短延时—长延时特性。瞬时和短延时特性适用于短路保护，长延时特性适用于过负荷保护。智能化保护的脱扣器由微处理器或单片机控制，保护功能更多，选择性更好，这种断路器称为智能型断路器。智能型塑壳剩余电流保护断路器如图 4-14 所示。

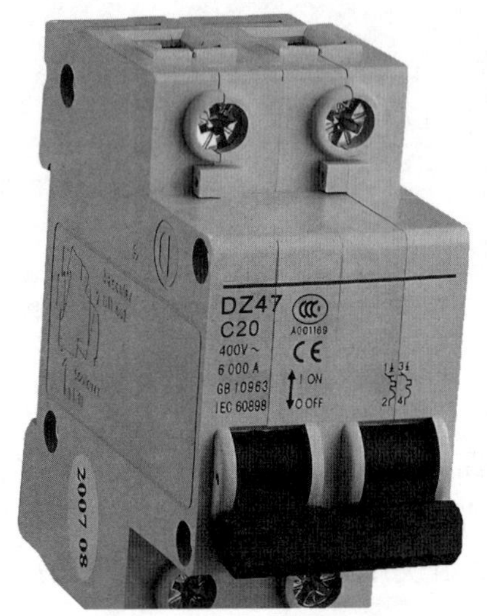

图 4-13　微型塑壳断路器

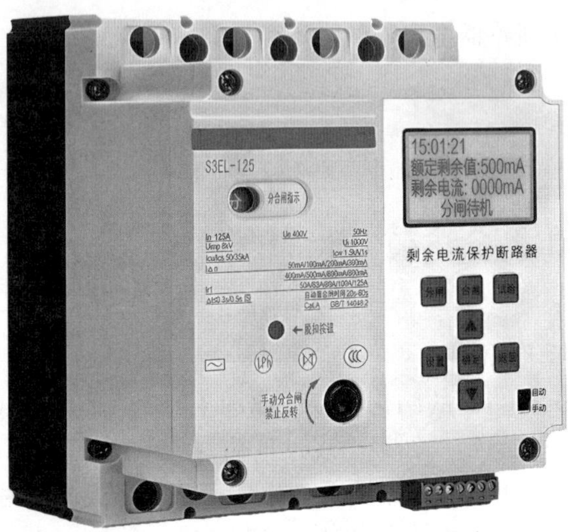

图 4-14　智能型塑壳剩余电流保护断路器

（3）配电用断路器按结构分，有塑壳式和万能式两大类。图 4-15 所示为塑壳式断路器，图 4-16 所示为万能式断路器。

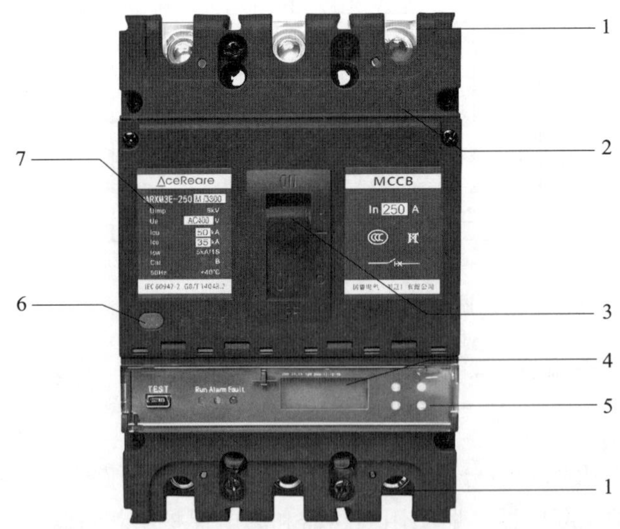

图 4-15　塑壳式断路器

1—联结板　2—外壳　3—操作手柄　4—液晶显示屏　5—液晶显示屏操作键　6—脱扣按钮　7—铭牌

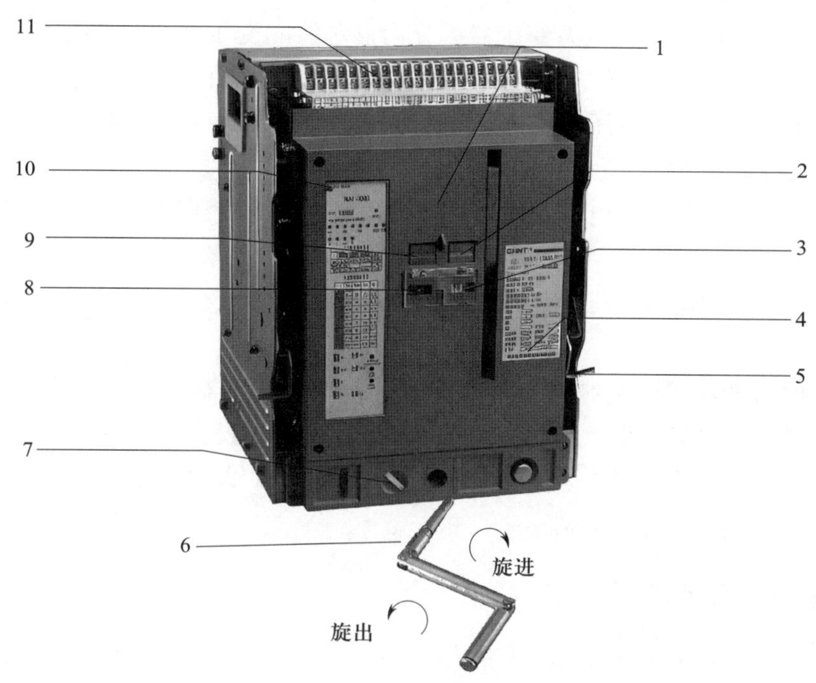

图 4-16　万能式断路器

1—外壳　2—合闸按钮　3—储能 / 释能指示　4—铭牌　5—锁扣　6—摇手柄　7—进出指示
8—分合闸指示　9—分闸按钮　10—故障跳闸指示复位按钮　11—二次回路

对于低压断路器的选用，应先根据具体使用条件选择使用类别，再选择额定电压、额定电流、脱扣器整定电流和分励脱扣器、欠压脱扣器的电压及电流等参数，参照产品样本提供的保护特性曲线选用保护特性，并对短路特性和灵敏系数进行校验。当与另外的断路器或其他保护电器之间有配合要求时，应选用选择型断路器。

第三节　电力变压器

电力变压器是电力系统中改变电压和传递能量的重要设备。其作用是多方面的，不仅能升高电压，把电能送到用电地区，而且能把电压降低为各级使用电压，以满足用电的需要。总之，升压与降压都必须由变压器来完成。

一、电力变压器的分类

电力变压器的种类繁多，一般可分为以下几种：

（1）按用途，电力变压器分为普通电力变压器和特殊电力变压器。特殊电力变压器包括矿用变压器、感应电炉变压器、整流变压器、调压变压器和电弧焊变压器等。矿井地面变电所和变电亭多用普通电力变压器，煤矿井下多用矿用隔爆式电力变压器。

（2）按组成芯线的材质，电力变压器可分为铜芯线圈变压器和铝芯线圈变压器两大类。煤矿过去大多采用铝绕组变压器，但低损耗的铜绕组变压器现在应用越来越广泛。

（3）按绕组结构，电力变压器分为双绕组变压器、三绕组变压器和自耦变压器。煤矿变电所通常采用双绕组变压器。

（4）按组成铁芯的材质，电力变压器可分成冷轧硅钢片变压器、热轧硅钢片变压器和非晶合金变压器。

（5）按工作状态，电力变压器可分为单相变压器、三相变压器、自耦变压器和调压变压器等。

（6）根据电力变压器的绝缘材质及冷却方式，电力变压器可分为油浸式变压器、充气（SF_6）式变压器和干式变压器。其中，油浸式变压器又有油浸自冷式变压器、油浸风冷式变压器、油浸水冷式变压器和强迫油循环冷却式变压器等。矿井地面变电所大多采用油浸自冷式变压器，井下多采用干式变压器。

二、电力变压器的结构

通常，电力变压器大部分为油浸式变压器，铁芯和绕组都浸在盛满变压器油的油箱之中，各绕组的端点通过绝缘套管引至油箱的外面，以便与外线路连接。

图 4－17 所示是普通三相油浸式电力变压器，它由铁芯、线圈、油箱、绝缘套管出线装置、冷却装置和保护装置等部分组成。

图 4－17　普通三相油浸式电力变压器

1—导电杆　2—分接开关　3—高压套管　4—气体继电器　5—油箱　6—信号温度计　7—波纹散热器　8—放油阀　9—接地螺栓　10—底座　11—铭牌　12—吊板柱　13—低压套管　14—油位计

1. 信号温度计

信号温度计的作用是监视变压器运行温度，发出信号。信号温度计指示的是变压器上层油温，变压器线圈温度要比上层油温高 10 ℃。根据相关标准，变压器绕组的极限工作温度为 105 ℃，则（环境温度为 40 ℃时）上层温度不得超过 95 ℃。通常将监视温度（上层油温）设定在 85 ℃及以下。

2. 变压器油

变压器油的作用是双重的：可以增强绝缘；铁芯和绕组由于损耗而发出热量，变压器油通过对流作用把热量传递到油箱表面，再由油箱表面散到四周。

3. 油箱

油箱由钢板焊成，可减少油与空气的接触面积，降低油的氧化速度，避免水分进入变压器。箱体内部有绕组、铁芯和变压器油。油箱外部安装波纹散热片，上部安装高压套管、低压套管、调压装置、储油柜连接管、气体继电器、压力释放阀等。

4. 呼吸器（硅胶筒）

呼吸器内装有硅胶，储油柜（油枕）内的变压器油通过呼吸器与大气连通，硅胶吸收空气中的水分和杂质，以保持变压器内部绕组的良好绝缘性能。硅胶正常颜色为无色或蓝色，受潮后变成粉色，当有 2/3 的硅胶变成粉色时，易造成堵塞，应及时更换硅胶。

5. 油位计

油位计反映变压器的油位状态，油位过高时应放油，油位过低时应加油。冬天温度低、负荷小时，油位变化不大，或油位略有下降；夏天负荷大时，油温上升，油位也略有上升。

6. 防爆管

防爆管防止突然发生事故后油箱内压力骤增造成爆炸。

7. 气体继电器

矿用电力变压器的气体继电器称作瓦斯信号继电器，用于轻瓦斯、重瓦斯信号保护。上接点为轻瓦斯信号，一般用于信号报警，以表示变压器运行异常；下接点为重瓦斯信号，动作后发出信号的同时使断路器跳闸、掉牌、报警。通常，瓦斯信号继电器内充满油（说明无气体），油箱内有气体时，气体会进入瓦斯信号继电器内，当达到某一限值时，气体挤走储油使触点动作。打开瓦斯信号继电器外盖，拧开上部调节杆帽，可排出继电器内的气体。带电操作时必须戴绝缘手套并注意安全。

8. 分接开关

分接开关通过改变高压绕组抽头，增加或减少绕组匝数来改变电压比。一般变压器均为无载调压，需停电进行。

分接开关常分Ⅰ、Ⅱ、Ⅲ三挡（+5%、0%、−5%，10/0.4 kV 变压器一次侧为 10.5 kV、10 kV、0.95 kV，二次侧为 380 V、400 V、420 V），出厂时通常置于Ⅱ挡。

9. 铁芯

电力变压器的铁芯是变压器的磁路。由于电力变压器铁芯中的磁通为交变磁通，为了减小涡流损耗，电力变压器的铁芯用电工钢片叠成。

10. 绕组

按照绕组在铁芯中的排列方式，电力变压器可分为铁芯式变压器和铁壳式变压器两类。变压器绕组有同心式和交叠式两种，铁芯式变压器常用同心式绕组，铁壳式变压器常用交叠式绕组。

11. 高压绝缘套管、低压绝缘套管和接线端子

绝缘套管由中心导电铜杆与瓷套等组成。

通常把由铁芯、线圈、绝缘、引线及分接开关等组成的芯体，称为变压器器身；把油箱本体（箱盖、箱壁、箱底等）及附件（放油阀门、小车、接地螺栓和铭牌等）统称为油箱；把散热器或冷却器称为冷却装置；把油枕、油位计、防爆管、测温元件、热虹吸（净油器）、瓦斯信号继电器等统称为保护装置；把高压、中压、低压绝缘套管等称为出线装置。

三、电力变压器的型号及基本电气参数

1. 电力变压器的型号及含义

电力变压器的型号及含义如下：

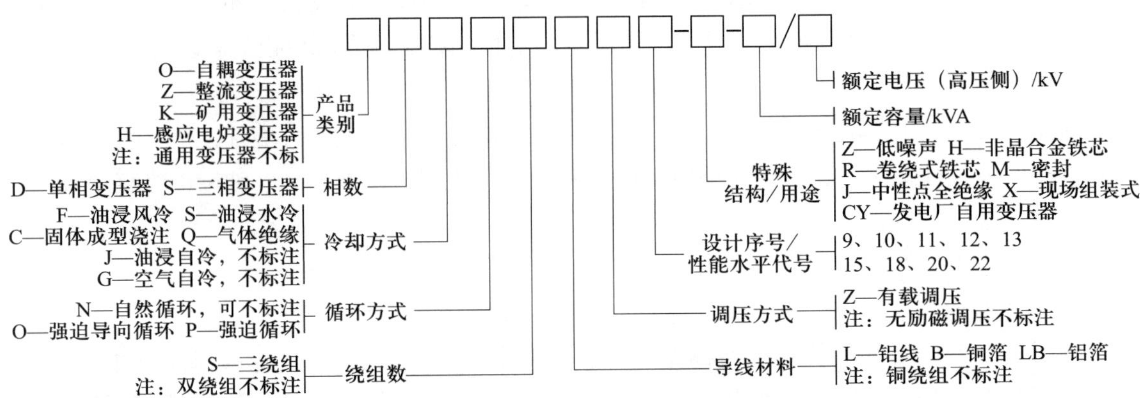

矿井地面使用的电力变压器为低损耗电力变压器 S11、S13、S18 系列。图 4－18 所示为 SZ11 型三相油浸变压器，其采用优质绝缘材料和先进的绝缘工艺，绝缘性能良好，空载损耗比国家标准低 30%，负载损耗比国家标准低 15%，可有效降低运行过程中的能量损耗，提高能源利用效率，减少运营成本。油箱采用全密封结构，变压器油不与空气接触，延长了使用寿命。同时，当电网电压波动较大时，可通过有载调压开关实现带负荷的电压调整，以提供稳定的输出电压，满足不同用电设备对电压的要求。

2. 基本电气参数

（1）额定容量（S_N）。额定容量是指变压器在厂家铭牌规定的额定电压、额定电流下连续运行时输出的视在功率的保证值。对于三相变压器，额定容量是三相容量之和。额定容量的单位是 kV · A 或 V · A，表示式为

图 4－18 SZ11 型三相油浸变压器

1—主油枕 2—油位计 3—高压套管 4—低压套管 5—有载开关油枕 6—有载调压装置
7—底座 8—散热器 9—油箱 10—信号温度计 11—气体继电器 12—呼吸器

$$单相：S_N=U_N I_N \times 10^{-3} \tag{4-1}$$

$$三相：S_N=\sqrt{3}\,U_N I_N \times 10^{-3} \tag{4-2}$$

式中 U_N——变压器一次（或二次）侧额定电压，V；

I_N——变压器一次（或二次）侧额定电流，A；

S_N——变压器额定容量，kV·A。

（2）额定电压（U_N）。变压器的额定电压是指变压器一次绕组和二次绕组处于空载状态时，分接头在额定情况下的电压保证值。在三相变压器中，额定电压指的是线电压。

变压器在额定运行情况下，根据变压器绝缘强度和温升所规定的一次绕组电压值，称为一次绕组的额定电压。变压器在空载时（有分接开关接在额定分接头上），二次绕组电压的保证值称为二次绕组的额定电压。

变压器的额定电压，也是变压器长时间运行时所能承受的工作电压。为了适应电网电压的变化，变压器的高压绕组都有分接头，分接头之间的电压称分接电压。通常，分接头之间的电压用额定电压的百分值表示，称抽头百分比。例如，配电变压器的额定电压为 6 000 V（±5%）/400 V，表示高压侧的额定电压为 6 000 V，但也可调节分接开关，运行在 6 300 V 或 5 700 V。

（3）额定电流（I_N）。额定电流是变压器绕组允许长时间连续通过的工作电流。变压器一次侧、二次侧额定电流，是根据变压器额定容量和一次侧、二次侧额定电压按式（4－1）和式（4－2）计算出来的。在三相变压器中，额定电流指的是线电流。

（4）额定频率（f）。我国电力系统标准频率为 50 Hz。

四、电力变压器的运行

1. 变压器运行参数

（1）新投入的变压器带负荷前空载运行 24 h。

（2）高压侧电压波动不得超过高压侧额定电压的 ±5%。

（3）低压侧最大不平衡电流不得超过低压侧额定电流的 25%。

（4）由于变压器采用的多是 A 级绝缘，其最高工作温度是 105 ℃，则绕组温升不得超过 65 ℃，上层油温不宜超过 85 ℃，最高不得超过 95 ℃。

（5）变压器不宜长时间过负荷运行，特殊情况下允许过负荷，但过负荷时间必须与温度和过负荷量相适应。

2. 三相变压器的并联运行

三相变压器的并联运行，是指变压器的一次绕组都接在某一电压等级的公共母线上，变压器的二次绕组都接在另一电压等级的公共母线上，共同向负荷供电的运行方式。变压器并联运行有如下优点：

（1）多台变压器并联运行时，如果其中一台变压器发生故障或需要检修，那么另外几台变压器可分担它的负荷继续供电，从而提高供电的可靠性；

（2）可根据电力系统中负荷的变化，调整并联的变压器台数，以减少电能损耗，提高运行效率；

（3）可随着用电量的增加，分期分批安装新变压器，以减少初期投资。

变压器并联运行最理想的情况：变压器并联运行，但还没有带负荷时，各台变压器之间应没有循环励磁电流；带上负荷后，各台变压器能合理地分配负荷，即按照各自的容量比例来分担负荷。因此，为了达到理想的运行效果，变压器并联运行时必须满足下面的条件：

①并联运行的变压器变压比应相等，否则变压器绕组间会产生环流。

②并联运行的变压器联结组应相同。

③并联运行的变压器阻抗电压应相等。

④各变压器的容量应接近，相差不超过 1/3。否则，小容量的变压器易过载，而大容量的变压器却不能发挥大的作用。

五、电力变压器的保护

1. 防雷保护

（1）在变压器的高压侧和低压侧按规定安装符合要求的氧化锌避雷器。

（2）高压侧、低压侧避雷器的接地端子，低压侧中性点，以及变压器外壳必须就近短接后再集中接至地网。

（3）高压侧避雷器应安装在跌落式熔断器负荷侧，如图 4－19 所示。

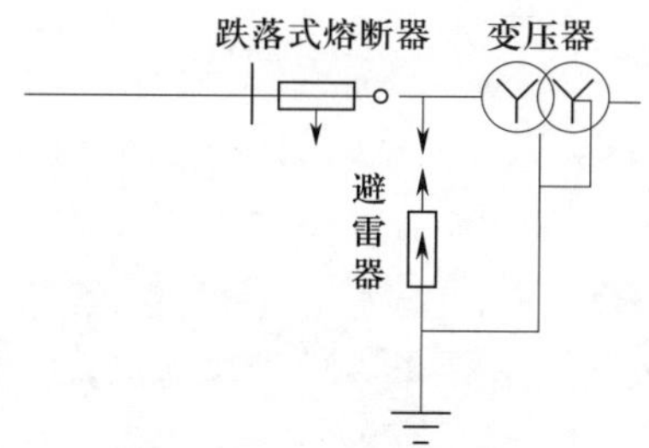

图 4－19　高压侧避雷器的安装

2. 熔断器保护

（1）变压器高压侧熔断器的主要作用是保护变压器，当变压器内部短路或高压引线短路时能迅速熔断。

熔体选择原则：变压器容量在 100 kV · A 及以下时，高压侧熔体的额定电流按变压器高压侧额定电流的 2～3 倍选择；变压器容量在 100 kV · A 以上时，高压侧熔体的额定电流按变压器高压侧额定电流的 1.5～2 倍选择。

（2）变压器低压侧熔断器主要用于变压器低压干线短路保护和过载保护。熔体按变压器二次侧负荷电流或二次侧额定电流选择。

3. 继电保护

变压器均应装设过流保护、瓦斯超限保护、电流速断保护和差动保护装置。此外，对有可能过负荷的变压器，应装设过负荷保护装置。大多数变压器还装有温度计，用于超温报警。

第四节　高低压成套配电装置

成套配电装置是根据不同的需要，将电力变压器及其二次回路和操动机构等有机地组合在一起构成的配电装置。成套配电装置具有安装维护方便，操作简单、安全，节约占地面积和供电可靠性高等特点。目前变电所 10 kV 以下的配电设备均为成套配电装置。

成套配电装置按电压等级不同，有高压成套配电装置和低压成套配电装置两种类型。

一、高压成套配电装置

高压成套配电装置是按一定的线路方案将有关一次设备和二次设备组装起来形成的高压开关柜，故通常称为高压开关柜，如图 4－20 所示。在发电厂和变（配）电所中，它可作为控制和保护发电机、变压器和高压线路的装置，也可作为大型高压交流电动机启动装置和保护装置。高压成套配电装置中安装有高压开关设备、保护电器、监测仪表以及母线和绝缘子等。

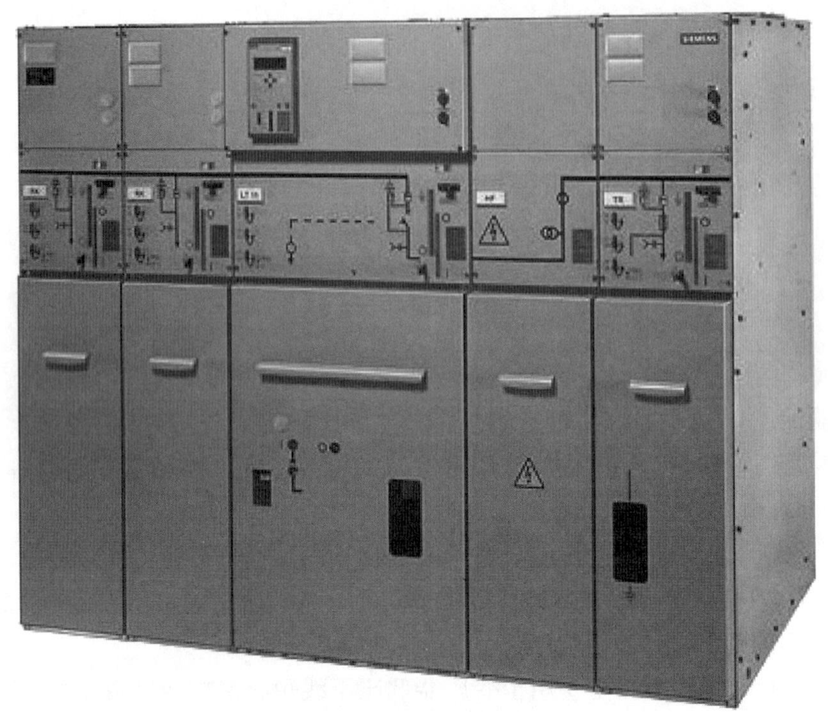

图 4-20 高压成套配电装置

高压成套配电装置按使用条件可分为户内式和户外式两种，按结构特点有手车式（又称移开式）和固定式两大类。高压成套配电装置具备功能完善的“五防”措施：①防止误跳、误合断路器闸；②防止带接地线合隔离开关；③防止人员误入带电间隔；④防止带电挂接地线；⑤防止带负荷分、合隔离开关。

1. 手车式高压开关柜

手车式高压开关柜有间隔式金属封闭式 JYN 系列、铠装型手车式交流金属封闭式 KYN 系列。手车式高压开关柜的特点是将断路器、电压互感器、避雷器等需要经常检修的元器件安装在带有滚轮的手车上，手车可以从开关柜的箱体中拉出来，便于设备检修或整体更换。手车式高压开关柜具有结构简单、检修安全、使用维修方便和供电可靠性高等优点，但价格较贵。图 4-21 所示为铠装型手车式交流金属封闭高压开关柜。

高压开关柜的箱体为钢板弯制、焊接而成的全封闭结构，由手车室、母线室、电缆室和继电器仪表室四部分组成，并设有联锁装置。

（1）手车室。手车室位于高压开关柜正面下部，主要用于放置手车。根据成套配电装置的功能，手车上可分别装设各种断路器、电压互感器、避雷器、变压器、电容器等，且同类型规格的手车还可以互换使用。

手车室门上还设置手车定位旋钮及其位置指示标牌。当转动带锁扣的旋钮时，可将手车分别锁定在工作位置、试验位置和断开位置，并在面板上显示出相应的位置。另外，门上还设有紧急分闸装置及分合闸位置指示器，以反映断路器的工作状态。

图 4-21　铠装型手车式交流金属封闭高压开关柜

手车底部设有接地触头和 4 个滚轮。接地触头通过导向装置可随手车的推进或拉出分别与主接地母线断开或接通。手车可通过滚轮沿导轨移动。手车下面还装设一个万向滚轮，可配合车底的 4 个滚轮在高压开关柜外灵活移动。图 4-22 所示为高压开关柜的手车结构。

图 4-22　高压开关柜的手车结构

1—二次接线插头　2—上接线端子　3—下接线端子　4—手车式框架

（2）母线室与电缆室。母线室设在开关柜后部的上方。在母线室的金属隔板上装有套管绝缘子，并装有母线和隔离静触头。母线室采用密封式结构，具有不易积尘、不易短路的特点。

电缆室设在母线室下方，内部装有电流互感器、下静触头、接地母线及接地静触头、接地开关、电缆盒固定架等。手车上的接地触头与电缆室的接地静触头接通后，形成高压开关柜的接地系统。

（3）继电器仪表室。继电器仪表室通过减震装置设在高压开关柜前部的上方，以防止柜体振动引起二次回路元件误动作。继电器仪表室正面的仪表门上装有各种指示仪表、信号灯及指示器等。

继电器仪表室上部为小母线室，底部及室壁上装有各种继电器和接线端子排，二次控制电缆可通过手车室一侧引入继电器仪表室。

（4）联锁装置。高压开关柜设有联锁装置以实现如下“五防”：

①在手车室门上装有位置指示的机械闭锁，用以保证只有在断路器处在分闸位置时，手车才能拉出或推入，防止带电操作隔离触头（开关）。

②在断路器与接地开关之间装有机械联锁装置，保证在断路器分闸、手车拉出后，接地开关才能合闸，防止带电挂接地线。

③断路器与接地开关之间的这一机械联锁装置，还可保证接地开关接地后，手车只能推至试验位置而不能推向工作位置，防止带接地线合闸。

④在开关柜后面的上门、下门之间装设闭锁装置，保证开关柜只能先停电、手车拉出、接地开关接地后，才能打开柜体后面的下门，然后再打开上门。送电时，只有先关闭柜后的上门，再关闭下门以后，接地开关才能分闸，手车才能推到工作位置，防止误入带电间隔。

⑤高压开关柜前门上设有带钥匙的控制开关（或防误型插座），防止对断路器的误操作。

2. 固定式高压开关柜

这种配电装置中的各种元器件均固定安装在柜内的间隔室中，由于比较经济，在一般中小型工厂应用广泛。固定式高压开关柜在故障时需停电检修，检修人员要进入带电间隔，检修好后方可供电。

固定式高压开关柜（断路器柜）有封闭式防误型 GG－1A（F）系列、箱型固定式金属封闭型环网柜 HXGN 系列、箱式金属封闭型 XGN 系列等，其基本结构如图 4－23 所示。

该装置的母线室设在柜体后部的上方，室内除装有绝缘瓷瓶和主母线外，还装有隔离开关和接地开关。柜体后部的下方是断路器室，断路器通过操作轴与操动机构室相连。当断路器室装设油断路器时，室内还设有压力释放通道，以便在油断路器灭弧时，气体可经压力释放通道释放压力。

电缆室设在配电柜下部的中间，除用于电缆连接外，内部还装有电流互感器、下隔离开关、接地开关和主接地母线。

配电柜下部的前方为操动机构室，内部装有断路器操动机构、隔离开关操动机构、合闸接触器、熔断器及各种闭锁装置。

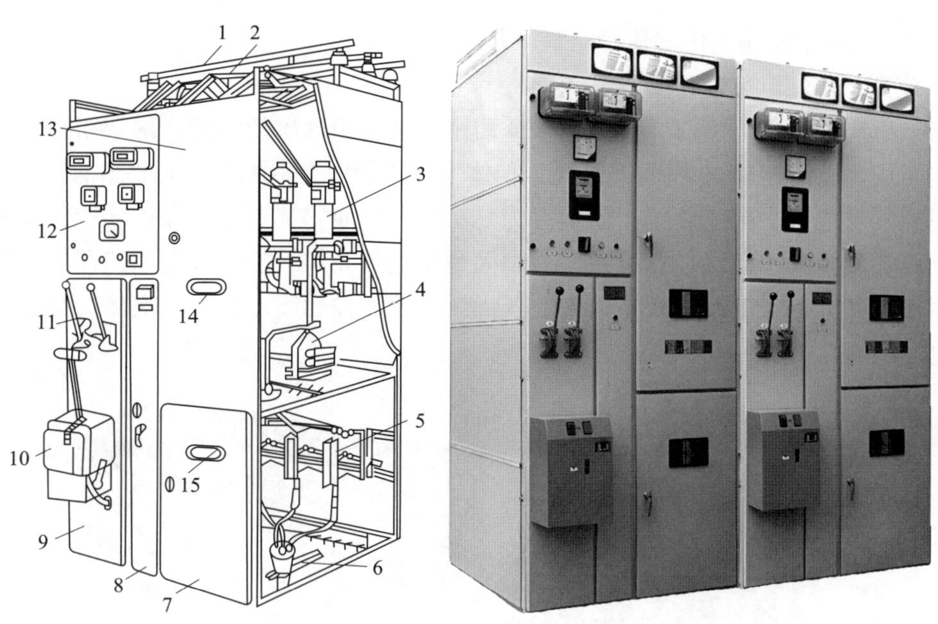

图 4-23　固定式高压开关柜（断路器柜）及其基本结构

1—母线　2—母线隔离开关 QS1（GN8-10 型）　3—少油断路器 QF（SN10-10 型）
4—电流互感器 TA（LQJ-10 型）　5—线路隔离开关 QS2（GN6-10 型）　6—电缆头　7—下检修门
8—端子箱门　9—操作板　10—断路器的手动操动机构（CS2 型）　11—隔离开关的操动机构手柄
12—继电器仪表屏　13—上检修门　14、15—观察窗口

继电器仪表室设在柜体前面的上部，室内装有各种继电器、安装板、接线端子等，各种指示仪表、操作开关、信号按钮等均安装在继电器仪表室门上。

3. 高压开关柜的型号及其含义

新系列高压开关柜全型号的表示和含义如下：

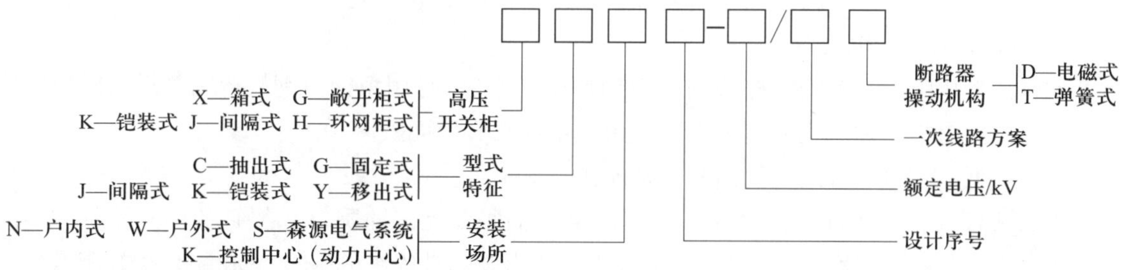

二、低压成套配电装置

低压成套配电装置是按一定的线路方案将有关一次设备和二次设备组装起来形成的，在低压配电系统中主要用于发电厂、变电站、矿山企业的交直流配电系统，作为动力、配电、照明等设备的控制装置。

低压成套配电装置按其用途可分为开关类、控制类、照明类、整流类等多种，按其结构可分为开启式和封闭式两种。开启式低压配电装置又分为固定式和抽屉式两大类型，不过抽屉式价格昂贵，一般中小工厂多用固定式。

1. 固定式低压配电装置

GGD 型固定式低压配电装置如图 4-24 所示，其采用通用柜结构，构架用冷弯型钢局部焊接组装而成。通用柜有 20 模的安装孔，柜体上下两端均有不同数量的散热槽孔。柜体内分为相互隔离的功能室，配电装置正面上方为二次室，里面安装有继电保护装置、仪表、信号灯、控制开关的操作手柄或控制按钮等。中间为功能单元室，安装各种断路器、接触器、熔断器等主要开关元件。电缆出线室内安装各类继电器、控制线路板、二次接线端子等，用于进出线电缆的连接。

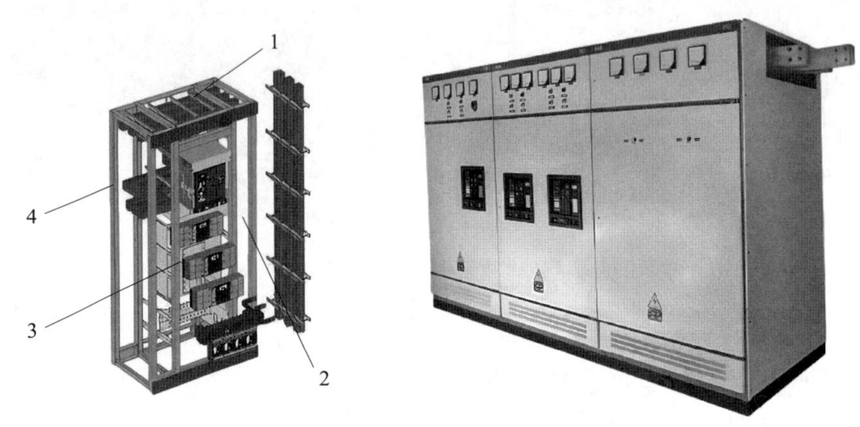

图 4-24　GGD 型固定式低压配电装置

1—母线室　2—二次室　3—功能单元室　4—电缆出线室

低压配电装置内部的上方是母线室，通过绝缘框架装设主母线。另外，低压配电装置内部还设有良好的保护接地系统，用以提高设备防触电的安全性。低压配电装置具有技术先进、结构合理、使用安全可靠的特点，因而被广泛用于低压配电系统。

2. 抽屉式低压配电装置

抽屉式低压配电装置的结构如图 4-25 所示。该装置是用角钢与钢板弯制并焊接成柜体形状，故也称配电柜。抽屉式低压配电装置包括单面式和双面式两种。

抽屉式低压配电装置的正面由若干抽屉组成。

单面式仅在柜体正面设置抽屉，抽屉内部为抽屉单元，抽屉单元装有各种元器件，抽屉一侧为二次端子排、二次插座（头）、一次出线插座及其带绝缘的引线，如图 4-25b 所示。柜体后部装有立放的三相铜母线，抽屉的一次引线插座直接插在该母线上。配电柜前后两面均装有小门：柜前面的抽屉门上装有各种测量仪表、控制按钮、空气开关操作手柄等，柜后面的门用于元件、设备维修。

双面式的前后两面均设有抽屉。各种元器件分装在前、后抽屉单元内。主母线立放在柜体的中部。电气联锁装置与抽屉轨道配合，可使抽屉处于工作位置和试验位置，并可防止抽屉带负荷从工作位置抽出。

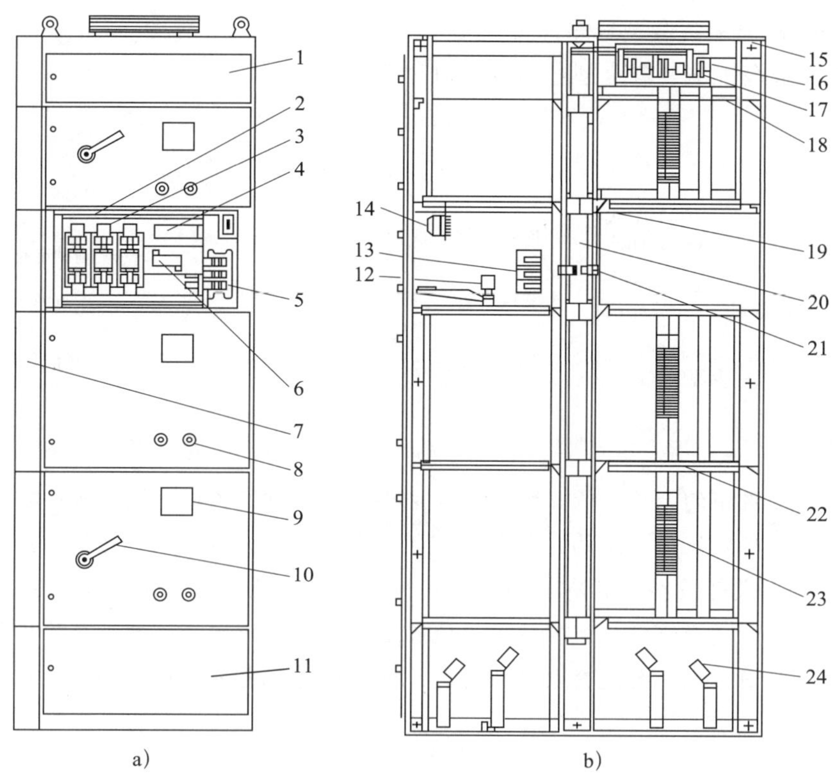

图 4-25　抽屉式低压配电装置的结构

a）柜体正面　b）柜体侧面

1—主母线室　2—抽屉　3—熔断器　4—电流互感器　5—一次出线插座　6—热继电器　7—侧面板　8—按钮　9—电流表　10—空气开关操作手柄　11—一次端子室　12—电气联锁行程开关　13—一次出线插头　14—二次插座　15—通风孔　16—主母线夹　17—主母线　18—隔板　19—支母线夹　20—支母线　21—一次引线插座　22—轨道　23—二次端子排　24—一次端子排

由于这种配电装置的各个单元回路及其主要元器件都安装在抽屉或手车中，当某一单元回路发生故障时，可立即换上备用的抽屉或手车，以迅速恢复供电，从而提高供电的可靠性，同时也便于对故障设备进行维护和检修。图 4-26 所示为抽屉式低压开关柜及抽屉。

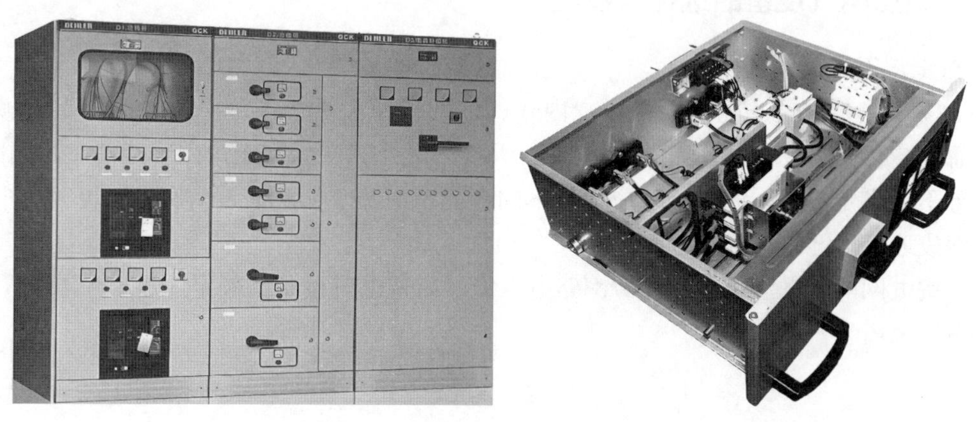

图 4-26　抽屉式低压开关柜及抽屉

3. 低压成套配电装置全型号的含义

新系列低压成套配电装置全型号的表示和含义如下：

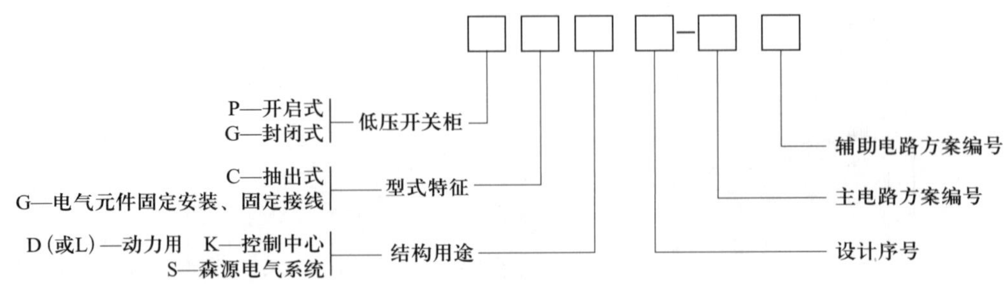

【知识拓展】

我国现在广泛应用的抽屉式低压配电装置主要有GCK型、GCS型、MNS型。GCK型具有分断能力高、动热稳定性好、结构先进合理、电气方案灵活、系列性和通用性强等优点。GCS型为新型低压抽出式开关柜，具有较高的技术性能指标，能够适应电力市场发展需要。MNS型设计紧凑，采用标准模块设计，其技术性能已达到国际先进水平，缺点是价格昂贵。

随着工业物联网技术、智能变电站的发展，低压成套配电装置也在向智能型发展。

第五节 高低压电气设备的选择与校验

选择高低压电气设备时，应根据环境条件和供电要求，确定高低压电气设备的型号和参数，以确保正常运行时安全、可靠，短路故障时电器也不会遭到破坏。此外，在技术合理的前提下应注重节约，条件许可时尽量选用新型产品。

一、高压电气设备的选择与校验

1. 按正常工作条件选择

（1）按环境条件选。电气设备分户内式、户外式两大类。不论电气性能还是机械性能，户外式都比户内式要求高，因此造价也高。所以，户外式产品用于户内不经济，户内式产品用于户外不能满足要求。此外，还应根据不同环境考虑防水、防火、防腐、防爆、防尘要求，以及高海拔地区与湿热地区等方面的要求。

（2）按电网电压选。由于存在着网路电压降，所选电气设备的额定电压 U_N 应不小于设备装设处电网电压 U，即

$$U_N \geqslant U$$

我国普通电气设备额定电压的标准是按海拔 1 000 m 设计的，因此在高海拔地区应选用为高海拔地区设计的产品，或采取某些措施增强电气设备的外绝缘。

（3）按长时工作电流选。电气设备的额定电流 I_N 是指周围环境温度为 40 ℃时，长期允许通过的最大电流。I_N 应不小于负荷的长时最大工作电流（30 min 平均最大负荷电流）I_g，即

$$I_N \geqslant I_g$$

2. 按短路故障条件进行校验

电气设备按短路故障条件进行校验，就是要按最大可能的短路电流校验电气设备的动稳定性和热稳定性，以保证电气设备在短路故障时不被损坏。

所选取的电气设备能否经受得住短路故障状态下电动力效应与热效应的考验，必须进行校验。考虑熔断器的限流能力以及熔点低等因素，下列情况可不进行动稳定性和热稳定性校验：

（1）用熔断器保护的电气设备；

（2）用限流电阻保护的电气设备及导体；

（3）架空电力线路。

对于必须经过动稳定性和热稳定性校验的电气设备，为了确保短路时不受损坏，应经受得住系统可能出现的最大冲击电流 I_d 所产生的电动力效应和稳定电流 I_0 所产生的热效应。因此，必须正确选出系统内出现最大短路电流的短路点。

常用高压电气设备的选择与校验项目见表 4－1。

表 4－1　　常用高压电气设备的选择与校验项目

设备名称	额定电压	额定电流	额定开断电流	短路电流	
				动稳定	热稳定
隔离开关	校验	校验	—	校验	校验
负荷开关	校验	校验	—	校验	校验
熔断器	校验	校验	校验	—	—
断路器	校验	校验	校验	校验	校验
电抗器	校验	校验	—	校验	校验
母线	—	校验	—	校验	校验
支柱绝缘子	校验	—	—	校验	—
套管绝缘子	校验	校验	—	校验	校验
电压互感器	校验	—	—	—	—
电流互感器	校验	校验	—	校验	校验
电缆	校验	校验	—	—	校验
选择校验的条件	电气设备的额定电压应不小于安装地点的额定电压	电气设备的额定电流应不小于通过设备的计算电流	开关设备的断开电流（或功率）应大于设备安装地点可能的最大断开电流（或功率）	按三相短路冲击电流值校验	按三相短路稳态电流值校验

注：1. 表中“—”表示可不校验。

2. 选择变电所高压侧的电气设备时，应取变压器高压侧额定电流。

3. 对高压负荷开关，最大断开电流应大于它可能断开的最大过负荷电流。对高压断路器，其断开电流（或功率）应大于设备安装地点可能的最大短路电流周期分量（或功率）。对熔断器的断流能力，应依据熔断器的具体类型而定。对互感器，应考虑准确度等级。

二、低压电气设备的选择与校验

低压电气设备的选择，与高压电气设备的选择一样，必须满足在正常条件下和在短路故障情况下工作的需要。同时，设备要安全、可靠，运行维护方便，投资经济合理。

常用低压电气设备的选择与校验项目见表 4-2。

表 4-2　常用低压电气设备的选择与校验项目

设备名称	电压	电流	断流容量	短路电流	
				动稳定	热稳定
低压负荷开关	校验	校验	校验	—	—
低压熔断器	校验	校验	校验	—	—
低压断路器	校验	校验	校验	—	—
低压刀开关	校验	校验	校验	—	—

其他低压电流互感器、电压互感器、母线、电缆及绝缘子等的选择与校验项目，与表 4-1 相同，可参考。

另外，高低压成套配电装置的选择，应满足变（配）电所一次线路方案的要求，依据技术经济指标，选择合适的型式及一次线路方案编号，并确定其中所有一次设备和二次设备的型号和规格。

思考练习题

1. 高压隔离开关有何作用？叙述其结构特点。
2. 高压负荷开关有何作用？它靠什么进行短路保护？
3. 高压负荷开关的类型有哪些？
4. 高压断路器有何作用？有哪些类型？
5. 真空断路器与六氟化硫（SF_6）断路器为什么适用于频繁操作的场所，而油断路器不适用于频繁操作？
6. 高低压成套配电装置有哪些型号？具体组成有哪些？
7. 简述高压电气设备的选择与校验步骤。

第五章

井下电气设备

学习目标

1. 了解煤矿井下工作条件对电气设备的要求。
2. 了解矿用高压配电装置的类型及要求。
3. 了解矿用变压器和移动变电站的类型及特点。
4. 了解矿用隔爆型低压馈电开关的类型及技术参数。
5. 了解矿用隔爆型照明信号综合保护装置的类型及技术参数。
6. 掌握煤矿井下防爆型电气设备的类型及安装要求。
7. 掌握矿用高压配电装置的结构和工作原理及安装和操作规程。
8. 掌握矿用变压器和移动变电站的基本结构和技术参数。
9. 掌握矿用隔爆型低压馈电开关的基本结构和工作原理及操作方法。
10. 掌握矿用隔爆型照明信号综合保护装置的基本结构。

学习导引

煤矿井下环境与地面差异较大，因此所用电气设备必须满足井下特殊条件工作的需要，以保障井下供电系统安全、可靠。随着煤炭生产机械化程度的迅速提高，井下生产设备的容量越来越大，供电电压不断升高，因而井下电气设备的种类、型号越来越多。

第一节　井下电气设备的类型及要求

一、井下工作条件对电气设备的要求

为了适应井下特殊条件下的工作需要，相关井下电气设备必须具备以下特点：

（1）体积小，质量轻，以适应井下狭窄的空间；

（2）便于移动，以满足经常随工作面推进而移动的要求；

（3）密封性能好，以避免井下煤尘、淋水的影响；

（4）有良好的防潮性能；

（5）有坚固的外壳，以承受来自各种情况下的撞击；

（6）防爆性能好，避免瓦斯和煤尘爆炸的危险。

二、井下电气设备的防爆要求

井下易发生瓦斯、煤尘等爆炸，其中电火花、电气设备中的电弧及过度发热的导体是主要的引燃源，因而应对电气设备采取防爆措施。

1. 采用隔爆外壳

把电气设备装在具有隔爆性能的特制外壳内，该外壳应能承受可能进入内部的可燃性气体或煤尘的爆炸，而不致损坏或产生永久性变形，并且不会使内部的火焰通过外壳上任何接合面或孔隙点燃外部的可燃性气体或煤尘，即具有隔爆性或不传爆性。这种隔爆外壳适用于井下高低压开关电器、电动机等动力设备。

（1）耐爆性。耐爆性针对的是隔爆外壳的机械强度，它与外壳的形状、容积、接合面的间隙等因素有关。不同形状外壳的爆炸压力见表 5-1。

表 5-1　　不同形状外壳的爆炸压力

外壳形状	圆球形	正方形	圆柱形	长方形
爆炸压力 /MPa	0.71	0.6	0.54	0.5

（2）隔爆性。隔爆性就是要求外壳部件的接合面符合一定的要求，使壳内发生爆炸时，向外传出的火焰或灼热的物质不会引起壳外的可燃性气体或煤尘爆炸。隔爆性是由外壳装配接合面的结构参数，如宽度、间隙和表面粗糙度来保证的。

【注意】

对粗糙度的要求：对静止的隔爆接合面和插销套应不大于 6.3 μm，对操纵杆应不大于 3.2 μm。

2. 采用增安型电气设备

增安就是对一些电气设备采取防护措施，制定特殊要求，以防止出现电火花、电弧和过热现象，如提高绝缘强度，规定最小电气间隙，限制表面温升及使用不会产生过热或火花的导线接头等。

3. 采用本质安全型电气设备

本质安全型电气设备在设计时就保证电路在正常工作和故障状态下产生的电火花或高温不会引燃或引爆，因而不需要隔爆外壳，也无须采取隔离点火源的措施。它具有结构简单、体积小、质量轻、维修方便、造价低、安全可靠等特点，可用在任何瓦斯矿井，故在通信、信号、遥测遥控、自动装置等弱电系统中得到广泛应用。

本质安全型电气设备的电源既可采用电池或蓄电池，也可用有隔离变压器的交流整流电源。为防止电源端部短路时超过安全值，应采取限流措施。

4. 超前切断电源

利用瓦斯、煤尘的点火迟延特性，在电气设备产生的热源或电火花尚未引起瓦斯、煤尘爆炸前，即自动切断电源，达到防爆的目的，称为超前切断电源。这种防爆原理主要应用于防爆白炽灯、放炮器及屏蔽电缆的保护系统中。

三、井下电气设备的分类及使用范围

根据井下电气设备的结构特点，可将井下电气设备分为两大类：一类是矿用一般型电气设备，另一类是矿用防爆型电气设备。

1. 矿用一般型电气设备

矿用一般型电气设备是指为适应煤矿井下环境而生产的不防爆电气设备。与地面普通电气设备相比较，矿用一般型电气设备具有以下特点：

（1）外壳坚固、封闭，能防尘、防水、防溅；

（2）采用专门的电缆接线盒或插销装置，没有裸露接头，有良好的耐潮性能；

（3）接线端子相互之间以及和外壳之间，有较大的漏电距离和电气间隙；

（4）设置防止从外部直接触及壳内带电部分的机械闭锁装置，因而更适用于煤矿井下；

（5）设置内外接地螺栓；

（6）接线盒的内壁和可能产生火花的金属外壳内壁均匀地涂有耐弧漆。

这类设备只适用于没有瓦斯、煤尘爆炸危险的矿井；在有瓦斯、煤尘爆炸危险的矿井，只能用于通风良好且爆炸可能性很小的地点，如井底车场、总进风道或主要进风道等处。矿用一般型电气设备的外壳上，标有明显的“KY”标志。

2. 矿用防爆型电气设备

矿用防爆型电气设备又称爆炸环境用电气设备，它与矿用一般型电气设备相比，增加了防爆性能，因而能在井下有瓦斯、煤尘爆炸危险的场所使用。矿用防爆型电气设备，在其设计、制造、检验、维护等诸方面都必须遵守《爆炸性环境 第 1 部分：设备 通用要求》（GB/T 3836.1—2021）的规定。这种电气设备在使用中不会引起周围爆炸性混合物的爆炸。

矿用防爆型电气设备的总标志是“Ex”，安全标志为“MA”。在其外壳的明显处，都要标注清晰的永久性凸纹标志，如图 5-1 所示。

图 5-1　矿用防爆型电气设备及其标志

矿用防爆型电气设备按使用环境的不同分为两大类：

Ⅰ类：用于煤矿井下的电气设备，主要用于含有甲烷混合物的爆炸性环境。

Ⅱ类：用于工厂的防爆型电气设备，主要用于含有除甲烷外的其他爆炸性混合物的环境。

矿用防爆型电气设备，按防爆结构的不同，又分为隔爆型、增安型、本质安全型、正压型、液浸型、充砂型、无火花型等。矿用防爆型电气设备的型式和允许使用的区域见表 5-2。

（1）隔爆型电气设备。该类电气设备具有隔爆外壳，既能承受其内部爆炸性混合物引爆产生的爆炸压力，又能阻止内部的爆炸向外壳周围爆炸性混合物传播。其代表符号为“Ex db Ⅰ Mb”。

（2）增安型电气设备。采取措施提高电气设备的安全程度，以避免在正常和认可的过载条件下产生电弧、火花或可能点燃爆炸性混合物的高温的电气设备即增安型电气设备。其代表符号为“Ex eb Ⅰ Mb”。

（3）本质安全型电气设备。全部电路为本质安全电路的电气设备即本质安全型电气设备。本质安全电路是指在规定的试验条件下，在正常工作或规定的故障状态下产生的电火花和热效应均不能点燃规定的爆炸性混合物的电路。其代表符号为“Ex ib Ⅰ Mb”。

（4）正压型电气设备。正压型电气设备是指具有正压外壳的电气设备，即向外壳内充入正压稀有气体或新鲜空气，以阻止外壳外部的爆炸性混合物进入壳内。其代表符号为“Ex pxb Ⅰ Mb”。

（5）液浸型电气设备。液浸型电气设备是指将可能产生火花、电弧或危险温度的带电部件浸在液体中，使其不能点燃液面以上或外壳以外的爆炸性混合物的电气设备。其代表符号为“Ex ob Ⅰ Mb”。

（6）充砂型电气设备。充砂型电气设备是指外壳内充填砂粒材料，在规定的使用条件下，壳内产生的电弧、火花及危险温度均不能点燃周围爆炸性混合物的电气设备。其代表符号为“Ex q Ⅰ Mb”。

（7）浇封型电气设备。浇封型电气设备是指将电气设备或其部件浇封在浇封剂中，使它在正常运行和认可的过载或认可的故障下不能点燃周围的爆炸性混合物的防爆电气设备。其代表符号为“EX mb I Mb”。

（8）无火花型电气设备。无火花型电气设备是指在正常运行条件下和在故障状态下均不会点燃周围爆炸性混合物的电气设备。其代表符号为“Ex nA Ⅰ GC”。

（9）特殊型电气设备。凡在结构上不属于上述基本防爆类型及其类型组合的电气设备，经充分试验具有防止引爆周围爆炸性混合物能力的，称特殊型电气设备，其代表符号为“Ex sa Ⅰ Ma”。

表 5-2　　矿用防爆型电气设备的型式和允许使用的区域

<table>
<tr><th>防爆型式</th><th>总标志</th><th>附加标志</th><th>允许使用的区域</th></tr>
<tr><td>本质安全型“ia”</td><td>Ex</td><td>ia</td><td rowspan="2">0 区（注：0 区场所只选用 Ex ia 产品，必要时可考虑选用双重防爆产品）</td></tr>
<tr><td>认证为 0 区的特殊型</td><td>Ex</td><td>sa</td></tr>
<tr><td>隔爆型</td><td>Ex</td><td>db</td><td rowspan="8">1 区（注：1 区场所不宜选用壳体内经常会形成点燃源的设备，不宜用温升不稳定的设备，必要时应选 Ex d/Ex p 设备）</td></tr>
<tr><td>本质安全型“ib”</td><td>Ex</td><td>ib</td></tr>
<tr><td>增安型</td><td>Ex</td><td>eb</td></tr>
<tr><td>正压型</td><td>Ex</td><td>pxb</td></tr>
<tr><td>液浸型</td><td>Ex</td><td>ob</td></tr>
<tr><td>充砂型</td><td>Ex</td><td>q</td></tr>
<tr><td>浇封型</td><td>Ex</td><td>mb</td></tr>
<tr><td>无火花型</td><td>Ex</td><td>nA</td><td>2 区</td></tr>
</table>

3. 防爆型电气设备选型原则

（1）安全可靠性原则。设备的类、级、组别应与使用的爆炸性环境相适应，确保电气设备工作安全、可靠。

（2）经济性原则。设备选型不必高选。对于同等级别的电气设备，应考虑价格、寿命、可靠性、运行费用、耗能、备件的可获得性等因素。

（3）环境适应性原则。在同等条件下，应选结构简单、质量轻的电气设备；必要时还应考虑系统运行要求，如连续的自动化系统应优先选用本质安全型电气设备。

井下电气设备的选用还应符合《煤矿安全规程》中矿用电气设备的选用规定，见表 5－3。为了安全起见，有条件的应尽量选用防爆型电气设备。

表 5－3　　矿用电气设备的选用规定

电气设备类别	突出矿井和瓦斯喷出区域	高瓦斯矿井、低瓦斯矿井				
		井底车场、中央变电所、总进风巷和主要进风巷		翻车机硐室	采区进风巷	总回风巷、主要回风巷、采区回风巷、采掘工作面和工作面进风巷及回风巷
		低瓦斯矿井	高瓦斯矿井			
高低压电机和电气设备	矿用防爆型（增安型除外）	矿用一般型	矿用一般型	矿用防爆型	矿用防爆型	矿用防爆型（增安型除外）
照明灯具	矿用防爆型（增安型除外）	矿用一般型	矿用防爆型	矿用防爆型	矿用防爆型	矿用防爆型（增安型除外）
通信及自动控制的仪表、仪器	矿用防爆型（增安型除外）	矿用一般型	矿用防爆型	矿用防爆型	矿用防爆型	矿用防爆型（增安型除外）

注：1. 使用架线电机车运输的巷道中及沿巷道的机电设备硐室内可以采用矿用一般型电气设备（包括照明灯具、通信及自动控制的仪表、仪器）。

2. 突出矿井井底车场的主泵房内，可使用矿用增安型电动机。

3. 矿井应当采用矿用本质安全型矿灯。

4. 远距离传输的监测监控、通信信号应当采用本质安全型，动力载波信号除外。

5. 在爆炸性环境中使用的设备应当符合相当的保护级别。煤矿井下使用的非防爆便携式电气测量仪表，必须在甲烷浓度在 1.0% 以下的地点使用，并实时监测使用环境的甲烷浓度。

6. 充电硐室内的电气设备必须采用矿用隔爆型。

4. 常用防爆型电气设备的安装要求

根据《煤矿安全规程》的规定，防爆型电气设备入井前，应检查其产品合格证、煤矿矿用产品安全标志及安全性能，检查合格并签发合格证后，方准入井。

（1）隔爆型电气设备的安装要求：

①隔爆接合面应涂防锈油，不允许涂油漆或胶；

②隔爆型电气设备电缆引入装置的橡胶密封圈内径应与引入电缆外径相适应，并用原配压紧螺母或压盘充分压紧，不能直接用钢管或挠性管压紧密封圈；

③冗余电缆引入口应采用符合标准的盲板进行堵封；

④隔爆接合面紧固件应设弹簧垫圈，并充分拧紧；

⑤用于外部导线或电缆接线的接线盒，其电气间隙和爬电距离应满足标准规定的要求。

（2）增安型电气设备的安装要求：

①增安型电气设备引入电缆或导线应与连接件可靠连接，并满足电气间隙和爬电距离的要求；

②电缆引入装置内的橡胶密封圈应用压紧螺母或压盘充分压紧，冗余电缆引入口应用符合标准规定的盲垫堵封；

③增安型电动机应配备过载反时限保护装置，保证电动机堵转时在电动机铭牌规定的时间内断开电源；

④完成安装后的增安型电气设备的外壳防护等级应满足 IP54 的要求。

（3）本质安全型电气设备的安装要求：

①没有采取特别保护措施的关联电气设备必须安装在安全场所；

②关联电气设备的供电电源电压应不超过铭牌规定的最高允许电压；

③关联电气设备与本质安全型电气设备间连接电缆的分布电容和电感应满足产品说明书的要求；

④关联电气设备应按规定要求接地；

⑤本质安全型电路的电缆应与其他电路分开走线；

⑥连接电缆或导线的截面应满足规定要求；

⑦不同本质安全型回路的连接电缆或导线应采取屏蔽措施，屏蔽层应在安全场所接地。

第二节　矿用隔爆型高压配电装置

矿用隔爆型高压配电装置是在煤矿井下 10 kV 和 6 kV 供电系统中使用的成套隔爆型高压开关设备。它可以单独用在井下中央变电所向采区变电所供电，或用在采区变电所向综采工作面的移动变电站供电；也可以几台并联使用，组成变电所硐室中的高压配电盘。它的作用是接收和分配高压电能，或控制和保护动力变压器、高压电动机和高压线路，保证安全、可靠地供配电。

矿用隔爆兼本质安全型永磁式高压真空配电装置 PJG16 系列是新一代高科技智能化二次侧采用直流供电的矿用配电装置。下面通过学习 PJG16－□/10（6）Y 矿用隔爆兼本质安全型永磁式高压真空配电装置，来熟悉矿用隔爆型高压配电装置的功能与使用要求。

一、技术参数与特点

1. 特点和要求

PJG16－□/10（6）Y 矿用隔爆兼本质安全型永磁式高压真空配电装置（以下简称 PJG16－□/10（6）Y 配电装置），适用于海拔高度不超过 1 200 m，周围介质温度不高于 40 ℃、不低于 －5 ℃，周围空气相对湿度不大于 95%（25 ℃时），水平安装的倾斜度不超过 15°，具有甲烷等混合气体的煤矿井下。该配电装置可在额定电压为 10（6）kV，额定频率为 50 Hz，额定电流不超过 1 250 A 的三相交流中性点不接地或经消弧线圈接地的供电系统中进行控制、保护和测量。该配电装置有 4 种接线形式，以满足受电、馈电、联络、联机、直接控制等不同使用方式的需要。

PJG16－□/10（6）Y 配电装置如图 5－2 所示。

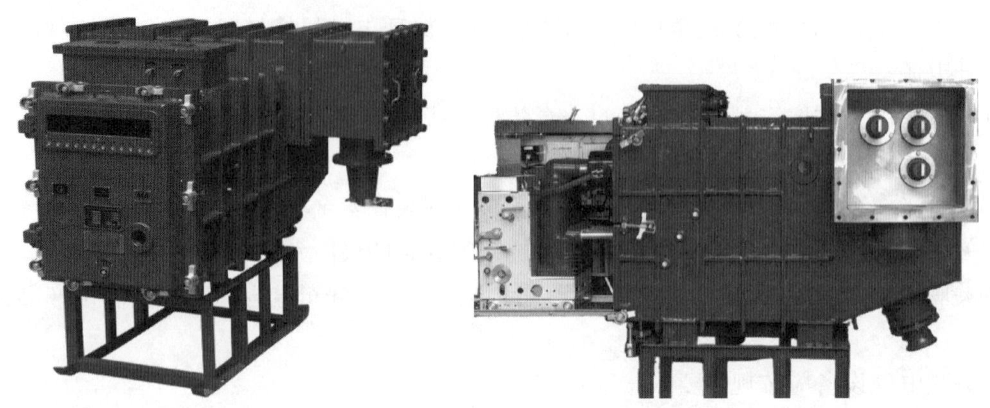

图 5-2　PJG16-□/10（6）Y 配电装置

2. 主要特征

（1）二次回路采用直流 110 V 供电，主要元器件如断路器、保护器、本质安全型继电器、电动手车等全部采用直流供电，可有效避免一次电压波动对二次回路的影响。

（2）采用电动底盘车，可电动或手动实现隔离操作，并可通过上位机远程操作，实现真正的"五遥"（遥测、遥信、遥控、遥调及遥视）功能。

（3）选用 ZNY6-12/1250-25 固封极柱式永磁机构高压交流真空断路器。该断路器具有电动和手动合闸、永磁保持、电气分断或手动机械分断的功能。采用智能型控制器，实现交直流电源两用。

（4）具有独立的二次电源腔室，内设有小型断路器，可分别对直流 110 V、交流 100 V 进行保护、控制，并可与主腔实现机械闭锁，从而实现开盖断电。

（5）配置无线温度传感器，具有触头测温主动保护系统和工控显示屏。

（6）选用交直流两用的 DGB-620 型保护装置，配套使用工控机，设有新一代防越级功能（解决井下短路越级跳闸问题）和五次谐波漏电保护功能（针对中性点经消弧线圈接地的供电系统）。

内置高清视频采集装置，可在设备的前端显示隔离断口，并可通过网络上传至上位机。

3. 型号及主要技术数据

PJG16-□/10（6）Y 配电装置为矿用隔爆兼本质安全型，防爆标志是 Ex d[ib] I Mb，防护等级是 IP54。

（1）型号及含义如下：

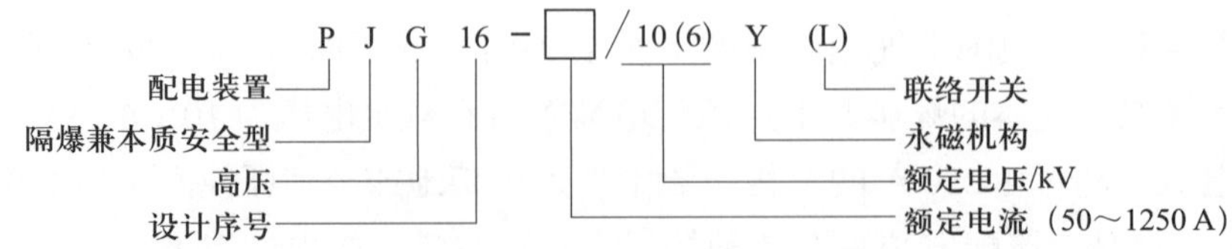

（2）主要技术数据。

① PJG16-□/10（6）Y 配电装置的基本参数见表 5-4。

表 5-4　　　　**PJG16-□/10（6）Y 配电装置的基本参数**

项目	额定值
额定电压 /kV	6、10
最高工作电压 /kV	7.2、12
额定电流 /A	50、75、100、150、200、315、400、500、630、800、1 000、1 250
额定频率 /Hz	50
额定短路开断电流 /kA	25
额定短路关合电流 /kA	63
额定峰值耐受电流 /kA	63
额定短时耐受电流 /kA	25
额定热稳定时间 /s	4
额定短路电流开断次数 / 次	16
断路器的机械寿命 / 次	10 000
隔离开关机械寿命 / 次	20 000

②真空断路器技术参数见表 5-5。

表 5-5　　　　**真空断路器技术参数**

项目	额定值
机械寿命 / 次	10 000
额定电流开断次数 / 次	10 000
额定短路电流开断次数 / 次	30
平均合闸速度 /（m/s）	0.2～0.6
平均分闸速度 /（m/s）	0.2～0.9
三相合闸、分闸不同期性 /ms	≤ 2
触头开距 /mm	10 ± 1
超行程 /mm	3 ± 1
触头合闸弹跳时间 /ms	≤ 3
触头工作压力 /N	1 000 ± 50

③工频耐压和冲击耐压见表 5-6。

表 5-6　　　　**工频耐压和冲击耐压**

	真空断路器	隔离开关	二次回路对地
	断口间、相间、相对地	断口间	
额定短时（1 min）工频耐压（有效值）/kV	42	48	2
标准全波雷电冲击耐压（峰值）/kV	75	85	—

4. 结构特点

PJG16－□/10（6）Y 配电装置包括隔爆外壳和机芯小车两大部分。

防爆外壳由箱体、箱门、后盖板（上下各一块）、接线腔、二次接线腔、电源腔、底架等主要部分组成。

箱体为长方体，中隔板将箱体隔开成前后两腔，横隔板将后腔隔开形成上下两室，上下两室之间的隔板起防爆作用。中隔板上装有 6 只隔离插销的插座，其中 3 只位于后腔上室，另 3 只位于后腔下室。中隔板上还有 4 只供前后腔二次控制电路穿墙的九芯接线柱。上室的左右侧板上各有 3 只穿墙接线柱。后腔下室有 1 个或 2 个高压电缆引出口。后腔下室的高压电缆引出口内装有 2 只或 1 只零序电流互感器，后腔下室的底板上还有 2 只终端电阻和接线端子。箱体的前腔主要容纳机芯小车。安装在前门板上的转轴是为了推动机芯前进和后退，实现隔离插销的合闸和分闸。前底板上左右各有一块护轨板，供机芯小车行走。前腔的右侧板上设有真空断路器的储能轴、手动合闸轴和手动分闸柄。箱体前腔上侧板上有一个观察窗，可以看到隔离插销分合状况。

PJG16－□/10（6）Y 配电装置单台深 1 580 mm，宽 1 530 mm，高 1 463 mm，联台最小宽度为 800 mm。

配电装置为活节螺栓压板式快开门结构，箱门上装有电度、电压、电流、合分故障显示器，有确认按钮、移位按钮、漏电按钮、照明按钮、复位按钮、真空断路器电动分闸和合闸按钮以及手车电动操作按钮。

机芯是 PJG16－□/10（6）Y 配电装置的心脏。机芯的下部是电动底盘车，小车上装有真空断路器、电流互感器、压敏电阻器和上下两组高压隔离触臂。机芯上的二次控制线与箱体、箱门上的二次控制线用多芯插头座进行活性连接。

单台质量约 1 200 kg。

二、工作原理及人机界面

1. 工作原理

该配电装置 10（6）kV 的三相电源从配电装置的电源接线盒引入，经上隔离插销、真空断路器和下隔离插销后，由后腔下室的高压电缆引出口输出到用电负荷。

当手车处于运行位置，且行程开关闭合后（关门），接通真空断路器的供电回路，真空断路器投入工作。真空断路器既能电动合闸和分闸，也可以手动分闸。按动启动按钮，机构进行合闸运动，直到真空断路器合闸完成。按动配电装置的电动分闸按钮，其常开触点闭合，接通分励脱扣器供电回路，同时切断失压回路，真空断路器分闸。PJG16－□/10（6）Y 配电装置电气原理图如图 5－3 所示。

该配电装置设有相关闭锁控制，具体操作如下：

（1）当前门打开时，手车在试验位置，手车不能手动摇入和电动摇入，二次电源断路器不能合闸。

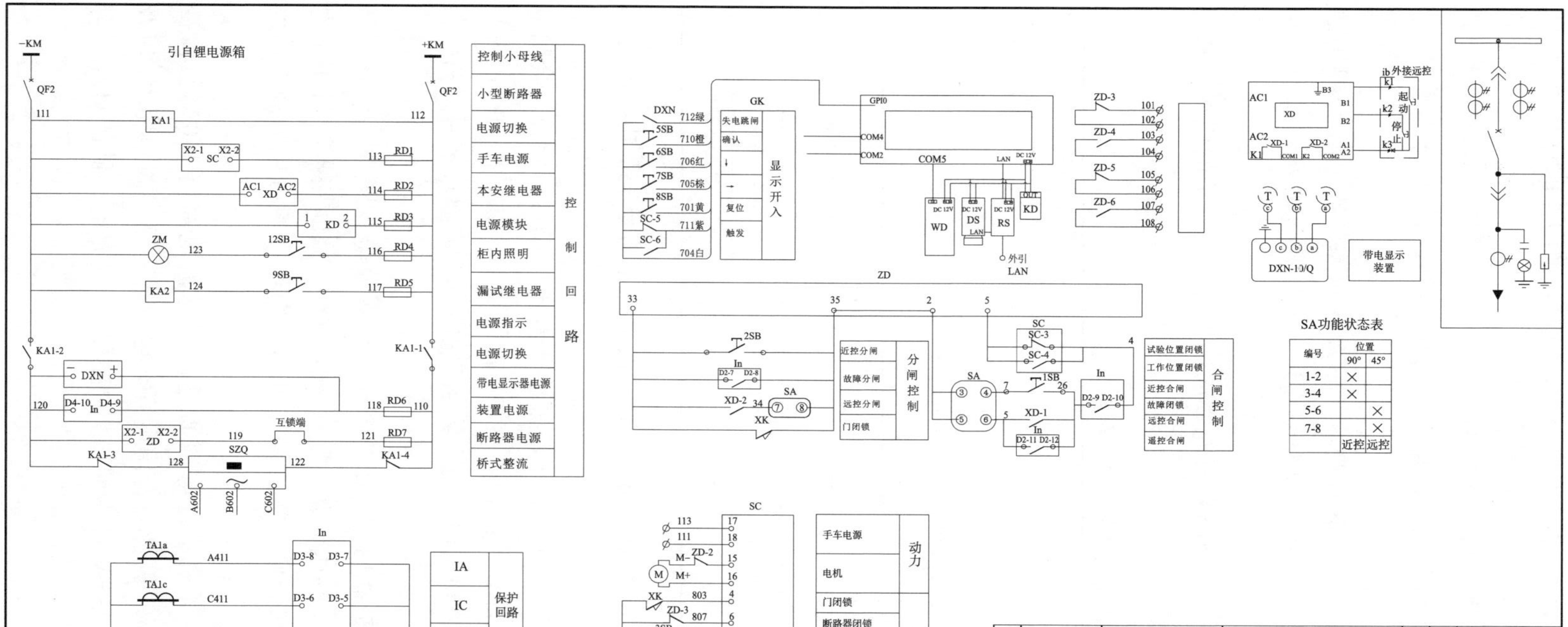

序号	标号	名称	型号规格	数量	单位	备注
23	R1	电阻	12K 1W	1	只	
22	C	电容	160V 20μF	1	只	
21	SZQ	三相整流桥	SKBPC3516	1	只	
20	RD1-RD7	熔断器	RT28N-32X 1P	7	只	配RT18 4A熔芯
19	RS	交换机	recrive	1	只	
18	DS	摄像头	DS-2CD2525F-IWS	1	只	
17	WD	无线测温装置	sensor	1	套	配套无线探头
16	QF2	小型断路器	DZ47-3A/2P 直流	1	只	
15	QF1	小型断路器	DZ47-3A/3P	1	只	
14	KD	电源模块	RSD-100D-12	1	只	
13	ZM	照明灯	LL10-W DC110	1	只	
12	XD	双路本质安全型远控模块	SHM-110	1	只	
11	KA2	中间继电器	JZX-22F DC110V	1	只	
11	KA1	中间继电器	JZC1-22 DC110	1	只	
10	SC	电动手车	DDDPC-4/4A-650 DC110V	1	套	
9	GK	工控机	NPC-7070GT	1	台	
8	1-11SB	按钮组	WS4-□Z1-H100	11	只	
7	12SB	照明开关	KW3A-16GPA	1	只	
6	SA	转换开关	HZ5B-10/2	1	只	
5	DXN	高压带电显示器	DXN-Q	1	套	
4	In	微机保护装置	DGB-620 DC110V	1	只	
3	TAo	零序互感器	YDXJ 1A电流φ50	1	只	
2	TA1a TA1c	电流互感器	LMZ-10（6）D	2	只	
1	ZD	永磁真空断路器	ZNY6-1250/10-25KA DC110V	1	台	

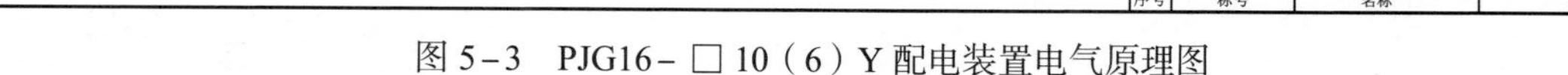

图 5-3　PJG16-□10（6）Y 配电装置电气原理图

（2）当手车在工作位置时，前门不能打开；当手车在试验位置时，前门才能打开。

（3）当二次电源断路器处于合闸状态时，前门不能开启。

（4）当断路器在合闸位置时，手车不能电动摇出和手动摇出。

（5）当手车没有完全到达工作位置时，断路器不能电动合闸和手动合闸。

2. 主要元器件

该配电装置的主要元器件包括矿用高压真空断路器、电动底盘车、高压综合保护装置、电流互感器、高压氧化锌压敏电阻器。下面主要介绍高压真空断路器和高压综合保护装置。

（1）矿用高压真空断路器。矿用高压真空断路器具有零部件少、便于维护的优点。断路器永磁机构及控制器的额定参数见表 5-7。

表 5-7　断路器永磁机构及控制器额定参数

项目	额定值
控制电路额定工作电压（直流）/V	110
储能电流工作电压（直流）/V	100～300
合分闸操作控制电压（直流）/V	24
操作控制部分电源总功率 /W	≤ 150
极限操作频率 /（次 /h）	180
合分闸间隔时间 /ms	≥ 50
合闸操作最小时间间隔 /s	≥ 20

①断路器接通控制电源，首次接通电源时应等待 15 s，此时储能电容已充满电，断路器处在准备操作状态。

②合闸过程：按合闸按钮合闸，控制器内部绝缘栅双极型晶体管（IGBT）导通，合闸电容器向合闸线圈释放能量，电能转换成磁能，永磁机构动铁芯向下运动，通过传动拐臂将开关管触头闭合，同时使分闸拉簧储能。操作机构电源电压为额定值的 85%～110%时，断路器能可靠合闸。

③分闸过程：按分闸按钮分闸，控制器内部 IGBT 向分闸线圈放电。同理，在分闸磁场和分闸弹簧的共同作用下，开关管触头迅速分开，完成分闸操作。该断路器除可正常电动合分闸外，还设有紧急手动分闸装置和合闸装置。操作机构在操作电源电压为额定值的 65%～120%时，能够可靠分闸。

④智能控制器部分工作原理如图 5-4 所示，电源通过倍压整流电路将 110 V 直流变成 240 V 直流，一路经过限流电路和隔离二极管对合闸电容充电，另一路经过电阻 R2 以及限流电路对分闸电容充电。当电压充至 235 V 左右时，智能控制停止充电，储能灯亮，等

待合闸命令。此时若合闸，IGBT 导通，合闸电容向合闸线圈释放电能，完成一次合闸过程。IGBT 导通延时，保证可靠合闸。分闸功能由分闸 IGBT 接通分闸电容与分闸线圈，完成分闸。

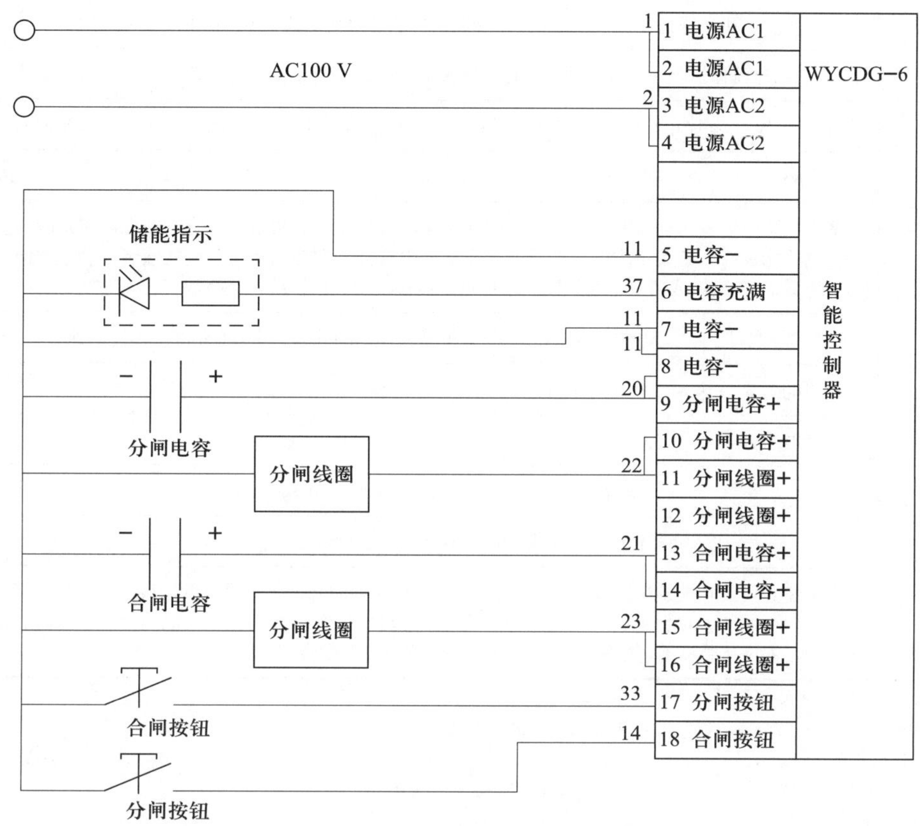

图 5－4　智能控制器部分工作原理

（2）高压综合保护装置。该配电装置选用的 DGB－620 型高压综合保护装置是以 32 位数字信号处理器（DSP）为核心的智能微机应用设备。它安装在配电装置内，接收来自配电装置电压互感器、电流互感器、零序电压互感器、零序电流互感器的信号，通过单片机系统的处理，控制配电装置对电路进行短路、过载、过压、欠压、漏电、风电瓦斯闭锁、越级跳闸闭锁等保护；对电路的电压、电流、零序电压、零序电流、有功功率、无功功率、功率因数、用电电度量等进行测量、显示；对开关的分闸和合闸运行状态，操作时间、操作性质，故障发生时间、原因、故障瞬间电流值及故障跳闸瞬间的电流、电压波形进行显示、记录和存储。

DGB－620 型高压综合保护装置的短路保护功能采用速断保护及定时限过流Ⅰ段和定时限过流Ⅱ段的三段式过流保护。速断保护作为主保护，定时限过流Ⅰ段和定时限过流Ⅱ段作为线路的辅助保护。DGB－620 型高压综合保护装置功能及参数见表 5－8。

表 5-8　　**DGB-620 型高压综合保护装置功能及参数**

<table>
<tr><th>保护功能</th><th colspan="6">参数及整定</th></tr>
<tr><td rowspan="3">短路保护</td><td colspan="4">整定电流 I_z</td><td>动作整定值</td><td>动作时间 /s</td></tr>
<tr><td colspan="2">速断保护</td><td colspan="2">开关下接线总负荷电流的 6～10 倍</td><td>I_Z/I_{t1}</td><td>0</td></tr>
<tr><td colspan="2">定时限过流保护（Ⅰ、Ⅱ）段</td><td colspan="2">开关下接线总负荷电流的 1.2 倍</td><td>I_Z/I_{t1}</td><td>t_1+0.5</td></tr>
<tr><td rowspan="3">漏电保护</td><td>零序电压 /V</td><td>零序电压五次谐波 /V</td><td>零序电流 /A</td><td>零序电流五次谐波 /A</td><td colspan="2">延时时间 /s</td></tr>
<tr><td>0～85</td><td>0～10</td><td>0～10</td><td>0～1</td><td colspan="2">0～50</td></tr>
<tr><td colspan="6">基于系统中的零序电压基波、五次谐波和零序电流基波、五次谐波综合判断漏电接地故障。判断模式可在“功能选择”子菜单中的“选漏模式设置”中选择“有功功率型”模式或者“功率方向型（中性点不接地系统）”模式或者“消弧线圈（中性点经消弧线圈接地系统）”模式</td></tr>
<tr><td rowspan="3">双屏蔽电缆绝缘监视保护</td><td>监视线与地线</td><td>动作范围 /kΩ</td><td>可靠动作范围 /kΩ</td><td colspan="2">不允许动作范围 /kΩ</td><td>动作时间 /s</td></tr>
<tr><td>回路电阻 R_k</td><td>$0.8 \leqslant R_k \leqslant 1.5$</td><td>$R_k > 1.5$</td><td colspan="2">$R_k < 0.8$</td><td>$\leqslant 0.03$</td></tr>
<tr><td>绝缘电阻 R_d</td><td>$3.0 \leqslant R_d \leqslant 5.5$</td><td>$R_d < 3.0$</td><td colspan="2">$R_d > 5.5$</td><td>$\leqslant 0.03$</td></tr>
<tr><td>失压保护</td><td colspan="5">$0.3U_e < U < U_e$（默认设置：$U < 0.5U_e$）</td><td>0～50</td></tr>
<tr><td>过压保护</td><td colspan="5">$1.05U_e < U < 2U_e$（默认设置：$U > 1.2U_e$）</td><td>0～50</td></tr>
<tr><td>温度检测保护</td><td colspan="6">保护装置可设置报警温度范围为 0～200 ℃，当检测到的温度大于设置的温度高定值且持续时间大于温度高延时，装置会报警。在“投退选择”菜单里，可以设置温度高保护功能的投入、退出和是否允许保护跳闸。温度传感器通过数据通信功能向保护装置发送温度数据</td></tr>
</table>

注：① t_1 指下接线路末端相邻元件定时限过流保护整定时间，s。

② I_Z 指整定电流，A；I_{t1} 指配电装置电流互感器一次侧电流值，A。

③ U_e 指额定电压，kV。

④以上所有保护的动作值精度≤ ±3%，保护动作延时精度为 ±0.01s。

① DGB-620 型高压综合保护装置的过载保护特性（反时限过流保护）分为 4 挡，见表 5-9，从 1 挡到 4 挡灵敏度依次降低。

②瓦斯断电仪接点的跳变方式共有两种：常开接点闭合，延时 2 s，保护动作，显示风电瓦斯闭锁报警；常闭接点打开，延时 2 s，保护动作，显示风电瓦斯闭锁报警。

表 5-9　　**综合保护装置的过载保护电流-时间特性**

过载电流与整定电流的比值	延时时间 /s			
	1 挡	2 挡	3 挡	4 挡
1.05	∞	∞	∞	∞
1.2	40～60	60～120	120～180	180～360
1.5	20～40	30～60	60～90	90～180
2.0	13～20	14～20	20～40	40～60
4.0	10～14	10～14	12～16	18～22
6.0	≤ 10	≤ 10	≤ 12	≤ 14

③工控机。DGB－620 型高压综合保护装置（见图 5－5）的核心是工控机（一种智能微机设备），能够进行各种功能及参数的设置及显示等。

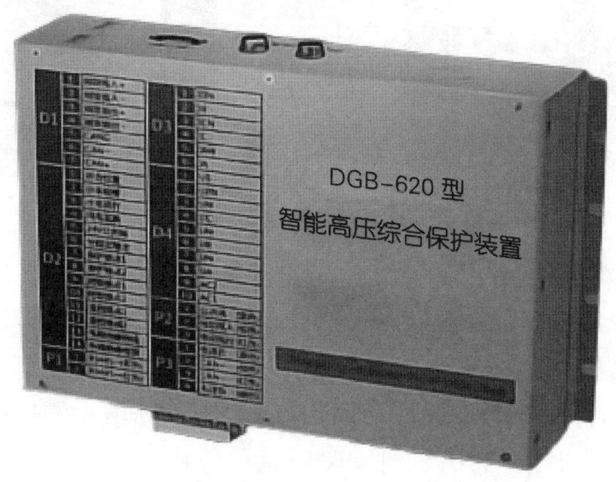

图 5－5　DGB-620 型高压综合保护装置

3. 人机界面

PJG16－□/10（6）Y 配电装置人机界面全部汉化显示，采用下拉式菜单，操作简单。主菜单有“登录”“定值”“投退”“电量”“遥测”“遥信”“校时”“近控”“事件”“录波”等功能，如图 5－6 所示。

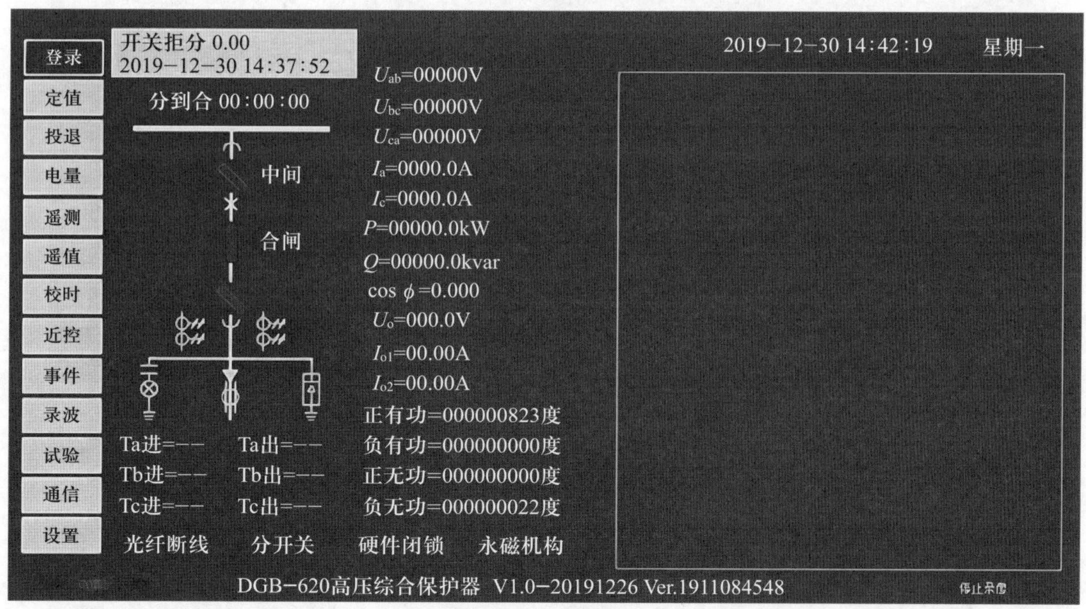

图 5－6　主菜单

（1）选择主菜单“登录”功能，进入登录界面，如图 5－7 所示。

图 5-7　登录界面

（2）选择主菜单“定值”功能，可以查询和设置 DGB-620 型高压综合保护装置的额定电流、速断定值、速断延时、定时限过流Ⅰ、定时限过流Ⅰ延时、定时限过流Ⅱ、定时限过流Ⅱ延时、过载延时挡位、失压定值、失压延时、过压定值、过压延时、零序电压、零序电流Ⅰ、零序电流Ⅱ、零序电压五次谐波、零序电流Ⅰ五次谐波、零序电流Ⅱ五次谐波、漏电延时、速断加速定值、下级闭锁超时延时、失压脱扣延时、温度高、温度高延时、电压等级、电流等级、装置地址等定值。定值查询界面如图 5-8 所示。

定值查询

额定电流	0100	A	零序电流Ⅱ	02.00	A
速断定值	09.00	I_e	零序电压五次谐波	02.00	V
速断延时	00.00	s	零序电流Ⅰ五次谐波	00.50	A
定时限过流Ⅰ	06.00	I_e	零序电流Ⅱ五次谐波	00.50	A
定时限过流Ⅰ延时	10.00	s	漏电延时Ⅰ	01.00	s
定时限过流Ⅱ	07.00	I_e	漏电延时Ⅱ	01.00	s
定时限过流Ⅱ延时	10.00	s	速断加速定值	08.00	I_e
过载延时挡位	1		下级闭锁超时延时	00.30	s
失压定值	0.500	U_e	失压脱扣延时	10.00	s
失压延时	01.00	s	温度高	0100	℃
过压定值	1.200	U_e	温度高延时	10.00	s
过压延时	01.00	s	电压等级	06000	V/100V
零序电压	20.00	V	电流等级	0500	A
零序电流Ⅰ	02.00	A			

[确认][取消]关闭窗口

图 5-8　定值查询界面

修改额定电流的操作如图 5-9 所示。

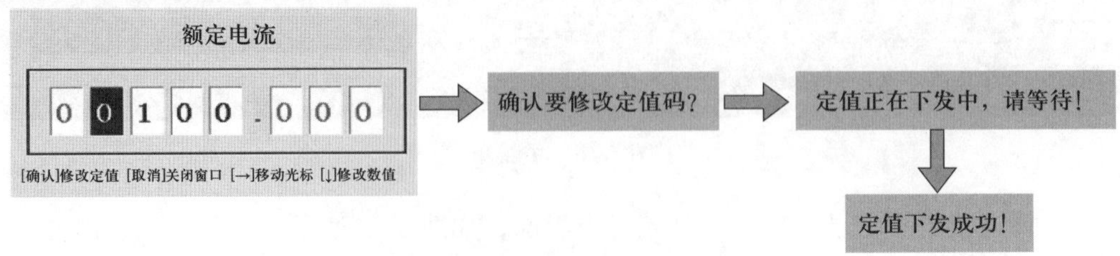

图 5-9　修改额定电流的操作

（3）选择“遥测”功能，可以实现图 5－10 所示的相关参数的遥测查询功能。

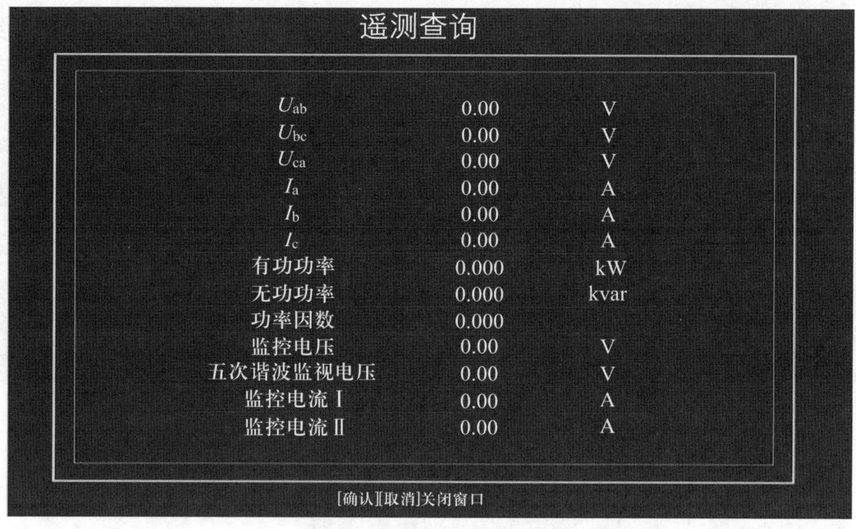

图 5－10　遥测查询功能

（3）选择“近控”功能，可以实现图 5－11 所示的设备控制功能。

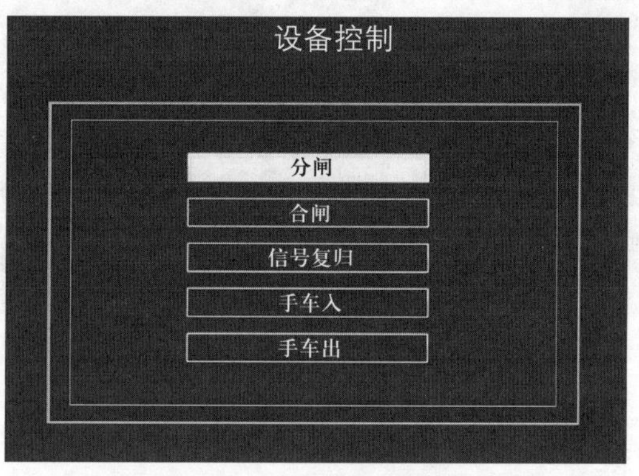

图 5－11　设备控制功能

（4）选择“事件”功能，可以实现图 5－12 所示的事件查询功能。

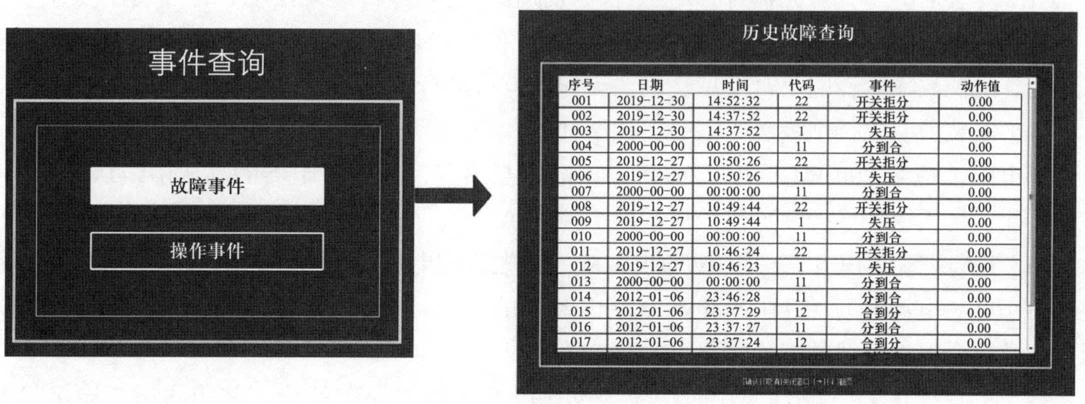

序号	日期	时间	代码	事件	动作值
001	2019-12-30	14:52:32	22	开关拒分	0.00
002	2019-12-30	14:37:52	22	开关拒分	0.00
003	2019-12-30	14:37:52	1	失压	0.00
004	2000-00-00	00:00:00	11	分到合	0.00
005	2019-12-27	10:50:26	22	开关拒分	0.00
006	2019-12-27	10:50:26	1	失压	0.00
007	2000-00-00	00:00:00	11	分到合	0.00
008	2019-12-27	10:49:44	22	开关拒分	0.00
009	2019-12-27	10:49:44	1	失压	0.00
010	2000-00-00	00:00:00	11	分到合	0.00
011	2019-12-27	10:46:24	22	开关拒分	0.00
012	2019-12-27	10:46:23	1	失压	0.00
013	2000-00-00	00:00:00	11	分到合	0.00
014	2012-01-06	23:46:28	11	分到合	0.00
015	2012-01-06	23:37:29	12	合到分	0.00
016	2012-01-06	23:37:27	11	分到合	0.00
017	2012-01-06	23:37:24	12	合到分	0.00

图 5－12　事件查询功能

（5）选择“试验”功能需要输入密码，才能进行速断测试、过负荷测试、漏电试验、下级闭锁测试等，如图 5－13 所示。

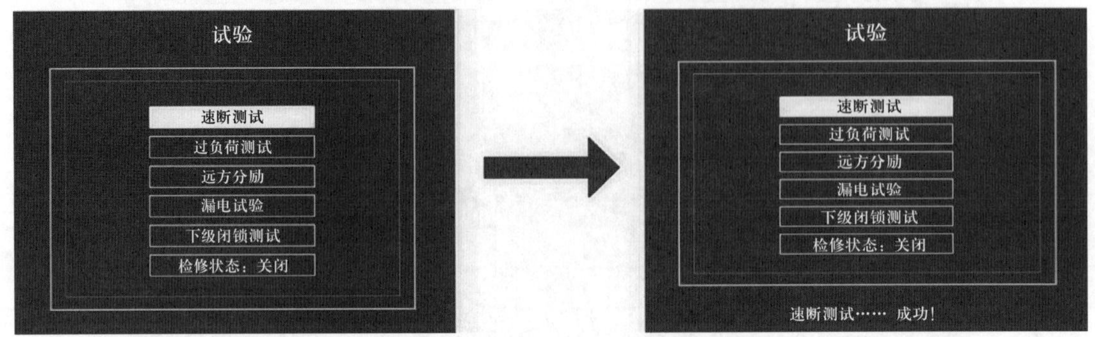

图 5－13　试验功能

（6）选择“设置”功能，可以进行温度设置、视频设置、通信设置、操作系统、重启系统、关闭系统。图 5－14 所示为温度设置，其他设置类似。

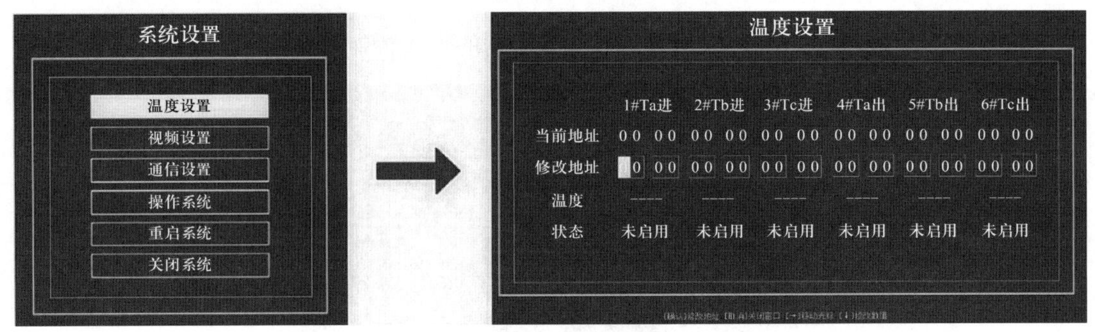

图 5－14　温度设置

三、安装及操作规程

1. 安装

（1）安装前应检查各元器件，绝缘件应无损伤，各紧固件应无松动，各导线连接应可靠，各防爆面应无锈蚀，箱体各腔内应洁净、干燥。使用前应使用内六角扳手检查螺栓并加固。上述元件出现故障后，应及时处理，确认无误后方可进行安装。

（2）安装前应进行绝缘水平试验：用 2 500 V 兆欧表进行测量，一次对地绝缘电阻值、相间绝缘电阻值应≥ 200 MΩ（试验前将三相电压互感器、压敏电阻器的高压引线从高压主回路中拆除，高压综合保护装置接线从插座上拔出）。

（3）进行三相 10（6、3.3）kV 通电试验。首先将配电装置的一切元器件、电器恢复正常，把三相 100 V 电源和直流 110 V 电源从配电装置的二次接线腔引入，送电。然后逐一试验各元器件及综合保护装置的工作情况，工作应当正常。

（4）多台配电装置联合使用时，应根据供电系统图的要求就位，并用联通节连接起来，相邻两台配电装置的硬母线在联络腔中用专用连接铜带连接。注意保证相邻裸露铜带及铜带对外壳的电气间隙不得小于 100 mm。

2. 操作程序与要求

（1）安装工作完成后，各台配电装置应根据设计计算要求进行过载电流整定、过载延时整定、短路电流整定，以及零序电流灵敏度、零序电压灵敏度和漏电延时工作时间值的整定。

（2）按送电程序的要求，给每台配电装置送电，并逐一观察配电装置送电后电压及指示灯显示是否正常。如发现异常现象，应立即停电、检查并处理。

①送电程序如下：a. 紧固好前门；b. 将二次电源腔的 DC110 V、AC100 V 旋钮打到接通状态；c. 把手车摇入工作位置（亦可电动摇入）；d. 真空断路器手动或电动合闸。

②停电程序如下：a. 真空断路器手动或电动分闸；b. 手动或电动摇出手车到试验位置。当需要检查、检修机芯或负荷侧时，在开关两侧观察窗观察隔离开关插销是否退出，如没有退出，或无明显的断开点，待退出后方可检查、检修机芯或负荷侧，否则有触电危险。

四、常见故障及原因

常见故障原因及排除方法见表 5－10。

表 5－10　常见故障原因及排除方法

故障现象	故障原因	排除方法
配电装置无显示，无电	直流 110 V 电源无电压	检查锂电箱和馈出开关，以及小型断路器和熔断器
送电后显示失压	①三相交流 100 V 无电压 ②保护设置有问题	①检查电压互感器柜和馈出开关 ②检查小型断路器
隔离插销严重发热并报警	①触臂或梅花触头螺栓松动 ②测温设置有问题	检查螺栓，调整温度报警参数
低压熔芯烧断	线路短路或电流过大	检查短路点或电流过大原因，处理后更换熔芯
真空断路器电动合闸拒合	配电装置的控制线路、断路器线路或机械机构故障	检修控制线路或断路器、机械机构等
真空断路器手动分闸正常、电动分闸拒分	配电装置的控制线路、永磁控制器故障	检修控制线路，更换控制器
真空断路器手动、电动分闸均拒分	断路器脱扣机构故障	检修脱扣机构
过载、短路、漏电、监视等保护不正常	高压综合保护装置故障	更换高压综合保护装置

五、使用和维护

（1）设备在运输过程中不得有强烈振动和撞击，不允许有水侵入。

（2）下井安装时，首先要在地面对设备进行全面检查和必要的电气试验。

（3）在使用前应注意设定的电源电压、额定电流是否与铭牌标注的数值一致。整定值的调整要与负荷相符。

（4）液晶显示屏可提示保护装置错误和故障状态，清除故障后显示正常。一旦发生系统误动作、拒动作等不正常现象，首先要检查整定值是否适当，然后检查控制系统是否存在短路、断路，接插件、接触器是否良好，按自检按钮试验。

（5）运行过程中，应经常检查该设备与变压器连接是否牢固，接地是否可靠。

（6）定期（每 6 个月左右）检查和保养各隔爆接合面，防止锈蚀。

（7）定期（每 6 个月左右）进行工频绝缘试验。

第三节　矿用变压器

矿用变压器一般是指用于煤矿井下的变电装置。它可将矿井地面 10 kV 或 6 kV 电压变换成井下设备用的 1 200 V、693 V 或 400 V 电压，或者把 1 140 V、660 V 电压变换成所需电压向负荷供电。矿用变压器分为矿用一般型变压器和矿用隔爆型变压器两大类。

一、矿用一般型变压器

矿用一般型变压器用于矿井中有煤尘和瓦斯而无爆炸危险的场所，供电力拖动和照明设备用电。这种变压器为油浸式，其内部结构和工作原理与普通油浸式电力变压器相同，主要区别在于外壳和进出线装置。

矿用一般型变压器结构坚固，外形低矮。变压器上部设有储油柜，油箱内油面上留有适当空间，以防箱盖上通气孔堵塞时油箱内产生过大的压力。油箱能承受 0.1 MPa 的压力而不发生永久性变形。矿用一般型变压器的高低压进出线都采用电缆接线盒，盒中灌注绝缘胶。

矿用一般型变压器的容量有 50 kV · A、100 kV · A、180 kV · A、320 kV · A 等几种。在变压器一次侧设有无励磁调压，调压范围为 ±5%；二次侧线圈引出 6 个端子，可以Y / △接，得到 690/400 V 或 1 200/690 V。

目前煤矿井下使用的矿用一般型变压器主要是低损耗 KS9、KS11、KS13 系列。由于煤矿工业发展迅速，对电力的需求量日益增大，为了提高效率，节约电能，KS11 系列低损耗矿用动力变压器使用较广泛。图 5－15 所示为 KS11 系列矿用三相油浸式电力变压器。

图 5-15 KS11 系列矿用三相油浸式电力变压器

矿用一般型变压器的外壳用钢板焊接而成，油箱分圆形、方形两种。底部不设滚轮，而装有尺寸较小的撬板。铁芯采用冷轧晶粒取向硅钢片，其接缝斜度为 45°，且不用穿芯螺栓固定，而采用黏性带绑扎。油箱的上部和底部各有 4 个螺钉固定铁芯，以保证器身不会移动。采取上述措施之后，变压器的空载损耗约下降 40%，从而节约大量电能。此外，高压绕组采用圆筒式多层绕制，层间全部使用纸板瓦楞结构油道，这样不仅改善了冷却条件，还提高了机械强度。低压绕组采用圆筒式双层绕制，层间不设油道。

二、矿用隔爆型变压器

矿用隔爆型变压器用于矿井中有爆炸危险的场所。这种变压器多制成干式，主要结构特点是箱壳的全部接合面均按隔爆要求制作，能承受 0.8 MPa 的内部压力。

容量在 100 kV · A 以上的隔爆型变压器常与隔爆型开关箱组合成隔爆型成套移动变电站。其输出电压有 400 V、693 V 和 1 200 V，以满足矿井用电设备的需要。为了适应井下运输，变压器高度要低。这样，铁芯柱直径可以偏大些，一般使用冷轧硅钢片。100 kV · A 及以上者通常为 H 级绝缘。

为了适应煤矿井下特殊环境，矿用隔爆型变压器与地面配电变压器相比有如下特点：为了避免触电和出现裸露电火花，进出线不采用套管而用电缆接线盒；不设油枕，在油箱内部留有供油膨胀用的空间，该空间通过箱盖上注油塞的通气孔与大气连通，避免油枕和油箱间连通管堵塞而发生爆炸事故；为了便于运输，在变压器油箱底部装有滚轮，其轨距分为 600 mm 和 900 mm 两种，并允许在水平夹角不超过 30° 的斜坡上移动。

1. KBSG 系列矿用隔爆型干式变压器

KBSG 系列矿用隔爆型干式变压器用于有瓦斯和煤尘爆炸危险的矿井中，将 6 kV、10 kV 电源转换成 400（380）V、693（660）V、1 200（1 140）V、3 450（3 300）V 煤矿井下所需的低压电源，作为煤矿井下采掘机械化设备的配电装置。

KBSG 系列矿用隔爆型干式变压器（见图 5-16）是千伏级移动变电站的主变压器，也可作为独立变压器使用。

KBSG 系列矿用隔爆型干式变压器采用 H 级绝缘，空气自冷。KBSG 系列矿用隔爆型干式变压器具有隔爆外壳但不配高压开关和低压开关，具有强度高、温度低、散热性好、易于维修等优点，应用非常普遍。

（1）变压器型号及含义如下：

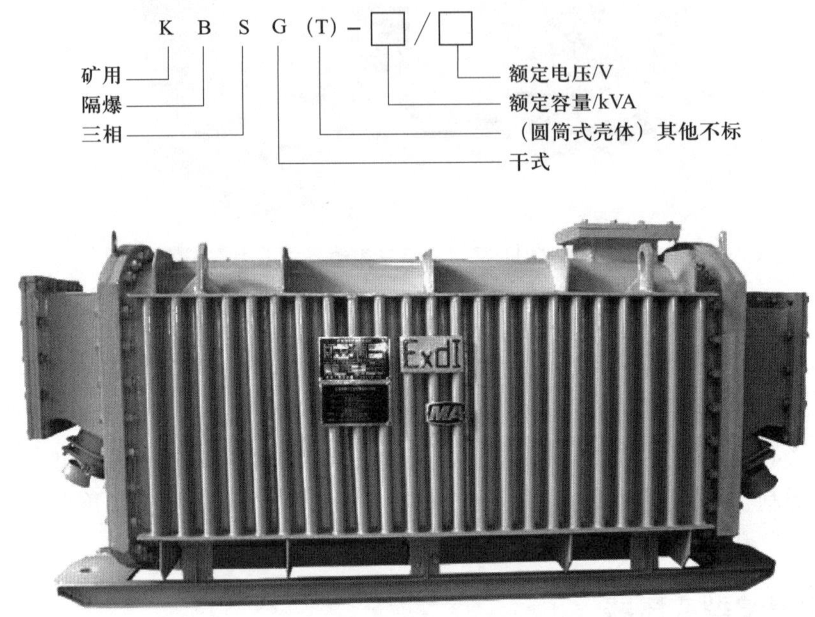

图 5－16　KBSG 系列矿用隔爆型干式变压器

（2）结构特点和要求：

① KBSG 系列矿用隔爆型干式变压器由箱壳、箱盖、铁芯装配、绝缘装配、高压引线、低压引线及铁路轨道用小车等组成。箱体由钢板焊制而成，箱体侧面采用瓦楞钢板结构以增加散热面积。箱壳为长方形，上部为圆弧形，有上开盖式和两边开盖式两种结构。上开盖式的隔爆型结构，用于 800 kV · A 及以上产品，箱底采用厚钢板，出线盒均焊于箱壳两端。两边开盖式的隔爆型结构，用于 630 kV · A 及以下产品，顶部及底部为弧形钢板，顶部高压侧和低压侧均设有接线法兰。

② KBSG 系列矿用隔爆型干式变压器的高压线经高压电缆引入装置引入高压接线盒，低压线经低压电缆引出装置（可用 1 200 V/95 mm^2 及以下矿用电缆配合使用）引出低压接线盒，控制线（包括超温信号装置）由低压接线盒上的控制接线嘴引出。

③高压侧设紧急停车按钮，可在紧急情况下切断上一级高压电源。

④打开接线盒盖、箱盖前，必须切断高压侧电源。

⑤变压器铁芯装配由铁芯、夹件、绝缘件等组成。铁芯采用优质 30Q130 或 30Q120 冷轧取向硅钢片、多级步进式全斜接缝叠片结构，以降低空载损耗和空载电流；铁芯片切口涂防锈液，铁芯柱及下铁轭表面涂耐高温防锈防潮漆。夹件采用槽钢，上下拉紧采用紧固螺杆，并采取措

施防止铁芯和夹件产生相对位移，以免影响产品质量。绝缘件采用国产优质 H 级绝缘材料。

⑥变压器绝缘装配包括主纵绝缘、高低压线圈、线圈压紧等结构。主纵绝缘采用国产优质 H 级绝缘材料。高低压线圈采用紧绕工艺，以提高线圈的机械强度；高低压线圈采用 C 级绝缘的芳香族聚酰胺纸包无氧铜导线，芳香族聚酰胺纸与空气的介电常数非常接近，线圈周围的电场均匀，局部放电少。线圈压紧采用压钉和瓷压块结构，并采取措施防止其松动。高压引线采用电缆引出，低压引线采用电缆或铜母线引出，爬电距离及空气间隙大于《爆炸性环境　第 3 部分：由增安型“e”保护的设备》（GB/T 3836.3—2021）中的有关规定，在正常运行条件下不会产生火花、电弧和危险温度，使用安全可靠。

⑦箱壳上层空腔内设置温度监视元件，在出厂前已调好，如煤层压顶等外部因素引起温升过高时，该监视元件（从主箱体内引入低压接线盒，再由低压接线盒上的控制接线嘴引出，与用户自备的警报器连接）将会发出警报。

⑧箱体上 4 个大吊拌用于起吊干式变压器，起吊时必须同时使用；箱盖上 2 个小吊拌（大容量干式变压器有 4 个小吊拌）用于检修和装配时起吊箱盖。

⑨箱体下部设有拖撬，也可按用户要求设置直径为 220 mm 的滚轮，其轨距为 900 mm 或 600 mm。

⑩箱体靠铭牌侧焊有外接地螺栓并有“⏚”标志，螺栓供连接地线之用。

（3）接线方法及要求。

调整高压分接电压，使之与输入电压相适应。必须先切断电源，再打开分接法兰盖，即可调节高压分接电压。高压分接电压与对应的连接片位置见表 5－11。

表 5－11　　高压分接电压与对应的连接片位置

连接片所在位置				电压	
调节头在末尾	$X_1—Y_1—Z_1$	调节头在中间	2—3	额定电压的 105%	6 300 V 或 10 500 V
	$X_2—Y_2—Z_2$		3—4	额定电压	6 000 V 或 10 000 V
	$X_3—Y_3—Z_3$		4—5	额定电压的 95%	5 700 V 或 95 000 V

调整低压输出电压，使之与用电设备相适应。必须先切断电源，再打开接线法兰盖，即可调节低压输出电压。低压输出电压与对应的连接片位置见表 5－12。

表 5－12　　低压输出电压与对应的连接片位置

连接片位置	x—y—z	a—y，b—z，c—x
连接方式	y	d
低压 1 200 V/693 V 时对应电压	1 200 V	693 V
低压 693 V/400 V 时对应电压	693 V	400 V

高压接线盒和低压接线盒内套管相序排列如图 5－17 所示。

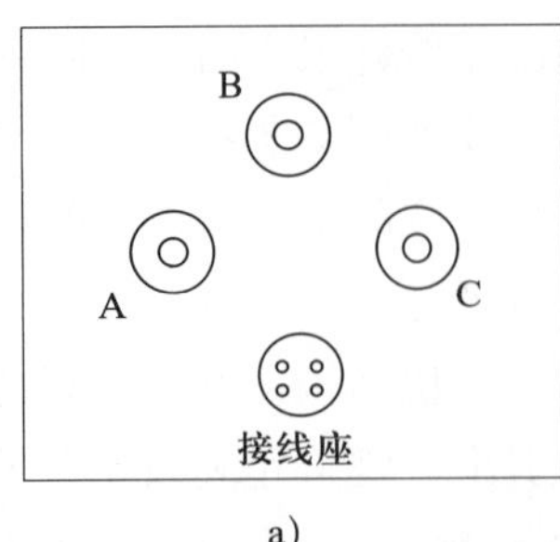

a)

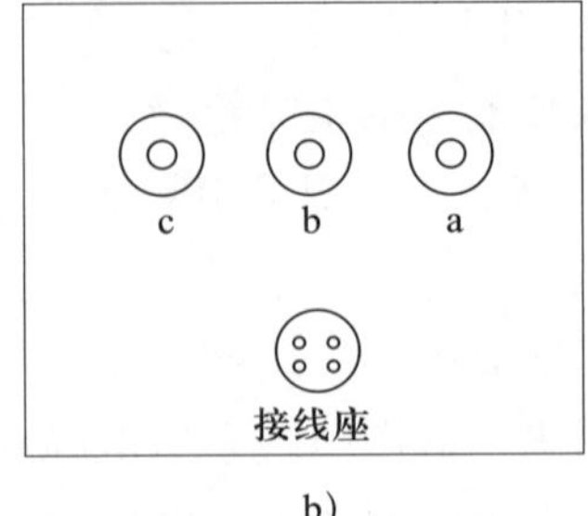

b)

图 5-17　高压接线盒和低压接线盒内套管相序排列

a）面向高压接线盒高压套管　b）面向低压接线盒低压套管

（4）技术参数。KBSG 系列矿用隔爆型干式变压器技术参数见表 5-13。

表 5-13　KBSG 系列矿用隔爆型干式变压器技术参数

型号	额定容量 / kV·A	额定电压及分接电压			联结组标号	损耗 /W		空载电流 /%	短路阻抗 / %	参考质量 / kg	参考外形尺寸（长 × 宽 × 高）/（mm × mm × mm）
		高压 / kV	高分接 /%	低压 / kV		空载	负载				
KBSG-100/6	100	6	± 5	1.2/ 0.693	Yy0 (d11)	470	920	2.5	4	1 560	2 300 × 810 × 1 050(1 230)
KBSG -200/6	200					740	1 550	2		1 900	2 410 × 840 × 1 110(1 290)
KBSG-315/6	315					990	2 150	1.8		2 180	2 480 × 840 × 1 210(1 390)
KBSG-400/6	400					1 170	2 600	1.8		2 580	2 580 × 850 × 1 290(1 470)
KBSG-500/6	500					1 350	3 100	1.5		3 200	2 770 × 940 × 1 350(1 530)
KBSG-630/6	630					1 620	3 680	1.5		3 150	2 970 × 960 × 1 350(1 530)
KBSG-800/6	800					1 850	4 500	1.0		3 680	3 090 × 1 000 × 1 440(1 620)
KBSG-1000/6	1 000					2 100	5 400	1.0		4 520	3 150 × 1 050 × 1 490(1 670)
KBSG-1250/6	1 250			1.2	Yy0	2 480	6 500	1.0		5 280	3 240 × 1 100 × 1 590(1 760)
KBSG-1600/6YZ	1 600					3 000	8 000	0.8		6 840	3 310 × 1 100 × 1 660(1 840)
KBSG-2000/6YZ	2 000					3 400	9 500	0.6	4.5	8 380	3 390 × 1 200 × 1 760(1 940)
KBSG-1600/6/3.45YZ	1 600	6	± 5	3.45	Yyn0	3 000	8 000	0.8	4	6 860	3 310 × 1 200 × 1 660(1 840)
KBSG-2000/6/3.45YZ	2 000					3 400	9 500	0.6	4.5	8 380	3 390 × 1 200 × 1 760(1 940)
KBSG-2500/6/3.45YZ	2 500					4 050	10 600	0.6	5	8 860	3 490 × 1 320 × 1 790(1 970)
KBSG-3150/6/3.45YZ	3 150					4 750	12 500	0.6	5.5	11 060	3 580 × 1 400 × 1 840(2 030)
KBSG-4000/6/3.45YZ	4 000					5 500	14 000	0.6	6	12 280	3 700 × 1 400 × 1 940(2 120)

续表

<table>
<tr><th rowspan="2">型号</th><th rowspan="2">额定容量/kV·A</th><th colspan="3">额定电压及分接电压</th><th rowspan="2">联结组标号</th><th colspan="2">损耗/W</th><th rowspan="2">空载电流/%</th><th rowspan="2">短路阻抗/%</th><th rowspan="2">参考质量/kg</th><th rowspan="2">参考外形尺寸（长×宽×高）/（mm×mm×mm）</th></tr>
<tr><th>高压/kV</th><th>高分接/%</th><th>低压/kV</th><th>空载</th><th>负载</th></tr>
<tr><td>KBSG-100/10</td><td>100</td><td rowspan="16">10</td><td rowspan="16">±5</td><td rowspan="8">1.2/0.693</td><td rowspan="8">Yy0(d11)</td><td>500</td><td>1 050</td><td>2.5</td><td rowspan="7">4</td><td>1 700</td><td>2 400×810×1 150(1 330)</td></tr>
<tr><td>KBSG-200/10</td><td>200</td><td>850</td><td>1 800</td><td>2</td><td>2 050</td><td>2 430×900×1 230(1 410)</td></tr>
<tr><td>KBSG-315/10</td><td>315</td><td>1 200</td><td>2 500</td><td>1.8</td><td>2 430</td><td>2 580×920×1 280(1 460)</td></tr>
<tr><td>KBSG-400/10</td><td>400</td><td>1 350</td><td>3 000</td><td>1.8</td><td>2 720</td><td>2 620×940×1 360(1 540)</td></tr>
<tr><td>KBSG-500/10</td><td>500</td><td>1 600</td><td>3 500</td><td>1.5</td><td>3 030</td><td>2 790×960×1 450(1 630)</td></tr>
<tr><td>KBSG-630/10</td><td>630</td><td>1 800</td><td>4 100</td><td>1.5</td><td>3 460</td><td>2 830×1 000×1 470(1 650)</td></tr>
<tr><td>KBSG-800/10</td><td>800</td><td>2 100</td><td>5 100</td><td>1.2</td><td>4 650</td><td>2 900×1 050×1 470(1 650)</td></tr>
<tr><td>KBSG-1000/10</td><td>1 000</td><td>2 350</td><td>6 100</td><td>1.2</td><td rowspan="2">4.5</td><td>5 270</td><td>3 010×1 070×1 560(1 740)</td></tr>
<tr><td>KBSG-1250/10</td><td>1 250</td><td rowspan="3">1.2</td><td rowspan="3">Yy0</td><td>2 800</td><td>7 400</td><td>1.0</td><td>5 870</td><td>3 150×1 110×1 650(1 830)</td></tr>
<tr><td>KBSG-1600/10YZ</td><td>1 600</td><td>3 450</td><td>8 500</td><td>1.0</td><td rowspan="4">5</td><td>6 940</td><td>3 350×1 190×1 650(1 830)</td></tr>
<tr><td>KBSG-2000/10YZ</td><td>2 000</td><td>4 050</td><td>9 700</td><td>0.7</td><td>8 580</td><td>3 240×1 200×1 720(1 700)</td></tr>
<tr><td>KBSG-1600/10/3.45YZ</td><td>1 600</td><td rowspan="5">3.45</td><td rowspan="5">Yyn0</td><td>3 450</td><td>8 500</td><td>1.0</td><td>9 680</td><td>3 370×1 190×1 650(1 830)</td></tr>
<tr><td>KBSG-2000/10/3.45YZ</td><td>2 000</td><td>4 050</td><td>9 700</td><td>0.7</td><td>8 780</td><td>3 440×1 200×2 020(2 200)</td></tr>
<tr><td>KBSG-2500/10/3.45YZ</td><td>2 500</td><td>4 700</td><td>10 800</td><td>0.6</td><td rowspan="2">5.5</td><td>9 880</td><td>3 550×1 320×2 050(2 230)</td></tr>
<tr><td>KBSG-3150/10/3.45YZ</td><td>3 150</td><td>5 500</td><td>12 800</td><td>0.7</td><td>11 100</td><td>3 650×1 400×2 100(2 380)</td></tr>
<tr><td>KBSG-4000/10/3.45YZ</td><td>4 000</td><td>6 300</td><td>15 000</td><td>0.7</td><td>6</td><td>12 000</td><td>3 700×1 400×2 150(2 330)</td></tr>
<tr><td>轨距/mm</td><td colspan="4">600或900</td><td colspan="2">额定频率/Hz</td><td colspan="2">50</td><td colspan="2">相数</td><td>3</td></tr>
</table>

注：1. 负载损耗和短路阻抗为 145 ℃（绝缘耐热等级与 H 级的参考温度）时之值。

2. 根据用户需要，可提供联结组标号为 Dyn11、Dy11 及其他电压组合和联结组标号产品。

3. 括号内高度为装轮后高度，表中质量为不含轮质量，600 mm 车轮/套重 115 kg，900 mm 车轮/套重 125 kg。

2. KSG 系列矿用隔爆型干式变压器

KSG 系列矿用隔爆型干式变压器由隔爆型外壳、器身、托架等部分组成，如图 5-18 所示。壳体由钢板焊成（有的外表面焊有钢板散热片）。箱盖与壳体间有隔爆接合面，用螺栓紧固。箱盖上有 2 个接线嘴，内置密封胶圈和金属挡圈，以便和电缆紧密配合。将变压器平放时面向箱盖，左侧为低压出线嘴，右侧为高压进线嘴。在箱壳内壁及壳体外面的托架上焊有接地螺栓，以供变压器铁芯接地和与接地装置相连。器身及接线板置于壳体内，高压线圈接成星形或三角形，低压线圈接成三角形，输出电压为 127 V。因干式变压器靠空气自然冷却，散热条件差，线圈通常采用 B 级以上绝缘等级。

图 5－18　KSG 系列矿用隔爆型干式变压器

KSG 系列矿用隔爆型干式变压器的容量通常有 4 kV · A 和 2.5 kV · A 两种，专为电钻、照明、信号等设备供电。一次电压有 380 V、660 V 两种，二次电压通常为 133 V。

（1）型号及含义如下：

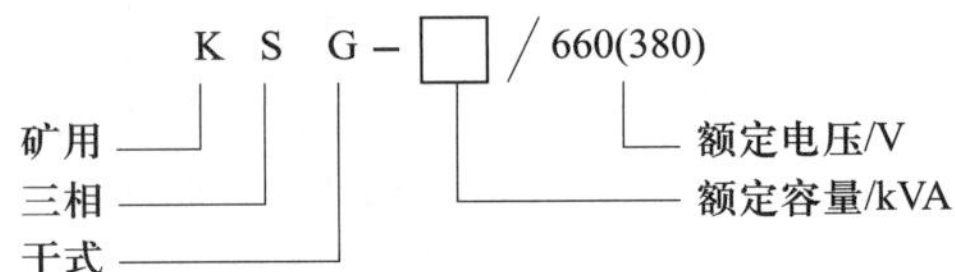

（2）主要技术参数。KSG 系列矿用隔爆型干式变压器的主要技术参数见表 5－14。

表 5－14　KSG 系列矿用隔爆型干式变压器的主要技术参数

容量 /kV · A	额定电压 /V		额定电流 /A		空载损耗 /W	负载损耗 /W	外形尺寸 /mm
	初级	次级	初级	次级			
2.5	660	127	2.19	10.85	45	81	Φ360 × 670
	380		3.80	11.38			
4.0	660	127	3.50	17.35	55	125	
	380		6.06	18.90			

3. 矿用隔爆型移动变电站

矿用隔爆型移动变电站是综采、综掘工作面的电源，有 KSGZY－□/6、KBSGZY－□/6、KBSGZY－T－□/6、KSGJY－□/6 等几种。

这类变压器用于有瓦斯、煤尘等爆炸危险的矿井中，可将 10 kV 或 6 kV 一次电压变为 400（380）V、693（660）V、1 200（1 140）V 或 3 450（3 300）V 电压，向采掘工作面电气设备供电。其中，KSGZY 系列主要作为高瓦斯矿井局部通风机及其他动力设备的专用供电电源；KBSGZY 系列、KBSGZY－T 系列主要供综采工作面使用，后者采用 KBSG－T 系列干式变压器；KSGJY－□/6 系列则供掘进工作面使用，其干式变压器为三相绕组变压器，其低压馈电组合开关箱包括隔离开关箱、动力控制箱和通风控制箱。

矿用隔爆型移动变电站由高压防爆配电装置供电，高压电源通过电缆逐段连接至移动变电站的高压真空开关，其高压侧的过载、短路、欠压以及电缆绝缘故障、漏电故障等均由高压防爆配电装置进行保护。

下面主要介绍 KBSGZY－□/10（6）系列矿用隔爆型移动变电站。

KBSGZY－□/10（6）系列矿用隔爆型移动变电站是煤矿井下供电、变电设备，是由矿用隔爆型干式变压器、矿用隔爆型（移动变电站用）高压负荷开关或高压真空开关、矿用隔爆型（移动变电站用）高压电缆连接器和矿用隔爆型（移动变电站用）低压馈电开关或低压电源保护箱组合而成的移动式成套变配电装置。

（1）型号及含义如下：

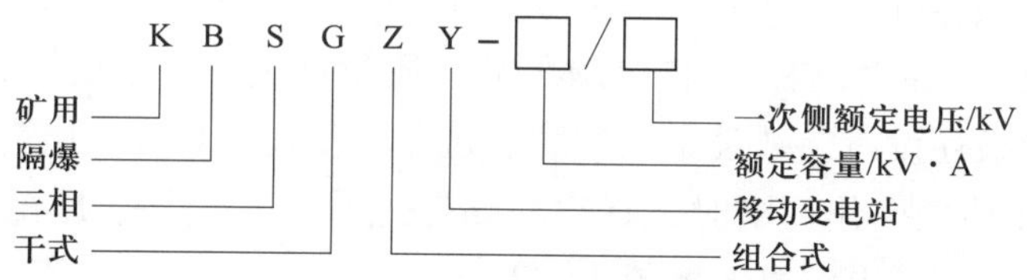

（2）结构特点。KBSGZY－□/10（6）系列矿用隔爆型移动变电站（见图 5－19）的高压负荷开关或高压真空开关、干式变压器和低压馈电开关分别用螺栓连接成一体。高压电源经高压电缆连接器接到高压负荷开关或高压真空开关；低压电源经电缆引入装置，可以接到 1 140 V、120 mm^2 及以下矿用屏蔽电缆。当拆下高低压开关，分别装上高低压电缆接线盒，可组成 KBSG 系列矿用隔爆型干式变压器。

图 5－19　KBSGZY－□/10（6）系列矿用隔爆型移动变电站

移动变电站主变压器为 H（C）级绝缘干式变压器。箱体采用钢板焊制而成，箱体两侧面采用瓦楞状钢板结构以增加散热面积，箱体和箱盖、箱盖与高低压开关之间均有隔爆接合面。

移动变电站箱体上部预留 4 个大吊板孔供整体起吊之用，起吊时钢索与垂线夹角不得大于 30°，4 个大吊板孔必须同时使用。箱盖上部各有 2 个小吊板，用于检修和装配时起吊箱盖。

箱体下部装有小车，出厂时按 900 mm 轨距装配，如需调整轨距为 600 mm，只需将内侧的护管移至外侧。箱体靠铭牌侧焊有外接地螺栓，并焊有接地牌“⏚”供连接地线之用，同时要把三大组成部分的接地螺栓接在一起。

在干式变压器上部设有热敏元件，用来控制变压器允许运行的温度，变压器允许温度不得超过 125 ℃。

①高压真空开关 KBGZ（KJG）－□/10（6）Y。图 5－20 左侧所示高压真空开关主要由隔爆箱、高压永磁断路器和智能型综合保护器（包括液晶显示屏）三大部分组成。隔爆箱分接线箱、隔离刀闸箱和断路器箱 3 个箱体，隔爆箱由箱体、箱门、盖板等组成。

箱体为长方形，中间隔板将整个箱体隔成 3 个防爆腔室。上腔接线腔左右两侧各有一只高压电缆引入装置。上腔隔离开关腔装有一只刀闸隔离开关，并有高压电源指示装置和观察窗。下腔装有信号取样单元和真空断路器，断路器由左右 2 根导条导入，并可以通过 2 根导条固定。箱体右侧板上设有隔离开关分合闸手柄、断路器机械合闸手柄、机械闭锁装置等。

真空断路器采用技术先进的智能化单片机控制器和人机屏（液晶显示器及操作键盘）系统，采样精度高，抗干扰能力强，动作灵敏可靠，质量稳定，参数设置灵活方便，运行及故障画面直观简明。面板还设有参数设定、过载、短路、复位、急停、电合、电分、手分按钮，用于实现参数设定和功能操作。同时，真空断路器上装有真空管、压敏电阻和电源变压器，其二次控制线与箱体、箱门上的二次控制线相互通信。

②低压保护箱 BXB－□/□Y。图 5－20 右侧所示低压保护箱机壳用钢板焊成，箱体上部是隔爆型接线腔，接线腔左右两侧各有 2 个电缆引入装置；主腔内设有保护器，所有故障均通过信号线驱动高压侧真空断路器分断主电路，采用先进的人机屏进行电量参数显示及故障显示，用人机对话方式进行参数设置。

（3）接线及要求。

①高压分接电压调整。如需变换高压线圈分接电压，切除高低侧电源后，打开箱体上部分接线盒盖，即可在内部接线板上变换连接片。

②低压输出电压变换。移动变电站可在切除电源后，变换低压联结组别，此时须拆下低压调压腔上盖，在低压接线板上变换联结组，如图 5－20 所示。

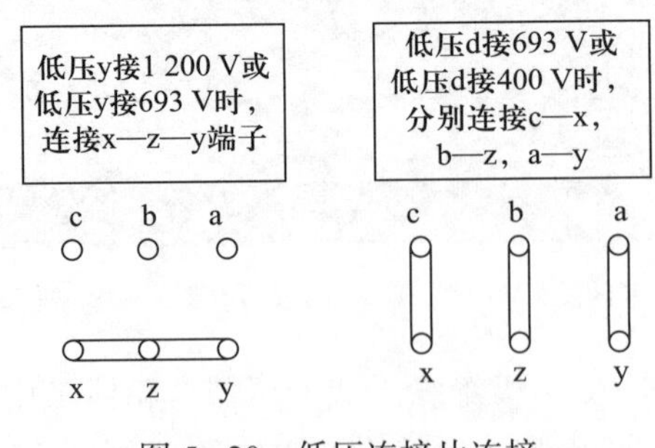

图 5－20　低压连接片连接

（4）KBSGZY－□/10（6）系列矿用隔爆型移动变电站技术参数见表 5－15。

表 5–15　　KBSGZY–□/10（6）系列矿用隔爆型移动变电站技术参数

型号	额定容量/kV·A	额定电压及分接电压			联结组标号	损耗/W		空载电流/%	短路阻抗/%	参考质量/kg	参考外形尺寸（长×宽×高）/（mm×mm×mm）
		高压/kV	高压分接/%	低压/kV		空载	负载				
KBSGZY–100/6	100	6	±5	1.2(0.693)	Yy0 (d11)	470	920	2.5	4	2 600	3 700×1 050×1 370(1 550)
KBSGZY–200/6	200					740	1 550	2		2 920	3 810×1 050×1 420(1 600)
KBSGZY–315/6	315					990	2 150	1.8		3 200	3 880×1 050×1 470(1 650)
KBSGZY–400/6	400					1 170	2 600	1.8		3 580	3 980×1 050×1 520(1 700)
KBSGZY–500/6	500					1 350	3 100	1.5		4 240	4 170×1 050×1 570(1 750)
KBSGZY–630/6	630					1 620	3 680	1.5		4 430	4 370×1 050×1 620(1 800)
KBSGZY–800/6	800					1 850	4 500	1.0		4 700	4 490×1 080×1 580(1 760)
KBSGZY–1000/6	1 000					2 100	5 400	1.0		5 540	4 450×1 120×1 590(1 770)
KBSGZY–1250/6	1 250			1.2	Yy0	2 480	6 500	1.0		6 300	4 640×1 150×1 590(1 760)
KBSGZY–1600/6	1 600					3 000	8 000	0.8		7 860	4 710×1 180×1 660(1 840)
KBSGZY–2000/6	2 000					3 400	9 500	0.6	4.5	9 400	4 790×1 200×1 760(1 940)
KBSGZY–1250/6/3.45	1 250			3.45	Yy0	2 480	6 500	1.0	4	6 300	4 640×1 150×1 590(1 760)
KBSGZY–1600/6/3.45	1 600					3 000	8 000	0.8	4	7 860	4 710×1 180×1 660(1 840)
KBSGZY–2000/6/3.45	2 000					3 400	9 500	0.6	4.5	9 400	4 790×1 200×1 760(1 940)
KBSGZY–2500/6/3.45	2 500					4 050	10 600	0.6	5	9 880	4 890×1 260×1 790(1 970)
KBSGZY–3150/6/3.45	3 150					4 750	12 500	0.6	6	12 080	4 980×1 350×1 840(2 030)
KBSGZY–4000/6/3.45	4 000					5 500	14 000	0.6	6	13 208	5 100×1 400×1 940(2 120)
KBSGZY–100/10	100	10	±5	1.2(0.693)	Yy0 (d11)	500	1 050	2.5	4	2 720	3 800×1 050×1 420(1 600)
KBSGZY–200/10	200					850	1 800	2.0		3 050	3 870×1 050×1 470(1 650)
KBSGZY–315/10	315					1 200	2 500	1.8		3 430	3 980×1 050×1 520(1 700)
KBSGZY–400/10	400					1 350	3 000	1.8		3 730	4 120×1 050×1 570(1 750)
KBSGZY–500/10	500					1 600	3 500	1.5		4 380	4 190×1 050×1 620(1 800)
KBSGZY–630/10	630					1 800	4 100	1.5		4 630	4 230×1 050×1 670(1 850)
KBSGZY–800/10	800					2 100	5 100	1.2		5 660	4 300×1 080×1 630(1 810)
KBSGZY–1000/10	1 000					2 350	6 100	1.2	4.5	6 270	4 410×1 120×1 640(1 820)
KBSGZY–1250/10	1 250			1.2	Yy0	2 800	7 400	1.0		6 880	4 550×1 150×1 670(1 850)
KBSGZY–1600/10	1 600					3 450	8 500	1.0	5.5	7 940	4 750×1 180×1 720(1 900)
KBSGZY–2000/10	2 000					4 050	9 700	0.7		9 580	4 850×1 200×1 750(1 930)
KBSGZY–2500/10	2 500					4 700	10 800	0.7	5.5	10 880	4 950×1 260×1 830(1 990)
KBSGZY–1250/10/3.45	1 250			3.45	Yy0	2 800	7 400	1.0	4.5	6 880	4 550×1 150×1 670(1 850)
KBSGZY–1600/10/3.45	1 600					3 450	8 500	1.0	5	7 940	4 750×1 180×1 720(1 900)
KBSGZY–2000/10/3.45	2 000					4 050	9 700	0.7	5	9 580	4 850×1 200×1 750(1 930)

续表

<table>
<tr><th rowspan="2">型号</th><th rowspan="2">额定容量 / kV · A</th><th colspan="3">额定电压及分接电压</th><th rowspan="2">联结组标号</th><th colspan="2">损耗 /W</th><th rowspan="2">空载电流 / %</th><th rowspan="2">短路阻抗 / %</th><th rowspan="2">参考质量 / kg</th><th rowspan="2">参考外形尺寸（长 × 宽 × 高）/（mm × mm × mm）</th></tr>
<tr><th>高压 / kV</th><th>高压分接 /%</th><th>低压 /kV</th><th>空载</th><th>负载</th></tr>
<tr><td>KBSGZY–2500/10/3.45</td><td>2 500</td><td rowspan="5">10</td><td rowspan="5">± 5</td><td rowspan="5">3.45</td><td rowspan="3">Yy0</td><td>4 700</td><td>10 800</td><td>0.6</td><td rowspan="2">5.5</td><td>10 880</td><td>4 950 × 1 260 × 1 830(1 990)</td></tr>
<tr><td>KBSGZY–3150/10/3.45</td><td>3 150</td><td>5 500</td><td>12 800</td><td>0.7</td><td>13 200</td><td>5 050 × 1 350 × 1 950(2 130)</td></tr>
<tr><td>KBSGZY–4000/10/3.45</td><td>4 000</td><td>6 300</td><td>15 000</td><td>0.7</td><td rowspan="3">6</td><td>15 200</td><td>5 100 × 1 400 × 2 020(2 200)</td></tr>
<tr><td>KBSGZY–5000/10/3.45</td><td>5 000</td><td rowspan="2">Dy11</td><td>7 300</td><td>17 600</td><td>0.6</td><td>17 080</td><td>5 150 × 1 450 × 2 150(2 350)</td></tr>
<tr><td>KBSGZY–6300/10/3.45</td><td>6 300</td><td>8 500</td><td>20 000</td><td>0.6</td><td>19 580</td><td>5 200 × 1 500 × 2 300(2 500)</td></tr>
<tr><td>轨距 /mm</td><td colspan="3">600 或 900</td><td colspan="2">额定频率 /Hz</td><td colspan="4">50</td><td>相数</td><td>3</td></tr>
</table>

注：1. 负载损耗和短路阻抗为 145 ℃（绝缘耐热等级与 H 级的参考温度）时之值。

2. 质量与外形尺寸为移动变电站配置高压真空开关和低压保护箱时之值。

3. 根据用户需要，可提供联结组标号为 Dyn11、Dy11 及其他电压组合和联结组标号产品。

4. 括号内高度为装轮后高度，表中质量为不含轮质量，600 mm 车轮 / 套重 115 kg，900 mm 车轮 / 套重 125 kg。

（5）移动变电站的操作。由高压真空开关、干式变压器、低压保护箱组成的移动变电站按以下步骤操作：

①隔离开关合闸。首先从高压电源观察窗观察前级有无高压电源，然后按住机电闭锁按钮，操作隔离开关手柄至“合闸”位置，松开闭锁按钮使之进入限位凹槽。隔离开关合闸后，系统进行自检，正常状态下自检完毕后显示运行画面，然后观察人机屏电压值是否在允许范围内。观察低压保护箱人机屏显示是否正常，正常后进行参数整定，复位待机。

②断路器合闸。顺时针转动储能手柄，反复转动几次（小范围）即可完成合闸。按电动合闸按钮，合闸电机启动，电合接触器保持至完成合闸。合闸后人机屏合闸灯亮，储能手柄将进入分离位置，辅助开关合闸电机回路接点打开，防止重复启动及储能。若出现故障，先仔细观察高压侧人机屏显示的故障原因，再观察低压侧人机屏显示的故障原因。故障排除并复位后，再次合闸。若故障未排除，不可重复合闸。

③断路器分闸。任何高低压保护范围内的故障均可使断路器自动分断，保护器将记忆故障原因，直至故障排除。人为分断可按电分、自检按钮，通过综合保护器实现继电器分断；按下闭锁按钮，通过控制失压电磁铁回路使断路器分断；按下手动分断按钮可实现机械快速分断。移动变电站可通过低压侧试验按钮实现分断高压侧电源。

三、矿用变压器运行中的检查与维护

1. 矿用动力变压器的检查与维护

只有定期对变压器进行检查，随时掌握变压器的运行情况，及时发现问题，及时处理，才能保障变压器安全、可靠地运行。针对井下中央变电所和采区变电所的变压器，通常规定由电工定期检查（每天最少检查 1 次），检查的主要内容如下：

（1）变压器安装处是否通风良好、安全，是否具备绝缘用具和防火器材。

（2）变压器有无变形和锈蚀，是否清洁、无淋水，周围有无杂物。

（3）油箱及各密封处有无渗油、漏油现象。

（4）观察油位、油色是否正常，油面应指示在油位计的 1/4 ～3/4 处。检查油位时，应注意油标是否失灵，油孔是否堵塞。

（5）电缆接线盒密封是否正常。

（6）接地是否牢固，接地线有无腐蚀、断股现象。

（7）上部油的温度是否正常。

（8）检查瓷套管是否清洁和完整，有无裂纹或放电痕迹。

（9）注意变压器声音是否正常。

2. KSGB 系列矿用隔爆型干式变压器的检查与维护

（1）严禁带电开盖，严禁损伤隔爆接合面。

（2）长期运行时，定期（每 6 个月）检查和保养各隔爆接合面，涂防锈油，防止隔爆接合面锈蚀，并进行必要的绝缘试验。定期检查外壳有无损伤，电缆在出线装置中是否牢靠，接地装置是否完整牢固。

（3）在变压器箱壳上层气腔内设置温度继电器，如温度过高将会发出警报，此时应立即切除负荷，检查故障原因，待故障排除后再合闸。

（4）严禁带电操作高压电缆连接器，在断电后必须确保无残压时，方可拆卸部件。拆下连接器中间壳体的法兰后，如需保持一段时间，应用密封端子盖好，并用密封垫圈密封，以防潮气进入。

（5）若长期停置不用，使用前应对产品做绝缘性能试验。对产品进行维修时，应进行以下 4 项操作：

①对隔爆接合面进行防腐处理；

②壳体水压试验；

③对铁芯、绕组进行中间试验；

④对已烧毁的绕组进行重新绕制、修复。

3. KSG 系列矿用隔爆型干式变压器的检查与维护

（1）隔爆接合面的检修。

①干式变压器隔爆接合面必须符合以下隔爆要求：a. 箱盖与箱沿的隔爆接合面宽度不小于 25 mm；b. 隔爆间隙不大于 0.2 mm；c. 表面粗糙度不大于 6.3 μm；d. 自箱沿有效平面内缘至螺栓孔边的距离应为 10～20 mm；e. 螺栓须有锁固装置。

②隔爆接合面有锈迹时，应用油石打磨。若凹痕不能用打磨法去除，可利用车床加工，但除去隔爆接合面的法兰厚度不得超过维修余量的数值。隔爆接合面修复后应做防锈处理。

（2）器身的检修。干式变压器器身的修理工艺可参照油浸式电力变压器器身修理工艺进行，但在绝缘处理中，所选用的绝缘材料应满足原绝缘等级的要求。

①穿心螺杆的绝缘电阻（用 1 000 V 兆欧表）应不低于 2 MΩ，并应用交流 50 Hz、电压 1 000 V 做耐压试验 1 min。

②铁芯与轭铁必须清洁无油污，与外壳连接牢固并应接地。

③铁芯各部螺栓紧固，不经常拆卸的部位应用螺帽拧紧，不要用弹簧垫圈。

④重绕高低压线圈时，铜线截面应与原截面相同，并采用耐高温的绝缘材料，使线圈绝缘符合原设计要求。重绕线圈时，应采用聚酰亚胺浸渍漆，溶剂为二甲基乙酰胺（或二甲基甲酰胺）。线圈烘干时的起始温度为 70～80 ℃，然后以 20 ℃ /h 的速度逐步升温到 200 ℃，保持 6 h。

（3）装配要求如下：

①线圈固定可靠，撑条不松动、不位移，绝缘无损伤。

②经检修后变压器内部裸露带电部分之间、裸露带电部分与外壳之间空气隙：660 V 不小于 10 mm，127 V 不小于 6 mm。

③高低压接线板进出接线端子用电缆经出线管引出，此出线管应能可靠地将电缆密封，并装有压紧装置。

第四节　矿用隔爆型真空馈电开关

煤矿井下低压配电网络的配电设备主要有矿用隔爆型真空馈电开关和矿用隔爆型照明信号综合保护装置。

矿用隔爆型真空馈电开关用于干线电路中电能配送，对线路的过载、短路、欠压、漏电等具有保护作用。这种开关具有脱扣装置，可自动跳闸，也称自动馈电开关，主要用在煤矿井下低压配电线路中。

矿用隔爆型照明信号综合保护装置可对井下 127 V 照明信号及其他负荷的电源进行控制，具有短路保护、漏电保护、漏电闭锁及电缆绝缘危险指示等综合性保护功能。

本节主要介绍矿用隔爆型真空馈电开关。

一、简介

矿用隔爆型真空馈电开关相当于 1 个三相刀闸开关，主要用于线路的接通和分断。因为矿用隔爆型真空馈电开关控制的电流很大，通断电流时将产生较大的电弧，所以馈电开关分断电流要用灭弧能力较强的断路器。

1. 使用要求

矿用隔爆型真空馈电开关适用于海拔不超过 2 000 m、周围环境温度为 －5～40 ℃、相对湿度不大于 95%（25 ℃）、含有爆炸性气体（甲烷混合物）的环境中，场所内应无破坏金属和绝缘材料的腐蚀性气体，无剧烈振动和冲击，无滴水及其他液体进入开关内部，垂直面安装倾斜度不超过 15°。

在交流 50 Hz，额定电压为 1 140 V、660 V、380 V，额定电流分别为 400 A、500 A、630 A 的中性点不接地三相电网中，矿用隔爆型真空馈电开关可作为供电系统的总开关、分支开关，或作为矿用隔爆型移动变电站用馈电开关（打开后盖板与移动变电站对接），也可用于大容量电动机不频繁启动。

矿用隔爆型真空馈电开关主要有 KBZ 系列、KJZ 系列、BKD 系列等几种。国产新型的矿用隔爆型真空馈电开关的共同特点是采用真空断路器，从控制保护装置来看，多数采用微电脑控制，少数采用电子控制保护装置，使用条件、操作方式、控制方式和主要功能类似。作为分路馈电开关使用时，矿用隔爆型真空馈电开关具有选择性的漏电保护功能。从额定容量来讲，额定电流为 630 A 的 1 140 V 矿用隔爆型真空馈电开关已经投入市场。总体而言，矿用隔爆型真空馈电开关工作的可靠性能进一步提高，体现了我国煤矿电气设备制造水平的提升。

2. 分类及特点

矿用隔爆型真空馈电开关分为常规型和智能型两种。

（1）常规型矿用隔爆型真空馈电开关的特点如下：

①采用模拟功能插件，具有过流保护、短路保护、欠压保护、漏电保护、漏电闭锁等功能；漏电保护和漏电闭锁采用直流附加法原理，漏电检测回路安全可靠。

②采用大功率发光二极管直观显示合闸、分闸及各种故障状态。

③开关设备有试验开关，可对控制线路和保护线路进行检查。

（2）智能型矿用隔爆型真空馈电开关的特点如下：

①采用智能综合保护装置，具有过载保护、短路保护、欠压保护、过压保护、三相不平衡（包括断相）保护、分开关的选择性漏电保护及漏电闭锁、总开关的漏电保护和漏电闭锁等功能；

②增加选择性漏电保护功能（采用零序电流方向型原理），作为分支开关使用时，若支路发生漏电故障，本支路开关保护跳闸，而其他支路开关和总开关均不会跳闸（注：作为分开关使用时，可以与常规型和智能型两种型号的总开关配套使用）；

③采用大功率发光二极管直观显示合闸、分闸和闭锁状态，并配有汉字液晶显示，实时显示系统电压、三相电流、分合闸情况和绝缘电阻值，同时具有故障记忆功能；

④开关设备有漏电试验和过流试验按钮，可随时检测馈电开关保护功能。

3. 型号及主要技术参数

矿用隔爆型真空馈电开关为矿用隔爆型，防爆标志是 Ex db Ⅰ Mb。

（1）型号及含义。

① KBZ □ – □ /1140（660）Z 矿用隔爆型真空馈电开关的型号及含义如下：

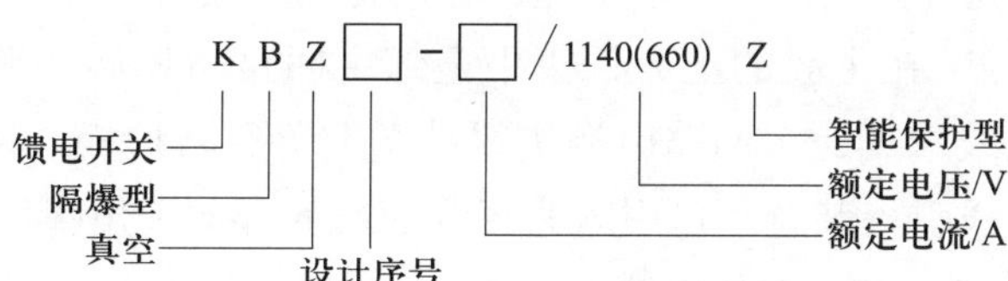

② KJZ5 □ － □ /1140（660）矿用隔爆兼本质安全型馈电开关的型号及含义如下：

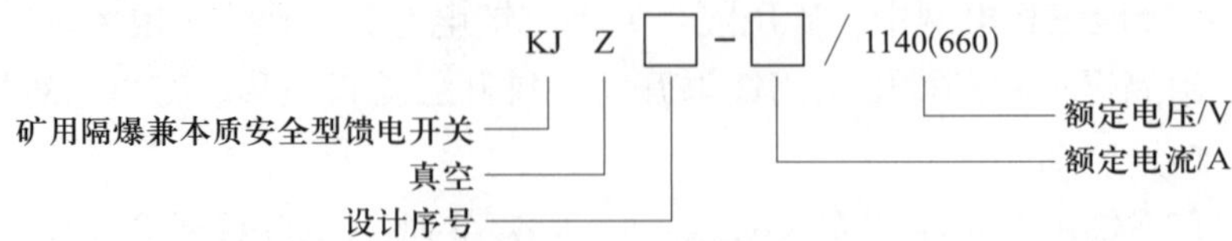

③ BKD □ －500、630/1140 Y 矿用隔爆型真空馈电开关的型号及含义如下：

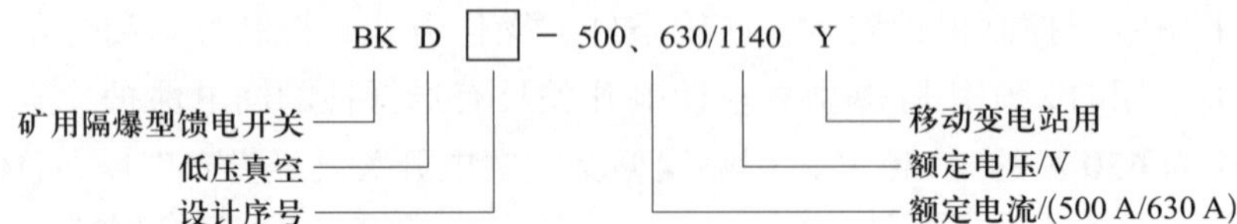

（2）主要技术参数见表 5－16。

表 5－16　　主要技术参数

额定电压 /V	额定电流 /A	极限通断能力 /kA	额定电压 /V	额定电流 /A	极限通断能力 /kA
660	400	9	1 140	400	7.5
	500	12.5		500	9
	630	15		630	12.5

二、KBZ-400（200）/1140（660）智能型矿用隔爆型真空馈电开关

KBZ－400（200）/1140（660）智能型矿用隔爆型真空馈电开关采用汉字液晶显示智能保护器，适用范围广，保护精度高，具有故障显示功能，是新一代汉字显示智能化开关。

1. 功能特点

（1）KBZ－400（200）/1140（660）智能型矿用隔爆型真空馈电开关采用真空断路器分合主电路，电磁合闸，机械保持，远方分励脱扣、欠压脱扣，维修量小，工作可靠，寿命长。

（2）该馈电开关可实现自动控制，保护功能完善，具有欠压保护、失压保护、过载保护、短路保护、三相不平衡保护、漏电闭锁、瓦斯电闭锁、对称性漏电保护、选择性漏电保护功能，并可外接远方分励脱扣按钮。

（3）该馈电开关具有 RS－485 通信接口，与 KJ 系列煤矿电力电网监控系统连接，可以远程自动控制及监测、监控电力设备，实现变电所无人值守等现代化管理。

2. 结构特征

该馈电开关整机由外壳、控制板、断路器组成，如图 5－21 所示。外壳呈方形，用 4 只螺栓与底座相连，隔爆外壳分为上、下 2 个空腔，分别为接线腔与主腔。

接线腔（见图 5－22）在主腔的上方，集中全部主回路与控制回路（远方分励、高压闭锁、风电闭锁）的进出线端子，主回路电源进线端子上罩有防护板。接线腔两侧各有 2 个主回路输入接线和输出接线引入装置，可引入直径为 30～63 mm 的电缆；后面有 4 个控制线引入装置，可引入直径为 12～19 mm 的电缆。

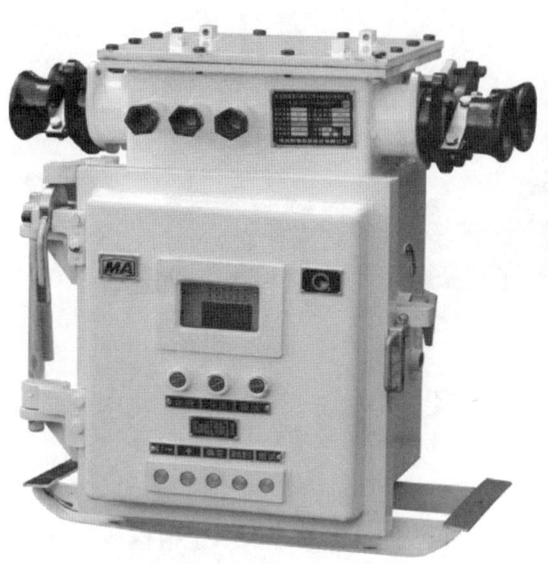

图 5－21　KBZ－400（200）/1140（660）智能型矿用隔爆型真空馈电开关

图 5－22　接线腔

X1、X2、X3—三相输入端　D1、D2、D3—三相输出端
FD—辅助接地线端子
1、2—RS－485 通信 A、B 端　3—瓦斯闭锁端
4—风电瓦斯电闭锁公共端　5—风电闭锁端
6、7、8、9—断路器辅助触点

主腔由主腔壳体与前门组装而成，主要装有主体芯架和千伏级电源控制开关，如图 5－23 所示。前门采用快开门结构，前门关闭时，前门与壳体由上下扣块与左右齿条扣住。前门打开时，前门支承在壳体左侧的铰链上。主腔内装有真空断路器、万能转换开关、电流互感器、三相电抗器、阻容吸收装置等元件，如图 5－24 所示。智能化微机综合保护装置安装在前门上。控制板采用活页结构，拆卸方便。控制板背面装有控制变压器、熔断器、继电器、整流桥及控制按钮等元件。

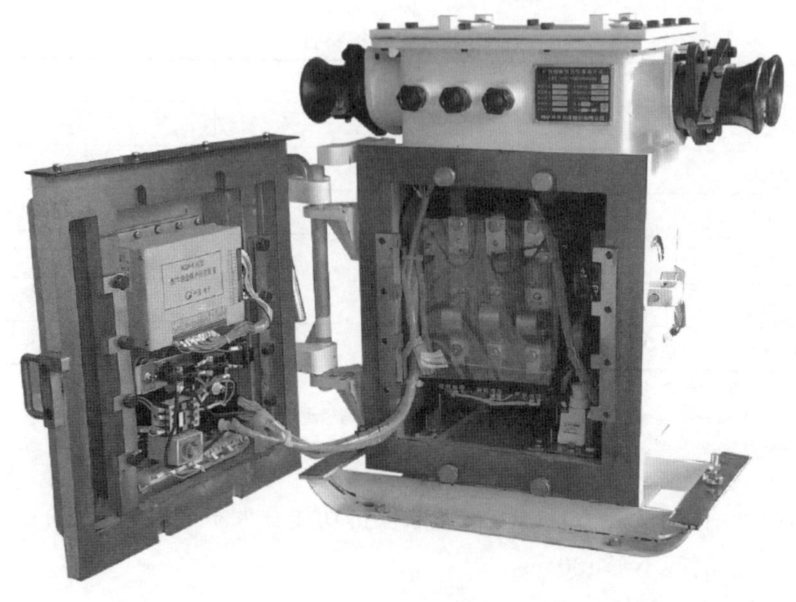

图 5－23　主腔

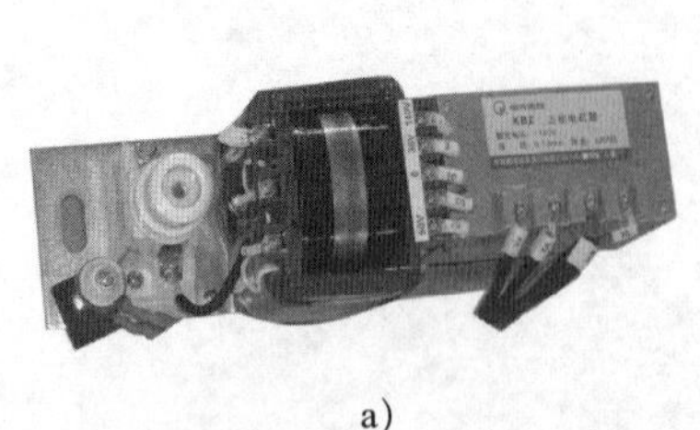
a)

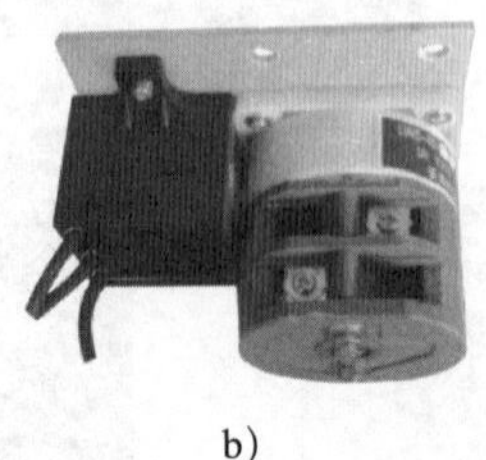
b)

c)

图 5－24　主腔内部元件

a）三相电抗器　b）万能转换开关　c）真空断路器

馈电开关前门上有“合闸”“分闸”“漏试”“↓/→”“+”“确定”“取消/复位”“短试”8个按钮实现电气分闸、通信分闸、机械分闸，以及人机界面的定值查询、定值修改、现场测试、时间记录等操作。

3. 主要技术参数

（1）额定工作电压：660 V（1 140 V）。当线路电压不低于额定值的 75%，且不高于额定值的 110% 时，开关均能可靠地工作。

（2）额定工作电流：400 A（200 A）。

（3）短路分断电流：9 000 A/660 V，7 500 A/1 140 V。

4. 主要技术性能

（1）过流保护。过流保护具有反时限特性，近端出口短路采用大电流无压释放保护电路。反时限过载保护特性见表 5－17。

表 5－17　　反时限过载保护特性

过载电流	动作时间	起始状态
$1.05\times I_e$	120 s 不动作	冷态
$1.20\times I_e$	12～60 s	热态
$1.50\times I_e$	90～180 s	冷态
$2.00\times I_e$	45～90 s	热态
$4.00\times I_e$	14～45 s	冷态
$6.00\times I_e$	8～14 s	热态

注：1. I_e 代表馈电开关上整定的额定电流。

2. 冷态表示断路器处于基准环境温度，从不通电状态到开始通电状态。

3. 热态表示断路器预先在一定的时间内通过一定的负荷，在比基准环境温度高的稳定温度状态。

（2）短路保护。该馈电开关具有短路速断保护功能，大于或等于整定的速断定值所达到的实际电流后，分断时间小于 100 ms。

（3）漏电保护与漏电闭锁保护。

①馈电开关经 1 kΩ 电阻漏电动作时间：a. 作为分开关时，漏电动作时间不大于 30 ms（无延时）；b. 作为总开关时，延时可调。

②当电网每相对地电容不大于 1 μF，分支每相对地电容不大于 0.3 μF 时，馈电开关能可靠地实现选择性漏电保护和漏电闭锁保护，其动作值见表 5－18。馈电开关经 1 kΩ 电阻漏电时能有选择性地实现 30 mA · s 的安全保护指标。

表 5－18　　漏电保护与漏电闭锁保护动作值

主电路额定电压 /V	漏电动作电阻整定值 /kΩ	漏电闭锁动作电阻整定值 /kΩ	经 1 kΩ 电阻漏电动作时间（无延时）/ms
660	11	22	≤ 30
1 140	20	40	≤ 30

③当馈电开关负荷侧绝缘电阻低于 40 kΩ+8 kΩ（20%×40 kΩ）（1 140 V）、22 kΩ+4.4 kΩ（20%×22 kΩ）（660 V）时，总开关、分支开关均能可靠地实现漏电闭锁功能。

（4）断相和三相不平衡保护。当设备热态一相电流为零，任意两相电流为整定电流的 1.05 倍时，则显示断相，经延时输出跳闸信号，动作时间＜ 20 min；当设备热态一相电流为整定电流的 60% 或 1.6 倍，任意两相电流为整定电流时，则显示相不平衡，经延时后输出跳闸信号，动作时间＜ 3 min；当设备冷态一相电流为整定电流的 90%，任意两相电流为整定电流时，则显示相不平衡，经延时后输出跳闸信号，整定电流不大于 63 A 时动作时间大于 1 h，整定电流大于 63 A 时动作时间大于 2 h。

（5）欠压保护。馈电开关具有欠压保护功能，欠压定值设定如下：

①当系统电压等级设为 1 140 V 时，若欠压定值设定为 0.6，则欠压保护动作值为 684 V（1 140 V×0.6）；

②当系统电压等级设为 660 V 时，若欠压定值设定为 0.4，则欠压保护动作值为 264 V（660 V×0.4）；

③欠压延时、漏电检测延时的单位是 s，精度为 0.01 s。

（6）瓦斯电闭锁保护。馈电开关的综合保护装置预留了瓦斯电闭锁保护接口，可外接瓦斯断电仪等设备。当瓦斯浓度超限时，断电仪保护动作，其常开接点闭合或常闭接点打开，馈电开关将做出瓦斯电闭锁保护动作。

5. 工作原理

KBZ－400（200）/1140（660）智能型矿用隔爆型真空馈电开关电气原理如图 5－25 所示。通过门板上的钮子开关，开关系统可设置为总开关或分开关。

分合闸的具体动作如下：

（1）合上转换开关 HK，控制变压器 BK 得电，SJ 得电，保护器 WZBK－6DG 得电工作并开始对外围进行检测。若有故障，保护器将闭锁，开关不能合闸；若正常，J4 触点闭合，J3 触点闭合，失压线圈 S 得电，为合闸做好准备。

（2）合闸。按下合闸按钮 HA，中间继电器 HZ 吸合，断路器 DL 的合闸线圈 HT 得电，DL 合闸。合闸信号由 DL4 送入保护器，此时保护器分别从电流互感器 DH 和变压器 BK 上

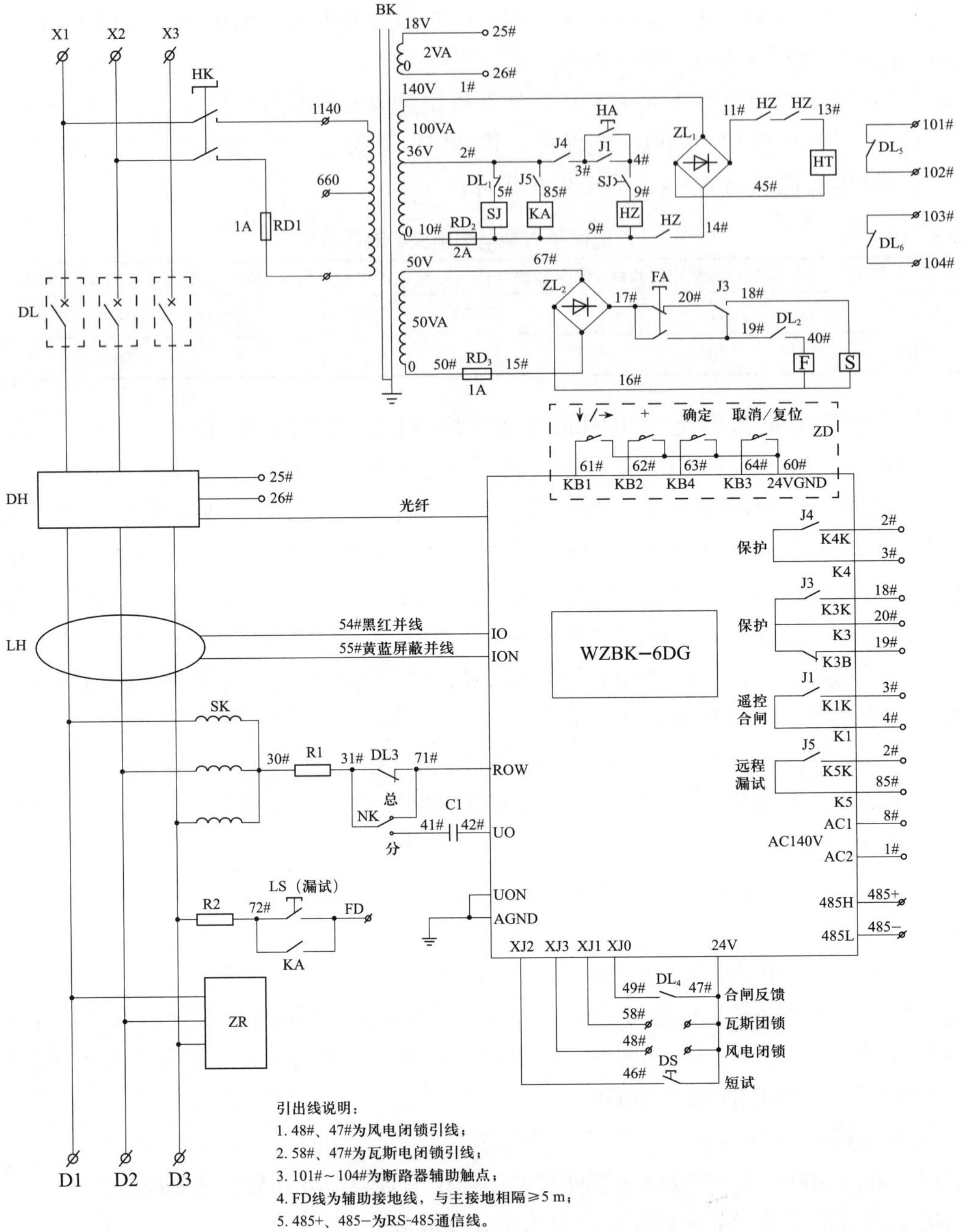

图 5-25　KBZ-400（200）/1140（660）智能型矿用隔爆型真空馈电开关电气原理

采集电流和电压信号并显示出来。钮子开关打向分开关时，保护器分别从零序电流互感器 LH 和电容 C1 上采集零序电流和零序电压信号，用于功率方向型选择性漏电保护。保护器的相关端口采集附加直流检测信号，用于合闸前的漏电闭锁保护和总开关合闸后的漏电保护。

断路器合闸工作后，一旦检测到漏电、过流、过（欠）压、断相等故障，保护装置的 J3 断开，断路器失压线圈 S 失电，分励线圈 F 得电，欠压与分励线圈工作，带动机械维持机构

脱扣，断路器分闸，显示器显示故障跳闸并记忆故障，按下合闸按钮断路器也不启动。只有按下复位按钮，故障复位后，才能再次合闸。

在合闸状态将手柄打在“试验”位置，可以通过“漏试”“短试”按钮模拟漏电、短路故障。

（3）分闸。分闸时按下分闸按钮 FA，分励线圈 F 得电，同时失压线圈 S 失电，断路器分闸。

在分闸状态，若负荷侧与外壳间绝缘电阻小于漏电闭锁值，显示器显示“漏电闭锁”和电阻值。当按下合闸按钮时，若绝缘电阻大于漏电闭锁值，则自动复位。风电闭锁和瓦斯电闭锁动作使开关跳闸后，只有风电闭锁和瓦斯电闭锁解除，馈电开关方能重新启动。

6. 智能化微机综合保护装置

KBZ－400（200）/1140（660）智能型矿用隔爆型真空馈电开关采用的是 WZBK－6DG 型智能化微机综合保护装置（简称 WZBK－6DG 保护装置，见图 5－26），该综合保护装置是新型高性能微机监控保护系列产品之一，主要应用于工业系统交流 50 Hz、标称电压为 380 V、660 V、1 140 V 及以上的电网中，可提高供电可靠性。

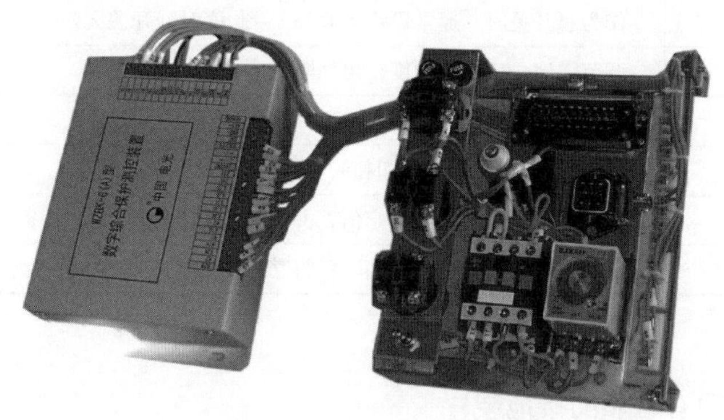

图 5－26 WZBK－6DG 型智能化微机综合保护装置

（1）主要技术参数。

额定电压：380 V、660 V、1 140 V。

额定电流：400 A。

极限分断电流：9 000 A/660 V，7 500 A/1 140 V。

短路保护动作时间：＜ 30 ms。

（2）保护装置原理及特点。WZBK－6DG 保护装置利用电子式互感器和光纤实现保护装置主机与互感器的数字通信，结构简单，最大的优势是省去了电流互感器的二次线，防止电流互感器二次开路带来的过电压烧毁保护器主机。电子式互感器采用电流互感器和电子电路联合设计思想，将电子电路直接植入互感器内部，电子式互感器对外的接口只有供电电源和光纤通信接口。电子式互感器采用电子密封胶浇注，抗振动和耐高低温的性能特别优越。电子式互感器采用多重抗电磁干扰技术，完全解决了因电磁干扰造成电子互感器工作不稳定的问题，使电子式互感器和传统互感器有着相同的使用寿命。

WZBK－6DG保护装置以32位单片机为核心，辅以工业级外围芯片、精密小型互感器、小型专用继电器，运用科学的算法，使保护灵敏可靠，测量精度高；能存储一套定值，可在线查询、修改，并具备事件顺序记录及事件遥测、遥信远传等功能；具有完备的自检功能，故障定位到主要芯片。

WZBK－6DG保护装置的保护定值整定见表5－19。

表5－19　WZBK－6DG保护装置的保护定值整定

整定值名称	整定范围
速断整定	一般整定为额定电流的8～10倍
速断延时	根据需要设置为0～8 s
欠压整定	一般设定为电源电压的30%～70%
欠压延时	根据需要设置为0～20 s，一般设定为3～5 s
过压整定	一般设定为电源电压的110%～140%
过压延时	根据需要设置为0～20 s
漏电检测电阻	总开关漏电动作允许上限值
漏电检测延时	作为总开关时，通常设定为0.35 s，此值对分开关无效
监视电压	调节零序电压的灵敏度，出厂默认为5 V
监视电流	调节零序电流的灵敏度，出厂默认为30 mA
风电闭锁延时	风电瓦斯闭锁延时动作时间，根据需要设置为0～20 s
末端短路定值	任两相电流同时大于设定值，并且相位差为180°时，保护动作
相敏保护定值	三相电流同时大于设定值，并且功率因数大于0.98时，保护动作

7. 使用注意事项

（1）馈电开关必须有可靠的接地装置。

（2）只能在系统待机状态下修改及查看参数。

（3）运行中当检测到网络无附加直流电压时，馈电开关仍具有选择性漏电判断功能，但动作值不准确。

（4）本机地址设置完毕后，必须重新上电方可生效。

（5）因馈电开关具有漏电检测功能，在同一供电系统中不能将2台或2台以上的馈电开关设定为总开关。

（6）地面检验漏电功能时，在电源侧要对地接入0.1～0.47 μF的分布电容，否则馈电开关可能不动作。

（7）不同保护器的通信协议不同，且门板外线路有所不同，因此严禁更换不同型号的保护器，严禁调换不同型号保护器的门板，否则易引发故障。

三、日常维护和常见故障排除

（1）不得严重碰撞和翻滚馈电开关，储存馈电开关的仓库应无雨雪侵入，空气流通，相对湿度不大于 90%（20 ℃），温度不高于 40 ℃且不低于 –25 ℃。

（2）应有专人使用和维护馈电开关，确保其隔爆性和电气性能完好。应每运行半年对断路器进行一次保养与维修。

（3）定期清除污垢、锈斑，检查接线装置、接地装置是否良好，隔爆接合面涂防锈油，主传动轴加润滑油以防锈蚀。

（4）检查各隔爆接合面间隙，确保达到下列要求：门盖与壳体间隙不大于 0.3 mm，接线箱盖与箱法兰间隙不大于 0.3 mm，操作杆与孔的间隙不大于 0.3 mm。如隔爆接合面间隙超差，应立即采取措施，使之达到标准要求。

（5）在保养和维修馈电开关时，严禁带电开盖，严禁损伤隔爆接合面。

（6）馈电开关常见故障及排除方法见表 5–20。

表 5–20　　馈电开关常见故障及排除方法

故障现象	故障原因	排除方法
液晶无显示，指示灯不亮	①保险丝烧坏 ②电压不正常 ③插头松动 ④保护器损坏	①更换保险丝 ②侧板接线调整至正确电压 ③插好各连接插头 ④更换保护器
保护装置误动作	参数设置不正确	重新输入定值
总开关漏电不动作	①辅助接地线端子未可靠接地 ②参数设置不正确 ③附加直流检测回路不正常或开路	①检查辅助接地线端子接线 ②设置合适的漏电检测电阻值 ③检查三相电抗器、钮子开关等
分开关漏电不动作或误动作	①没有零序电压或零序电流信号 ②参数设置不正确 ③互感器信号输入线位置接错	①检查互感器接线是否开路 ②设置合适的监视电压和监视电流 ③按原理图更正接线
按下合闸按钮后开关不合闸	①按合闸按钮，HZ 吸合，断路器不吸合 ②保护器故障闭锁动作 ③按合闸按钮，中间继电器 HZ 不吸合	①检查断路器 ZL1 整流桥中二极管是否损坏 ②排除保护器显示的相应故障 ③辅助 DL1 触点不通或时间继电器 SJ 损坏
保护器闪屏	保险丝未旋紧，系统电压过低	旋紧或更换保险丝，检查电压等级和接线
测量不准确	电压互感器和电流互感器变比不正确，信号输入线松动	重新输入电压互感器和电流互感器变比，接好信号输入线

第五节　矿用隔爆型照明信号综合保护装置

一、简介

1. 用途

矿用隔爆型照明信号综合保护装置如图 5–27 所示，适用于含有甲烷混合气体、具有爆炸危险的煤矿井下，可作为 127 V 煤电钻、照明及信号负载的供电电源控制设备，具有短路保护、漏电保护及电缆绝缘危险指示综合性保护功能。

矿用隔爆型照明信号综合保护装置电气保护采用单片机控制，全中文显示，保护距离长，显示器不但能显示故障的种类，还能显示短路电流的大小或漏电电阻值。矿用隔爆型照明信号综合保护装置采用真空管接触器，具有操作方便、动作可靠、寿命长等优点。矿用隔爆型照明信号综合保护装置逐渐代替了旧式 6 kV · A、8 kV · A、10 kV · A 干式变压器及手动隔爆开关的多体控制方式，电压等级由原来的 660 V/380 V 升到 1 140 V/660 V。

a) b)

图 5－27 矿用隔爆型照明信号综合保护装置

a）ZBZ–2.5（4.0）矿用隔爆型照明信号综合保护装置

b）ZBZ–6（8、10）–1140（660）M 矿用隔爆型智能照明信号综合保护装置

2. 功能

（1）矿用隔爆型照明信号综合保护装置的基本功能如下：

①短路保护。煤电钻在非工作状态下发生短路时，综合保护装置可实现短路闭锁；煤电钻在工作状态下发生短路时，综合保护装置可实现跳闸并闭锁。该综合保护装置具有故障显示及自检试验功能，且设有熔断器作为后备保护。

②漏电保护。该综合保护装置具有绝缘监视功能，发生漏电时可实现闭锁，工作状态下发生漏电可自动跳闸保护并自锁，同时具有故障显示及自检试验功能。

③照明漏电保护。若照明回路在工作时发生漏电故障，该综合保护装置可自动跳闸并切断电源。

④照明短路保护。若照明回路在工作时发生短路故障，该综合保护装置可自动跳闸并切断电源，同时设有熔断器作为后备保护。

⑤远方控制停送电。该综合保护装置可实现煤电钻远方启停控制，不打钻时电缆不带电。

⑥该综合保护装置具有可靠的机械联锁装置。

（2）智能型综合保护装置的先进功能如下：

①采用中文显示，配合菜单式人机交互界面，操作直观简便。运行时实时显示当前时间、系统电压、开关状态、电流、绝缘电阻值及环境温度。

②电流保护范围宽，可满足 2.5 kW、4 kW、6 kW、8 kW、10 kW 等负荷的需要。

③各项保护功能参数均可以通过菜单选择和调整，适用范围广，保护精度高。

④每次调整的各项保护功能参数均记忆保存，下次上电或系统复位时自动提取上一次设定的参数。智能型综合保护装置能记录并显示 50 次的详细故障信息（包括故障次数、故障时间、故障类型、故障参数值等）。

⑤可选择数据通信接口与监控系统连接。根据需要可以配备 RS－485 或者国内领先的电力线载波通信接口。

⑥采用模块化结构，具备优化的软硬件抗干扰设计，安装、维护方便，使用寿命延长。

3. 型号及含义

煤矿常用的矿用隔爆型照明信号综合保护装置型号是 ZBZ 系列，其型号及含义如下：

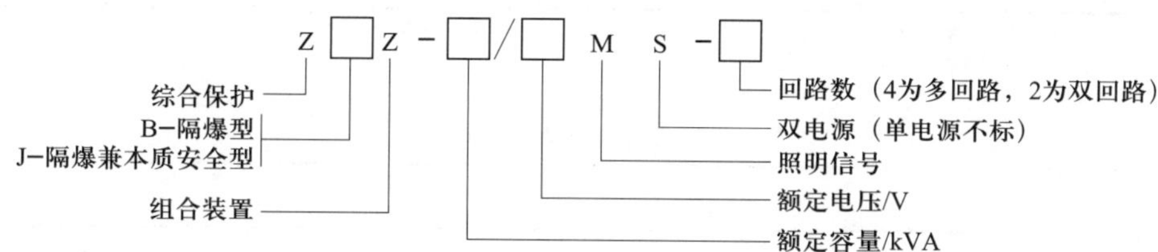

4. 主要技术参数

（1）主变压器（干式）参数见表 5－21。

（2）照明短路保护参数见表 5－22。

（3）信号短路保护参数见表 5－23。

表 5－21　主变压器（干式）参数

<table>
<tr><th>型号</th><th>额定容量 /kV · A</th><th>额定电压 /V</th><th>额定电流 /A</th><th>接线方式</th><th>允许温升 /℃</th><th>绝缘等级</th></tr>
<tr><td>ZBZ−2.5</td><td>2.5</td><td>660、380/133
1 140、660/133</td><td>2.19、3.79/10.85
1.27、2.19/10.85</td><td rowspan="7">Y、△/△</td><td rowspan="7">85</td><td rowspan="7">B</td></tr>
<tr><td>ZBZ−4</td><td>4</td><td>660、380/133
1 140、660/133</td><td>3.05、6.08/17.4
2.02、3.50/17.4</td></tr>
<tr><td>ZBZ−6</td><td>6</td><td rowspan="5">1 140、660/133</td><td>3.03、5.25/
27.77</td></tr>
<tr><td>ZBZ−8</td><td>8</td><td>4.04、6.98/
34.71</td></tr>
<tr><td>ZBZ−10</td><td>10</td><td>5.02、8.72/
43.4</td></tr>
<tr><td>ZJZ−10</td><td>10</td><td>5.02、8.72/
43.4</td></tr>
<tr><td>ZJZ−16</td><td>16</td><td>8.1、13.97/
69.46</td></tr>
</table>

表 5－22 照明短路保护参数

电缆截面面积 / mm^2	保护距离 /m					
	ZBZ–2.5 电流整定值（11 A）	ZBZ–4 电流整定值（18 A）	ZBZ–6 电流整定值（27 A）	ZBZ–8 电流整定值（34 A）	ZBZ–10 电流整定值（43 A）	ZJZ–16 电流整定值（10 A）
10	—	—	1 390	1 290	1 500	—
6	1 100	700	1 030	950	900	—
4	650	450	—	—	—	2 000
2.5	450	250	—	—	—	2 000
1.5	300	150	—	—	—	—
1	200	100	—	—	—	—

注：“—”表示该截面电缆一般不使用。

表 5－23 信号短路保护参数

电缆截面面积 / mm^2	保护距离 /m				
	ZBZ–2.5 电流整定值（4.5 A）	ZBZ–4 电流整定值（5.5 A）	ZBZ–6 电流整定值（4.5 A）	ZBZ–8 电流整定值（4.5 A）	ZBZ–10 电流整定值（4.5 A）
6	1 800	1 800	1 800		
4	1 500	1 400	1 500		
2.5	1 100	850	1 100		
1.5	750	600	—	—	—
1	500	400	—	—	—

注：“—”表示该截面电缆一般不使用。

（4）照明短路保护动作时间小于 250 ms，信号短路保护动作时间小于 400 ms，漏电保护动作时间小于 250 ms。

（5）漏电电阻整定值：ZBZ－2.5（4）型为 2 kΩ ± 0.4 kΩ，ZBZ－6（8、10）型为 1.5 kΩ（1.5～3.0 kΩ 可调）。

（6）漏电闭锁电阻动作值：ZBZ－2.5（4）型为 4 kΩ ± 0.8 kΩ，ZBZ－6（8、10）型为 3 kΩ ± 1 kΩ。

（7）电缆绝缘危险指示值为 11 kΩ ± 2 kΩ。

（8）工作电压允许波动范围：ZBZ－2.5（4）型为额定电压的 85%～110%，ZBZ－6（8、10）型为额定电压的 85%～115%。

二、ZJZ–16（10）/1140（660）MS– □综合保护装置

ZJZ－16（10）/1140（660）MS－ □是矿用隔爆兼本质安全型双电源多回路照明信号综合

保护装置，适用于含有煤尘及爆炸性气体（甲烷）的煤矿井下，为照明或通信设备提供电源控制及过压、欠压、过载、短路、漏电等保护。

该综合保护装置具有微机监控和智能保护功能，以高性能单片机为核心，具有高性能精密变换器，抗干扰能力强，动作可靠，保护灵敏度高。该综合保护装置有良好的人机交互界面，具有中文液晶显示、菜单操作、密码授权、防误操作、查询、修改、故障记忆等功能，具有标准的Modbus协议（一种串行通信协议），可与其他自动化设备对接，是技术比较先进的矿用照明信号综合保护装置。

1. 结构特点

ZJZ－16（10）/1140（660）MS－□综合保护装置（见图5－28）为长方形，外壳由接线腔、主腔与安装脚架组成，接线器位于右侧。主腔又分为控制主腔与主变压器室，控制主腔在前，主变压器室在后方。控制主腔与前门采用横向平面止口快开门结构，主变压器室与前门采用螺栓安装，外壳上接线箱用于引入和引出电缆。

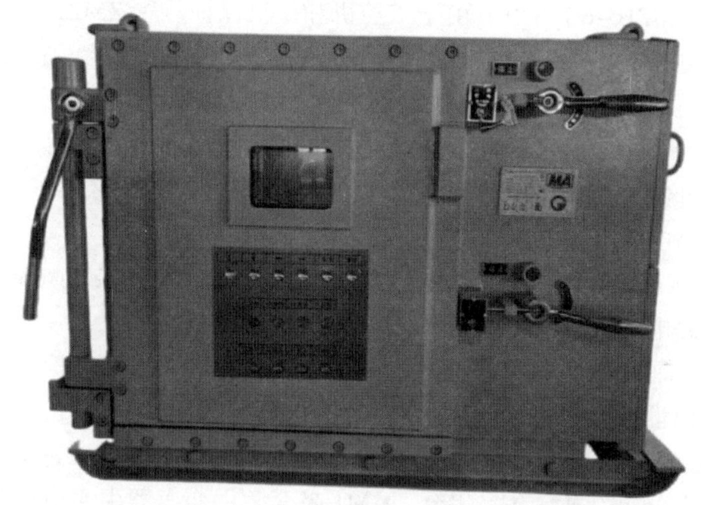

图5－28　ZJZ－16（10）/1140（660）MS－□综合保护装置

该综合保护装置为快开门结构，前门为平面止口式，正前方右侧有2个双回路隔离开关手柄，抬起手柄可以打开主腔门，正前方的左侧设有可靠的机械联锁装置，必须同时把两个手柄转到停的位置，并将联锁杆旋入手柄定位槽内，方能将门盖打开。当隔离开关闭合时，控制主腔前门盖无法打开；当控制主腔前门盖打开时，隔离开关不能闭合。控制主腔前门盖上方设人机交互界面，可以进行参数设定、状态事件查询等。

该综合保护装置可以同时引入两路电源供电，两回路之间在功能上相互独立，且两路电源相互闭锁，一用一备。当主电源有故障或停电时，能自动切换到备用电源，同时可实现选择性的供电，达到节约用电的目的。回路容量可以根据实际情况自由分配，以便于用户使用。该综合保护装置同时具有就地手动控制功能、自动送电功能，以及一般灯和钠灯自由选择使用功能，配合终端保护装置可实现远距离短路保护功能。该综合保护装置的远距离短路保护，信号取样不依赖电流，与电缆长度也无关。

2. 技术参数

（1）额定电压：1 140 V、660 V。

（2）二次电压：133 V。

（3）额定容量：16（10）kV·A。

（4）额定频率：50 Hz。

（5）远控电缆最大长度：300 m。分布电感≤ 1 mH/km，分布电容≤ 0.1 μF/km。

（6）保护装置主回路及信号回路短路保护距离：2 000 m。

（7）防爆标志：Ex db [ib] Ⅰ Mb。

3. 工作原理

ZJZ－16（10）/1140（660）MS－2 型矿用隔爆兼本质安全型双电源多回路照明信号综合保护装置的主电路原理如图 5－29 所示，控制电路原理如图 5－30 所示。

合上主电源和辅电源的隔离开关 QS1、QS2，控制变压器 BKC1、BKC2 分别得电，工控机和微机保护装置 ZMZB－6S 得电。由于工控机和微机保护装置 ZMZB－6S 采用的是双电源供电，只要有一路电源正常，工控机和微机保护装置 ZMZB－6S 都能正常工作。

（1）自动切换模式如下：

①微机保护装置 ZMZB－6S 得电后首先对主辅电源电压进行检测。

②主电源电压正常、辅电源电压不正常时，微机保护装置 ZMZB－6S 的 J11 闭合，KM1 吸合，设备的主回路电源由主电源供电。

③主电源电压不正常、辅电源电压正常时，微机保护装置 ZMZB－6S 的 J16 闭合，KM2 吸合，设备的主回路电源由辅电源供电。

④主电源电压和辅电源电压都正常时，微机保护装置 ZMZB－6S 检测到主电源和辅电源谁先有电，主回路由谁来供电。

⑤首次主辅电源同时供电，微机保护装置 ZMZB－6S 对主辅电源进行检测。a. 主电源电压正常、辅电源电压不正常时，J11 闭合，KM1 吸合，主变压器由主电源供电。b. 辅电源电压正常、主电源电压不正常时，J16 闭合，KM2 吸合，主变压器由辅电源供电。c. 主电源电压和辅电源电压都正常时，主电源优先，J11 闭合，KM1 吸合，主变压器由主电源供电，辅电源作为备用电源。

⑥主回路供电电源出现故障或停电时，微机保护装置 ZMZB－6S 能自动把 J11 释放，J16 闭合，主回路供电电源自动切换到另一路供电。主回路供电正常后，微机保护装置 ZMZB－6S 检测各回路负载绝缘电阻值，若绝缘电阻值正常，微机保护装置 ZMZB－6S 保护接点闭合，允许回路启动。

⑦按下各个回路的启动按钮，微机保护装置 ZMZB－6S 的各个回路启动点吸合，对应的接触器 KM 吸合。各个回路之间相互独立，当其中一个回路出现故障时，不会影响其他回路的正常工作。

⑧当选择自动送电或根据设置的时段自动控制 1# 回路或 2# 回路启动时，启动过程及停止过程原理同上。

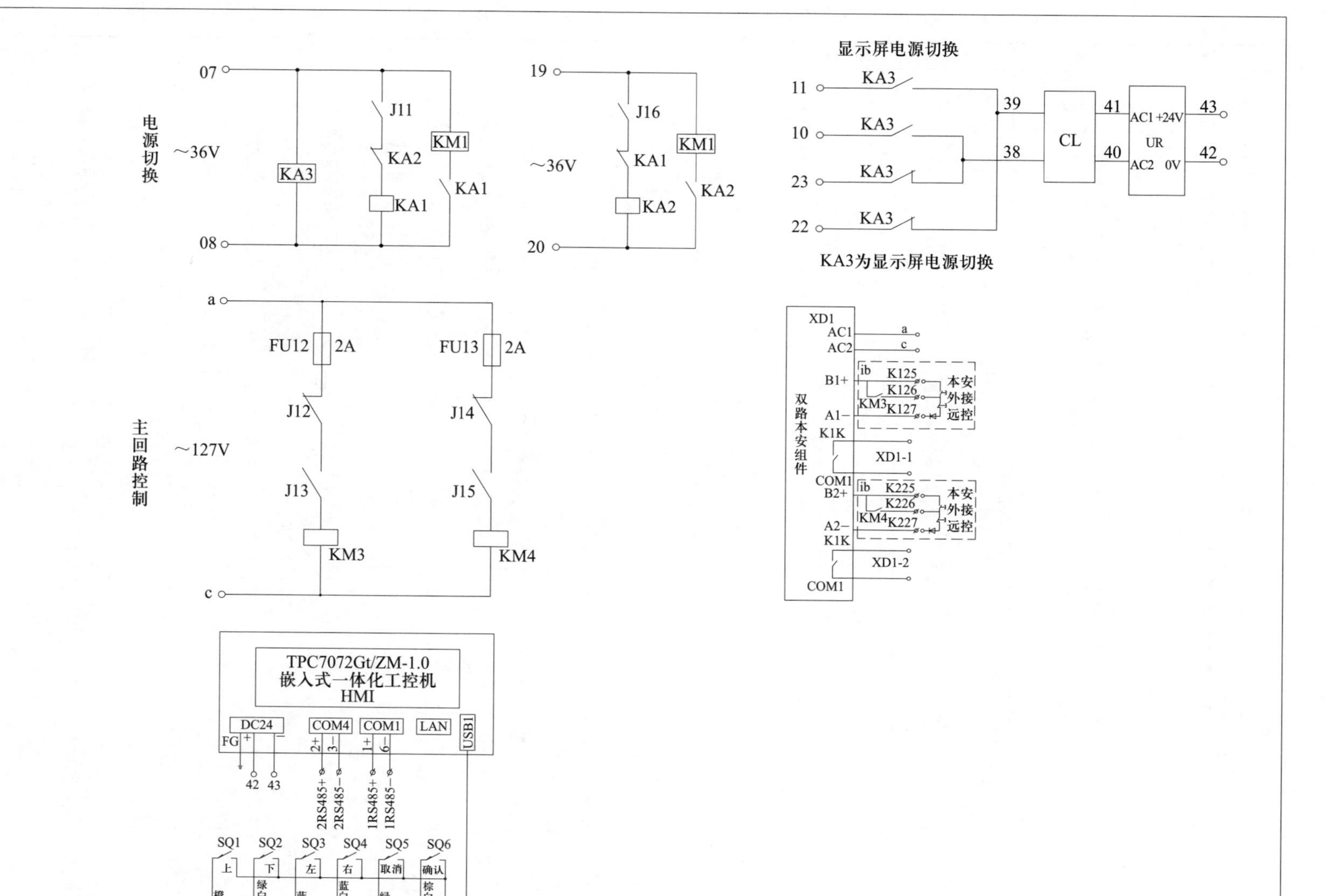

图 5-29　ZJZ-16（10）/1140（660）MS-2 型矿用隔爆兼本质安全型双电源多回路照明信号综合保护装置主电路原理

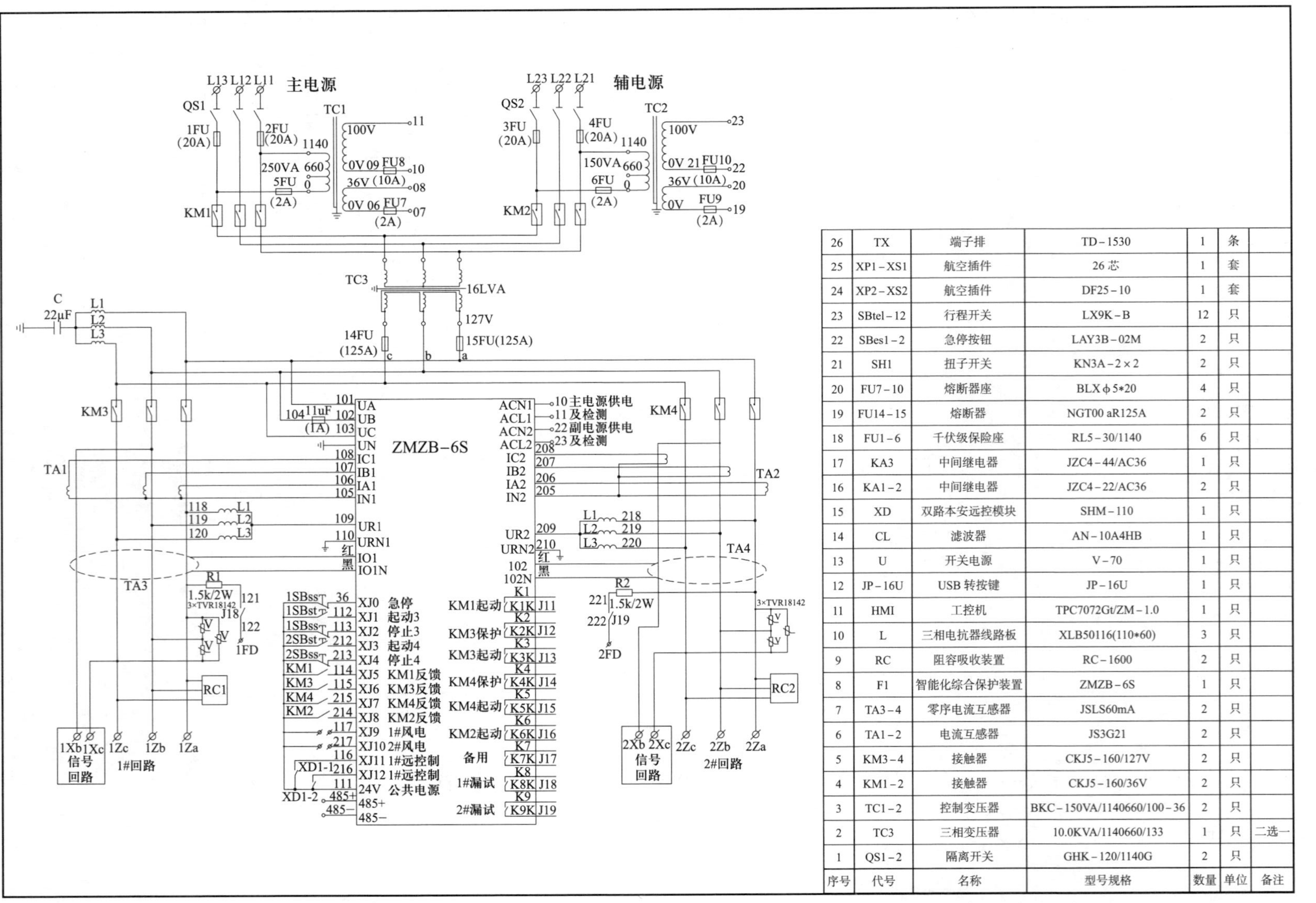

序号	代号	名称	型号规格	数量	单位	备注
26	TX	端子排	TD-1530	1	条	
25	XP1-XS1	航空插件	26芯	1	套	
24	XP2-XS2	航空插件	DF25-10	1	套	
23	SBtel-12	行程开关	LX9K-B	12	只	
22	SBes1-2	急停按钮	LAY3B-02M	2	只	
21	SH1	扭子开关	KN3A-2×2	2	只	
20	FU7-10	熔断器座	BLXϕ5*20	4	只	
19	FU14-15	熔断器	NGT00 aR125A	2	只	
18	FU1-6	千伏级保险座	RL5-30/1140	6	只	
17	KA3	中间继电器	JZC4-44/AC36	1	只	
16	KA1-2	中间继电器	JZC4-22/AC36	2	只	
15	XD	双路本安远控模块	SHM-110	1	只	
14	CL	滤波器	AN-10A4HB	1	只	
13	U	开关电源	V-70	1	只	
12	JP-16U	USB转按键	JP-16U	1	只	
11	HMI	工控机	TPC7072Gt/ZM-1.0	1	只	
10	L	三相电抗器线路板	XLB50116(110*60)	3	只	
9	RC	阻容吸收装置	RC-1600	2	只	
8	F1	智能化综合保护装置	ZMZB-6S	1	只	
7	TA3-4	零序电流互感器	JSLS60mA	2	只	
6	TA1-2	电流互感器	JS3G21	2	只	
5	KM3-4	接触器	CKJ5-160/127V	2	只	
4	KM1-2	接触器	CKJ5-160/36V	2	只	
3	TC1-2	控制变压器	BKC-150VA/1140660/100-36	2	只	
2	TC3	三相变压器	10.0KVA/1140660/133	1	只	二选一
1	QS1-2	隔离开关	GHK-120/1140G	2	只	

图 5-30　ZJZ-16（10）/1140（660）MS-2 型矿用隔爆兼本质安全型双电源多回路照明信号综合保护装置控制电路原理

⑨ J11 与 J16 互锁，任何情况下都不能同时吸合。

（2）在井下照明系统中，普遍存在导线截面面积小、传输距离长的特点，当长距离电缆末端出现短路时，产生的短路电流非常小，综合保护装置据此设置末端短路电流略大于实际正常运行电流，并且避开启动时的电流冲击，从而实现 2 000 m 电缆（截面积≥ 4 mm^2）的末端保护。

当几个回路同时使用时，各回路容量根据实际负荷自由分配，所有回路容量之和不能大于 16 kV·A。

4. 使用与维护要求

（1）设备安装使用前，应首先检查外观及内部元器件，看有无损坏、脱落和受潮现象。如有上述情况发生，经处理后方可使用。

（2）投入使用时应打开端盖，根据负荷的大小，对综合保护装置电流进行整定。

（2）接线前用 1 000 V 兆欧表检查绝缘电阻值，应不小于 5 MΩ。

（3）进行耐压试验时，保护器、阻容吸收装置、漏电闭锁线必须与主回路断开。

（4）接通电源，启动数次，接触器分合声应清脆。

（5）综合保护装置应可靠接地，辅助接地点应在接地点 5 m 以外。

（6）禁止在煤矿井下开盖进行短路保护、漏电闭锁等试验。

（7）在使用、维护过程中须注意保护隔爆接合面，避免尖锐物等碰撞或划伤隔爆接合面。隔爆接合面应涂防锈油。

5. 常见故障与排除

常见故障与排除方法见表 5–24。

表 5–24　　常见故障与排除方法

故障现象	故障原因	排除方法
人机界面不显示	隔离开关未合到位	把隔离开关合到位
	熔芯松动或被烧坏	扭紧熔芯或更换
	开关电源输入或输出不正常	更换开关电源
	工控机电源插头松动	把电源插头安装好
回路无法启动	启动按钮损坏或触点不好	更换启动按钮或用锉、砂纸处理好触点
	控制回路熔芯烧坏	更换熔芯
	控制回路线路松动	固定好控制线
	保护器保护接点不正常	更换保护器
	接触器损坏	更换接触器
启动无力或有较大的嗡嗡（交流）声	电源电压与铭牌上的出厂电压不符	按实际情况改变干式变压器的接线方式
主辅电源不能切换	通信中断	正确连接好通信线
	保护器故障	维修或更换保护器
过载时保护器不动作	保护器整定电流太大	重新调整，使整定电流合适

三、井下照明

《煤矿安全规程》对矿井各主要地点的照明有具体规定。矿井照明的基本要求：照明质量好，光效高，省电，安全可靠，坚固耐用并便于安装、使用和维修。井下照明应包括井下固定照明及矿灯（头灯）照明。矿井照明灯具按使用方式分为固定式和移动式，按结构型式分为矿用一般型、矿用安全型和矿用隔爆型。井下主要光源是白炽灯和荧光灯。LED（发光二极管）灯因高效节能、使用寿命长、可满足井下各类照明需求，正逐步替代传统照明灯具。

1. 矿用白炽灯

矿用一般型白炽灯由白炽灯泡、外壳、坚固的玻璃保护罩、金属保护网和电缆进线盒等组成。金属保护网固定在外壳上，玻璃保护罩与外壳间有性能良好的橡胶垫圈，使保护罩与外壳压紧，达到密封、防水、防尘的目的。

矿用安全型白炽灯除具有与矿用一般型白炽灯类似的结构外，还采用特制的隔爆灯头和灯具联锁装置。隔爆灯头带有消弧室，以消除灯泡脱开灯头触点时可能产生的火花。玻璃保护罩和隔爆灯头之间用弹簧实现机械联锁。玻璃保护罩大面积破碎或被摘下时，靠弹簧的作用将灯泡弹出，从而自动切断电源，以防瓦斯爆炸。

矿用隔爆型白炽灯如图 5-31 所示，除具有与矿用安全型白炽灯类似的结构外，其玻璃保护罩和外壳能承受 1 MPa 的压力。灯内有瓦斯爆炸时，玻璃保护罩不会被炸破，并通过隔爆间隙冷却火焰，以免危及灯外。

2. 矿用荧光灯

矿用荧光灯（矿用隔爆型荧光灯见图 5-32）带有自耦变压器和电容，可利用变压器线圈的电感和电容的串联谐振作用，产生超过 800 V 的高电压，从而实现快速冷启动，以代替通常的电感镇流器和氖泡启辉器的热启动。如果灯管破碎，由于没有氖泡启辉器接通灯丝电路，安全性得以保证。

图 5-31　矿用隔爆型白炽灯

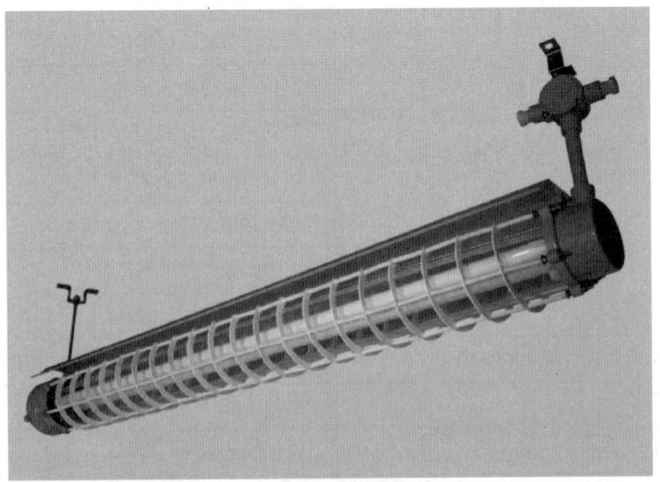

图 5-32　矿用隔爆型荧光灯

高频荧光灯由高频电源供电，具有体积小、功率小、光效高、寿命长的优点，可作为支架灯，用于综采工作面的照明。

3. 矿用 LED 防爆灯

矿用 LED 防爆灯采用 LED 作为发光源。由于 LED 属于固态冷光光源，灯头在工作环境中最高温度只有 60 ℃，即使在井下被击碎也不会发生瓦斯爆炸事故。矿用 LED 防爆灯采用大量锰酸锂防爆电池，保证矿灯安全持续照明 17 h 以上，辅灯可持续照明 100 h 以上。矿用 LED 防爆灯采用本质安全型电路，具有高效的电路设计，保证工作电流在 0.35 mA，短路保护动作时间小于 0.35 ms，防护等级达到 IP66。图 5 - 33 所示是几种常见矿用 LED 防爆灯。

图 5 - 33　常见矿用 LED 防爆灯

4. 移动式灯具

在采掘、装载机械和电机车等移动机械设备上，可采用移动式灯具（也称矿用投光灯）为作业提供局部照明。这类灯具大多为矿用隔爆型，具有耐震性能好、光斑大、亮度高、坚固耐用并带有开关等特点。光源大多为 LED 灯，少数用高压汞灯（供水力采煤工作面照明）。电机车上的移动式灯具带有性能良好的反射器，使照射距离超过 40 m。

5. 照明电源

我国矿井中的固定式照明电源一般为 127 V，由干式照明变压器供电；移动式照明电源一般为 36 V，个别为 127 V，在金属容器内作业时不得超过 24 V，由机器本体附带的照明变压器供电。井下工人移动式照明可采用矿灯，配备的矿灯数可按井下工人在籍人数与 50% 管理人员数总和的 125% 计算。架线式电机车上的移动式灯具，由架线直流电源供电；蓄电池式电机车则由本机蓄电池组抽头供电。

6. 井下照明使用要求

《煤矿井下供配电设计规范》要求下列地点必须安装固定式照明装置：

（1）机电设备硐室、调度室、机车库、爆炸材料库、井下修理间、瓦斯抽采泵站、信号站、候车室、保健室；

（2）井底车场范围内的运输巷道、采区车场；

（3）有电机车或无轨胶轮车运行的主要运输巷道、有人行道的集中带式输送机巷道、有人行道的斜井、升降人员及物料的绞车道以及主要巷道交叉点等处；

（4）经常有人看管的机电设备处、移动变电站处；

（5）风门、安全出口处等易发生危险的地点；

（6）主要进风巷的交岔点和采区车场；

（7）综合机械化采煤工作面。

7. 井下固定照明灯具的选用

井下固定照明灯具应选用矿用防爆型，光源宜选用高效节能型。井下固定照明的照度标准见表 5－25。

表 5－25　井下固定照明的照度标准

照明地点	照度值 /lx	照明地点	照度值 /lx
主（中央）变电所	75	信号站、调度室	75
主要排水泵房	75	候车室	20
一般电气硐室和设备硐室	50	保健站	100
机车库	30	运输巷道	10
爆炸材料库发放室	30	巷道交岔点	15
翻车机硐室	30	专用人行道	10

8. 井下固定照明网络电压损失

（1）井底车场及硐室的照明，其电压损失不宜超过额定电压的 2.5%。

（2）井下其他巷道及采掘工作面的照明，其电压损失不宜超过额定电压的 5%。

思考练习题

1. 井下电气设备必须具备的特点有哪些？
2. 矿井电气设备的防爆要求有哪些？
3. 矿用一般型电气设备具有哪些特点？
4. 防爆型电气设备的标志是什么？有何要求？
5. 矿用高压配电装置有什么作用？使用特点是什么？
6. PJG16－□/10（6）Y 配电装置的主要特征是什么？
7. PJG16－□/10（6）Y 配电装置具有哪些保护功能？
8. PJG16－□/10（6）Y 配电装置的结构有哪些特点？
9. 简述 PJG16－□/10（6）Y 配电装置合闸与分闸的操作程序。
10. PJG16－□/10（6）Y 配电装置安装前要做哪些准备工作？

技能实训三　矿用隔爆型真空馈电开关的安全操作

一、实训目标

1. 熟悉矿用隔爆型真空馈电开关的安全检查内容。
2. 掌握矿用隔爆型真空馈电开关的操作内容。
3. 掌握 KBZ−400（200）/1140（660）隔爆型真空馈电开关的人机界面操作。

二、任务描述

熟悉隔爆型真空馈电开关操作前的一般检查内容，学会安全操作隔爆型真空馈电开关。

三、任务准备

1. 穿好实训服、绝缘鞋，戴好安全帽、自救器，领取实训报告单，有序进入模拟矿井。

2. 准备工具

（1）绝缘电阻表：测量电气设备和线路的绝缘电阻，确保其绝缘性能良好，防止漏电等事故发生。

（2）万用表：测量电压、电流、电阻等参数，帮助判断元器件的好坏和线路的通断情况，在故障排查中经常使用。

（3）电工工具套装：包括螺丝刀、钳子、扳手等，用于开关和保护器的安装、拆卸以及接线端子的紧固等操作。

（4）验电器：在停电检修前，用于检测设备是否带电，确保操作人员的安全。

（5）接地电阻测试仪：用于测量接地装置的接地电阻，保证接地系统符合安全要求。

3. 熟悉操作过程中有关安全措施。

四、知识要点

1. 馈电开关操作前的准备

（1）检查馈电开关外观是否完好，有无变形、破损，外壳接地是否良好，确保接地电阻符合规定（一般不大于 4 Ω）。

（2）查看各接线端子连接是否牢固，有无松动、发热迹象，电缆引入装置是否密封良好，防止潮气和粉尘进入。

（3）使用合适的绝缘电阻表（一般对于 1 140 V 系统，用 2 500 V 绝缘电阻表；对于 660 V 系统，用 1 000 V 绝缘电阻表）测量馈电开关所控制线路及设备的绝缘电阻，对于低压电动机绝缘电阻应不低于 0.5 MΩ，电缆的绝缘电阻应符合相关标准要求。若绝缘电阻过低，不得送电，应查明原因并处理。

2. 馈电开关安全操作规范

（1）合闸安全操作如下：

①确认馈电开关处于断开状态，操作手柄在“分闸”位置，且无异常报警信号；

②合上隔离刀闸，此时应听到清晰的合闸声响，观察隔离刀闸的机械指示，确保其可靠合闸到位；

③按下合闸按钮，馈电开关内部的真空断路器合闸，观察指示灯或仪表，确认电源已正常送出，电压、电流等参数显示正常。

（2）分闸安全操作如下：

①正常情况下，按下分闸按钮，真空断路器分闸，观察指示灯熄灭，确认电源已切断。

②若发生紧急情况，可直接将操作手柄置于“分闸”位置，迅速切断电源。分闸后，应及时将隔离刀闸拉开，形成明显的断开点，以保障检修安全。

（3）运行监测与维护如下：

①运行过程中，定期检查馈电开关的外观，查看有无异常声响、异味、冒烟等现象；

②观察仪表显示的电压、电流值，判断是否在额定范围内，有无过载、短路等异常情况；

③若发现电流持续超过额定值，应及时查明原因并处理；

④检查保护装置动作是否正常，可通过试验按钮定期进行保护动作试验（一般每月至少一次），确保在故障情况下能可靠动作。

3. KBZ-400（200）/1140（660）隔爆型真空馈电开关的人机界面操作

KBZ-400（200）/1140（660）隔爆型真空馈电开关通过按键进行定值查询、定值修改、软件选择、现场测试、事件记录和信号复归等操作。各按键的作用如下：a. “↓ /→”（移位）用于改变光标位置，在主界面时，可锁定某参数显示；b. “+”（增加）用于改变光标处的数字；c. “确定”“取消 / 复位”用于确认或取消所进行的操作、进行翻页或返回，“取消 / 复位”按键长按 3 s 为复位，短按为取消功能；d. 电压、电流、漏电电阻、密码可通过“+”“↓ /→”按位修改，“+”至“9”后，再加将返回“0”；e. 装置在 10 min 内没有按键操作时，将自动取消液晶背光，并返回模拟量显示切换界面。

菜单结构主要如下：

（1）上电显示界面如图 5-34 所示。

正在初始化……
请稍后！

图 5-34　上电显示界面

（2）3 s 后进入循环翻转显示测量界面，如图 5-35 所示。

（3）按“↓ /→”“+”“取消”或“确定”键进入一级菜单。

①选中“定值查询”后，按“确定”键，将进入其子菜单。定值查询界面（见图 5-36）

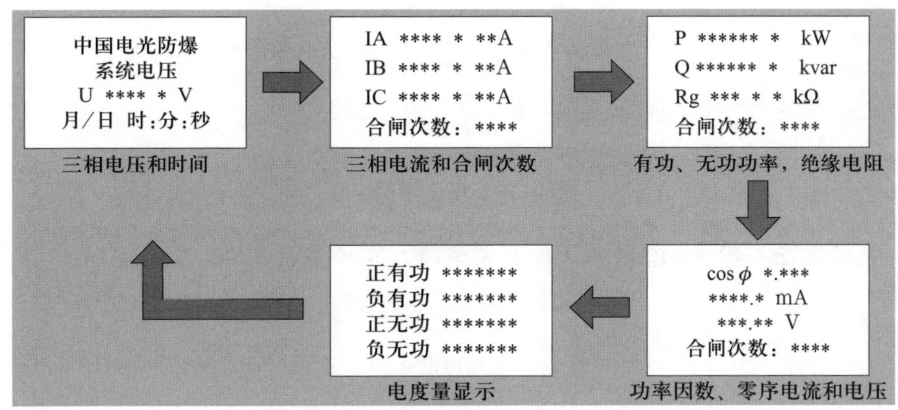

图 5-35 循环翻转显示测量界面

下有 15 个定值，可查询，不可修改。

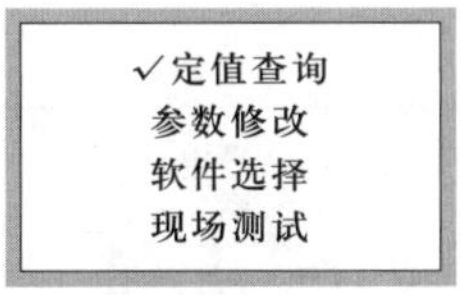

✓定值查询
参数修改
软件选择
现场测试

图 5-36 定值查询界面

②进入“参数修改”，在定值修改界面中共有 15 个定值，配合“↓/→”“取消”“确定”等按键可以修改定值。进行定值修改时，首先显示输入密码界面，如图 5-37 所示。

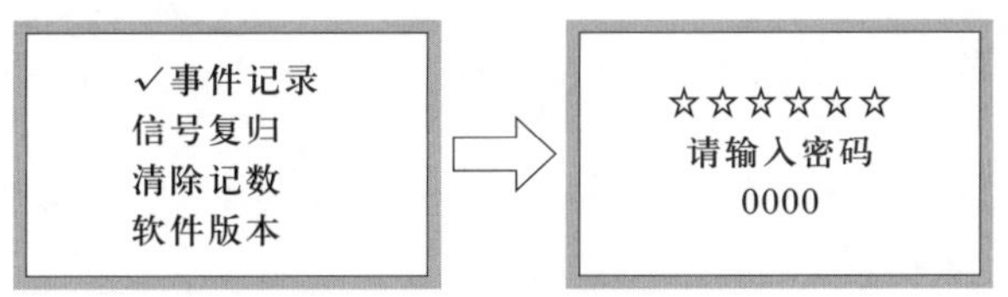

图 5-37 输入密码界面

配合“↓/→”“+”“确定”键输入正确密码后，再确定方可进入，出厂时密码设定为“0000”。

③软件选择界面如图 5-38 所示（进入前请输入正确密码）。

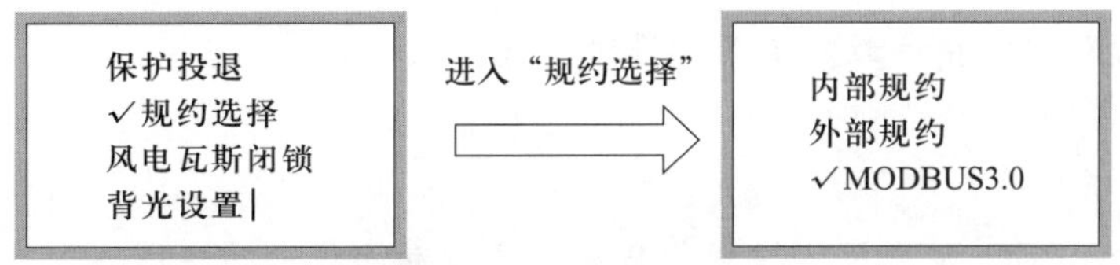

图 5-38 软件选择界面

④现场测试界面如图 5-39 所示（进入前请输入正确密码）。

✓速断
过负荷
远方分励
漏电

图 5-39　现场测试界面

⑤事件记录界面如图 5-40 所示（进入前请输入正确密码）。

✓查询记录
清除记录

图 5-40　事件记录界面

在此页面下可以查询事件记录，可以清除事件记录和信号复归。漏电测试记录界面如图 5-41 所示。

№ 01　漏电闭锁
数值：11.00 kΩ
年月**日
时分**秒

图 5-41　漏电测试记录界面

⑥清除计数时，按“确定”键输入正确密码后按“确认”键，将清除循环翻转显示测量值界面所显示的合闸次数。

五、实训过程

1. 讲解实训内容

在开始实训前，指导教师讲解本次实训内容和目标以及学生必须掌握的知识点，并做好操作前的安全培训。

2. 开展实训作业

学生根据实训步骤进行具体操作。

3. 巡回指导并及时反馈

在学生实训过程中，指导教师要及时跟进并进行巡回指导。

六、注意事项

1. 馈电开关运行时，不允许不按操作程序随意按动面板上的按键。
2. 馈电开关需要接入电力监控等系统时，务必选择 MODBUS3.0 规约。
3. 严禁带电开盖操作，馈电开关前门与断路器之间设有机械联锁，只有分闸后才能打开

前门。

4. 严格遵守煤矿安全规程，确保设备和人员安全。

七、总结与思考

1. 课程总结

指导教师对本次实训进行总结，包括学生实训规范、实训教学效果以及存在的问题和改进措施等。

2. 书写实训报告

学生应认真填写实训报告单，总结实训过程中存在的问题，锻炼通过理论与实践相结合来解决问题的能力，进而通过实训演练提高自己的技能水平。

3. 评估反馈

指导教师对学生实训练习进行全面综合评估，并及时向学生反馈结果。

第六章

煤矿供电安全技术

学习目标

1. 了解常用的漏电保护装置。
2. 了解保护接地和保护接零的作用。
3. 了解短路的形式及其危害。
4. 掌握井下漏电保护装置的工作原理及特点。
5. 掌握保护接地和保护接零的方式和要求。
6. 掌握短路防范措施和常见灭弧方法。

学习导引

任何供配电系统除应在技术和功能上满足要求外，还应确保其使用和运行安全。这里的安全是指人身安全、设备安全，避免煤矿井下电气事故引发瓦斯爆炸等。

第一节　电力系统的运行方式

电网的中性点对地绝缘状态决定着电网导线接地后的运行情况，关系着供电的可靠性。所以，正确选择中性点对地绝缘状态是供电安全工作的关键。

一、电力系统中性点的运行方式

电力系统中性点是指发电机、变压器星形接线的中性点。电力系统中性点运行方式不仅

关系电网本身的安全可靠性、过电压绝缘水平的选择，而且对通信、人身安全有重要影响。

电力系统中性点接地方式中，广泛采用的是中性点不接地、中性点经过消弧线圈接地和中性点直接接地。

1. 中性点不接地

中性点不接地即中性点对地绝缘，如图 6-1 所示。

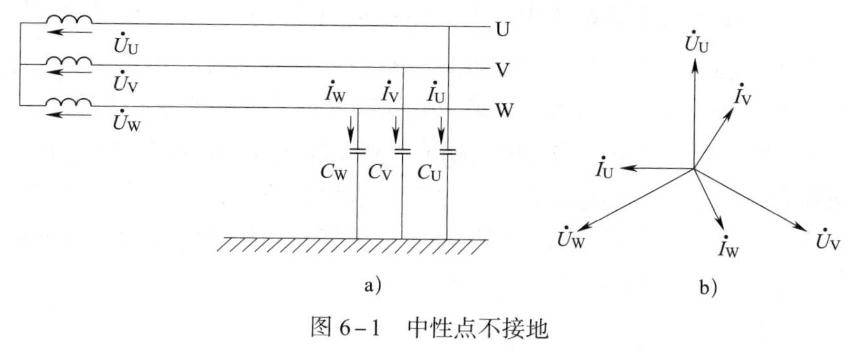

图 6-1　中性点不接地

a）电路图　b）相量图

如果三相电源电压是对称的，则电源中性点对地电位为零。当各相对地导纳不相等时，中性点将产生位移电压。一般情况下，位移电压不超过电源电压的 5%，对运行的影响不大。中性点不接地方式主要应用于 66 kV 及以下的供电系统。当系统中发生单相接地故障时，接在线电压上的用电设备供电不会中断，可以继续运行。但系统不能长期在单相接地的状态下运行，以免引起两相接地短路，严重损坏用电设备。所以，在中性点不接地电网中，必须设专门的绝缘监视装置，以便及时发现单相接地故障，从而切除故障线路。

2. 中性点经过消弧线圈接地

当单相接地电容电流超过允许值时，可以用中性点经过消弧线圈接地的方式补偿电容电流，该方式称为中性点经过消弧线圈接地，如图 6-2 所示。

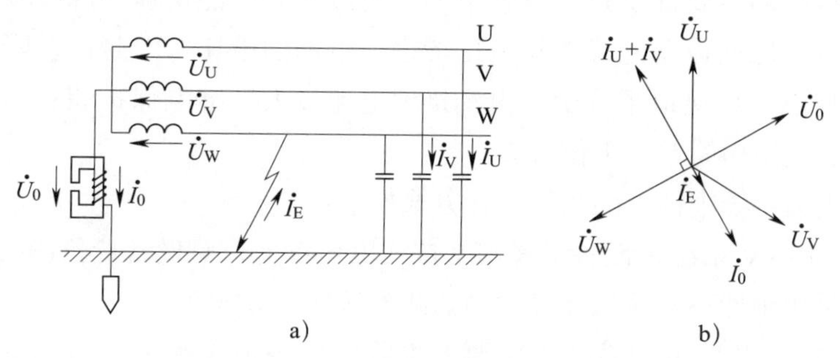

图 6-2　中性点经过消弧线圈接地

a）电路图　b）相量图

这种接地方式是在中性点和大地之间接入消弧线圈。消弧线圈主要由带气隙的铁芯和绕制在铁芯上的绕组组成，其绕组电阻很小，但感抗很大。消弧线圈的电感值可通过调节绕组匝数进行整定。当系统正常运行时，中性点电压为数值较小的不对称电压，所以通过消弧线圈的电流很小。当系统发生单相接地故障时，消弧线圈产生的电感电流可补偿接地点的电容电流，使故障点电流减小到电弧能自行熄灭的范围。对于中压电网，因接地电流得到补偿，单相接地故障通常不会发展成相间短路，因而中性点经过消弧线圈接地方式能显著提高供电可靠性。这一点优于中性点经小电阻接地方式。

在中性点经过消弧线圈接地系统中，发生单相接地故障时，故障相对地电压为零，非故障相对地电压升高至$\sqrt{3}$倍的相电压，三相线电压仍然保持对称且大小不变。因此，系统允许带故障运行 2 h，但必须在 2 h 以内找出故障点并立即处理，否则可能扩大故障范围。

中性点经过消弧线圈接地系统的过电压幅值一般不超过 3.2 倍的相电压，因此采用消弧线圈接地的电网称为补偿电网，亦称谐振接地系统。这种接地方式可分为自动跟踪补偿方式和非自动跟踪补偿方式两种。前者比后者更优越，目前新建和扩建的电力系统普遍采用自动调谐消弧线圈，并逐步淘汰非自动调谐消弧线圈。

3. 中性点直接接地

中性点直接接地如图 6–3 所示，其中性点电位在任何状态下均保持为零。中性点直接接地主要应用于 110 kV 及以上高压系统和 380 V/220 V 低压系统。

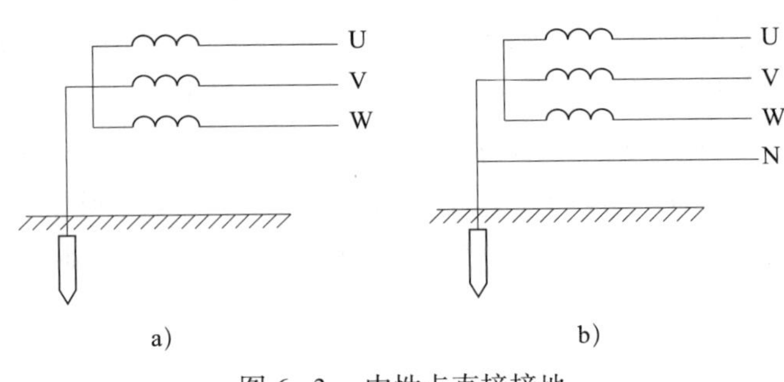

图 6–3　中性点直接接地

a）三相三线制　b）三相四线制

中性点直接接地的主要优点是当发生单相接地故障时，能快速切除故障线路，非故障相对地电压不会升高，因而设备绝缘按相电压考虑。电网的电压等级越高，降低绝缘成本的效益越显著。在中性点直接接地系统中，由于接地电流较大，继电保护装置一般能迅速而准确地切除故障线路，且结构简单，工作可靠。

目前，我国电力系统中性点的大体运行方式如下：

（1）对于 6～10 kV 系统，设备绝缘水平按线电压考虑，对设备造价影响较小，为提高供电可靠性，一般采用中性点不接地或经过消弧线圈接地的方式。

（2）对于 110 kV 及以上的系统，主要考虑降低设备绝缘水平，简化继电保护装置，一般采用中性点直接接地的方式。为提高供电可靠性，全线架设避雷线和装设自动重合闸装置等。

（3）对于 20～60 kV 的系统，发生单相接地故障时的电容电流不大，网络结构相对简单，设备绝缘水平的提高或降低对设备造价的影响不显著，所以一般采用中性点经过消弧线圈接

地方式。

（4）对于 1 kV 以下系统，一般采用中性点不接地方式运行。但电压为 380 V/220 V 的系统，采用三相五线制，中性线用于提供相电压，保护地线用于安全保护。

因为煤矿井下空间狭窄、黑暗、潮湿，并存在煤尘、瓦斯等易燃易爆物质，如采用中性点直接接地方式，当人触及一相导体时，便承受相电压，有致命危险。同时，在中性点直接接地系统中如发生接地故障，可能产生外露的电火花，有点燃井内煤尘、瓦斯的危险。因此，《煤矿安全规程》规定，严禁井下配电变压器中性点直接接地。严禁由地面中性点直接接地的变压器或者发电机直接向井下供电。

二、低压配电系统的中性点运行方式

低压配电系统按保护接地形式分为以下 3 种：

1. IT 系统

IT 系统即保护接地系统，字母 I 表示电源中性点不接地或经高阻抗接地，字母 T 表示负荷侧电气设备外露可导电部分直接接地。系统中所有设备外壳都通过独立 PE 线单独接地。当发生漏电故障时，该接地结构可大幅降低设备外壳对地电压，从而将接触电压限制在安全范围内。IT 系统通常不引出中性线，如图 6－4 所示。

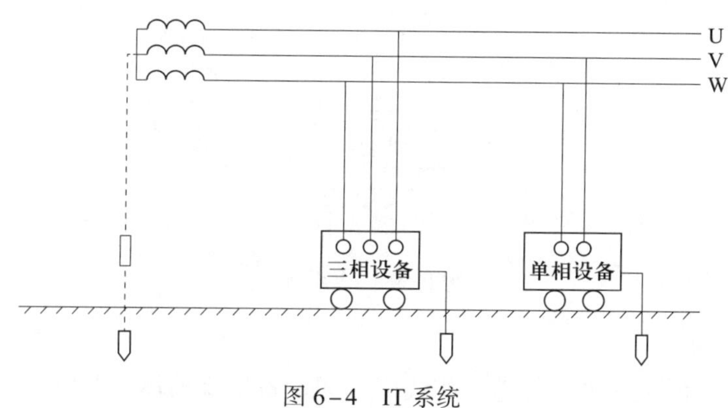

图 6－4　IT 系统

当供电距离较短时，IT 系统供电可靠性高，安全性好，一般用于不允许停电的场所，如医院手术室、矿井提升系统等。

当供电距离很长时，须考虑分布电容漏电的影响。如图 6－5 所示，当负荷发生短路故障或设备漏电导致外壳带电时，漏电电流可能经大地形成回路。此时，保护装置可能无法动作，这是危险的。因此，IT 系统仅在供电距离较短时相对安全。这种供电方式在地面作业场所很少见，但在煤矿井下应用广泛。由于煤矿井下供电环境恶劣，如电缆易受潮，采用 IT 系统时，即使电源中性点不接地，一旦设备漏电，分布电容电流微弱，单相对地漏电电流较小，不会破坏电源电压的平衡，故其安全性反而优于中性点接地系统。

2. TT 系统

将电气设备的金属外壳通过独立接地体直接接地的保护系统称为保护接地系统，也称 TT

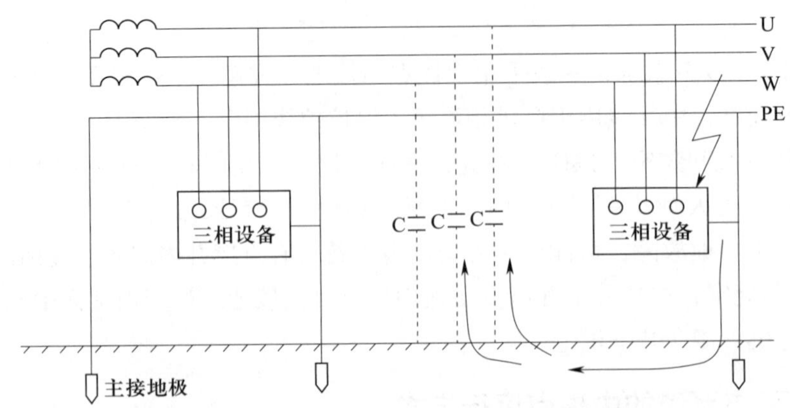

图 6-5　IT 系统长距离供电时分布电容漏电情况

系统（见图 6-6）。第一个字母 T 表示电源中性点直接接地；第二个字母 T 表示负荷侧电气设备外露可导电部分都经过各自的保护接地（PE）线单独接地，而与系统接地方式无关。

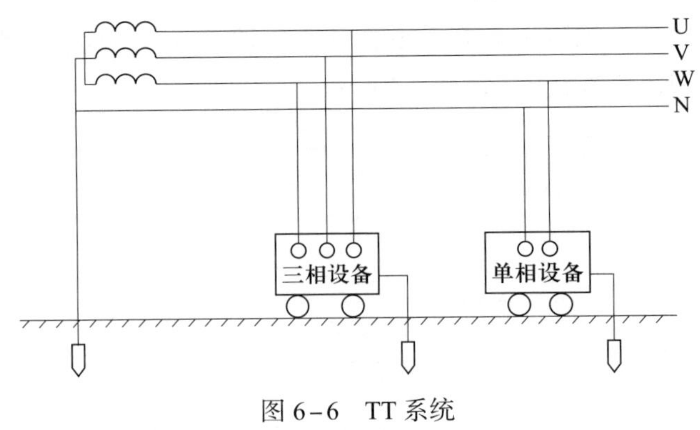

图 6-6　TT 系统

TT 系统的特点如下：

（1）当电气设备的金属外壳带电（相线碰壳或设备绝缘损坏而漏电）时，接地保护能显著降低触电危险性。但是，低压断路器不一定会跳闸，导致漏电设备外壳对地电压高于安全电压，存在安全风险。

（2）当漏电电流比较小时，熔断器可能无法及时熔断。因此，必须安装漏电保护器才能实现有效保护。这一要求增加了系统的复杂性和成本，限制了 TT 系统的推广和应用。

（3）TT 系统的接地装置耗用钢材多，难以回收，耗费工时。

部分建筑单位采用 TT 系统时，若施工单位借用其电源作为临时用电，可采用图 6-7 所示方案：设置一条专用 PE 线，并仅在 PE 线两端设置接地极以降低接地电阻。此方法可显著减少钢材用量。

图 6-7 中，点划线框内是施工用电总配电箱，将新增的专用保护线（PE 线）和工作零线（N 线）严格分开，其特点如下：PE 线与 N 线在系统中无电气连接；系统正常运行时，N 线可承载电流，而 PE 线不应有电流通过；TT 系统适用于接地保护装置分散布置的场所。

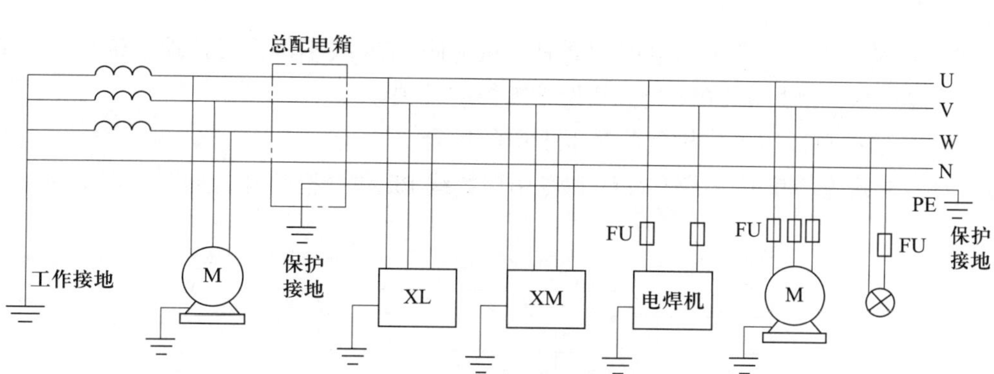

图 6-7 中性点接地时的保护接地

3. TN 系统

TN 系统是将电气设备的金属外壳与保护导体相接的保护系统。第一个字母 T 表示电源中性点直接接地，第二个字母 N 表示电气设备正常情况下不带电的外露可导电部分均通过保护线（PE 线）或保护中性线（PEN 线）与电源中性点连接。

它的特点如下：a. 一旦设备外壳带电，TN 系统能将漏电电流转化为接近或达到短路电流的水平（其值通常远大于 TT 系统中的故障电流）。该大电流使保护装置（熔断器或低压断路器）迅速动作（熔丝熔断或脱扣器跳闸），使故障设备断电，安全性较高。b. TN 系统节省材料、工时，因此应用广泛。

根据保护零线是否与工作零线分开，可将 TN 系统划分为 TN-C 系统、TN-S 系统和 TN-C-S 系统。

（1）TN-C 系统。工作零线与保护零线共用，可用 PEN 表示，如图 6-8 所示。

这种供电系统的特点如下：

①三相负荷不平衡时，PEN 线上存在不平衡电流并产生电压降，导致与之连接的电气设备金属外壳对地带有电位。

② PEN 线断线时，断点后所有接 PEN 线的设备外壳电压升至相电压。

③如果相线碰地，故障电流经 PEN 线返回，导致系统中性点电位升高，危及所有接 PEN 线的设备。

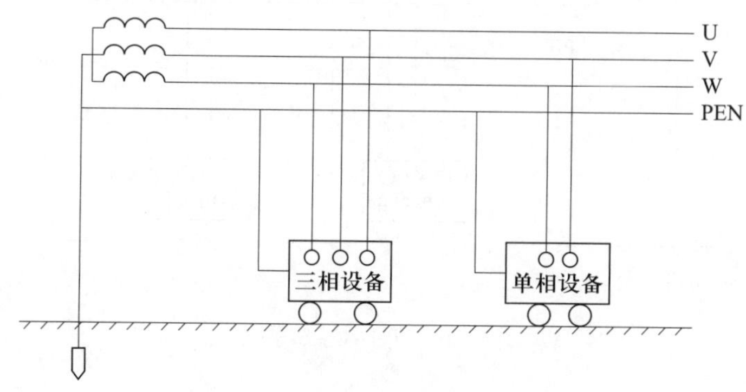

图 6-8 TN-C 系统

④ TN－C 系统干线上安装漏电保护器时，负荷侧 PEN 线不得重复接地，仅允许在电源侧保留一处重复接地；严禁在 PEN 线上装设熔断器或开关。

⑤ TN－C 系统只适用于三相负荷基本平衡的场合。

（2）TN－S 系统。其工作零线 N 线和专用保护线 PE 线严格分开，如图 6－9 所示。

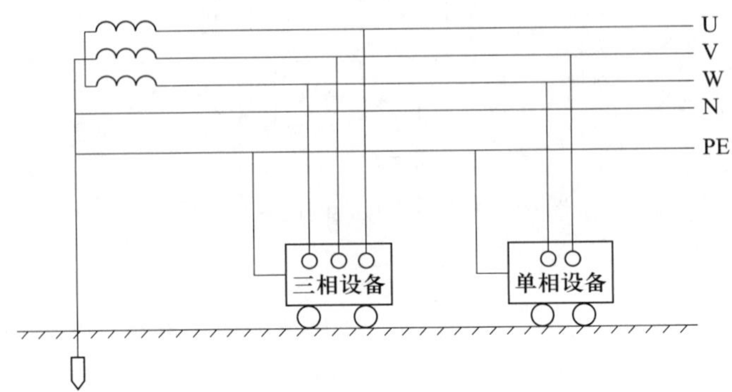

图 6－9　TN－S 系统

TN－S 系统的特点如下：

①系统正常运行时，PE 线上没有电流，N 线上有不平衡电流。PE 线对地无电压，电气设备金属外壳通过 PE 线实现保护接地，安全可靠。

② N 线为单相负荷（如照明）供电。

③ PE 线不得断线，不得接入任何开关和保护电器。

④在干线上安装漏电保护器时，N 线不得重复接地，而 PE 线可以重复接地，但不得接入漏电保护装置。因此，TN－S 系统允许在干线上安装漏电保护装置。

⑤ TN－S 系统安全可靠，适用于工业与民用建筑等的低压供电系统。

（3）TN－C－S 系统。系统中前一部分采用 TN－C 方式，后一部分采用 TN－S 方式。它是指一个供电线路（回路），在从配电室出来时是三相四线制，在系统某点，PEN 线被拆分成独立的 N 线和 PE 线，如图 6－10 所示。

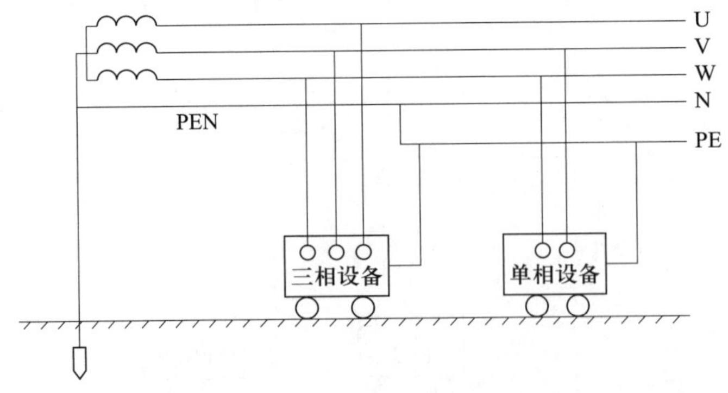

图 6－10　TN－C－S 系统

TN－C－S 系统的特点如下：

① N 线与 PE 线相连，负荷越不平衡，N 线又很长时，设备外壳对地电压偏移就越大。所以要求负荷不平衡电流不能太大，而且在 PE 线上应重复接地。

② PE 线在任何情况下都不得接入漏电保护器，因为线路末端的漏电保护器动作会使前级漏电保护器跳闸，从而造成大范围停电。

③ PE 线除在总配电箱处必须和 N 线相接以外，其他各分配电箱处均不得把 N 线和 PE 线相接，PE 线上不得安装开关和熔断器。

TN－C－S 供电系统是在 TN－C 系统上临时变通的做法。当三相电力变压器工作接地情况良好、三相负荷比较平衡时，TN－C－S 系统在建筑施工用电时是可行的；但在三相负荷不平衡、建筑施工工地有专用的电力变压器时，必须采用 TN－S 系统。

第二节　漏电与接地保护

一、漏电

漏电是指电气设备或线路的带电部分绝缘损坏、老化，导致电流非正常地流向大地、设备外壳或其他不应带电的导体。在电网对地电压的作用下，电流通过电网导体对地绝缘电阻和分布电容流入大地，该电流称为电网对地的漏电电流。漏电电流回路如图 6－11 所示。在中性点不接地系统中，单相绝缘损坏后，虽然故障电流较小，系统可短时继续运行，但故障点（如设备外壳）将带有接近相电压的危险电压，存在严重触电风险，必须及时排除故障。

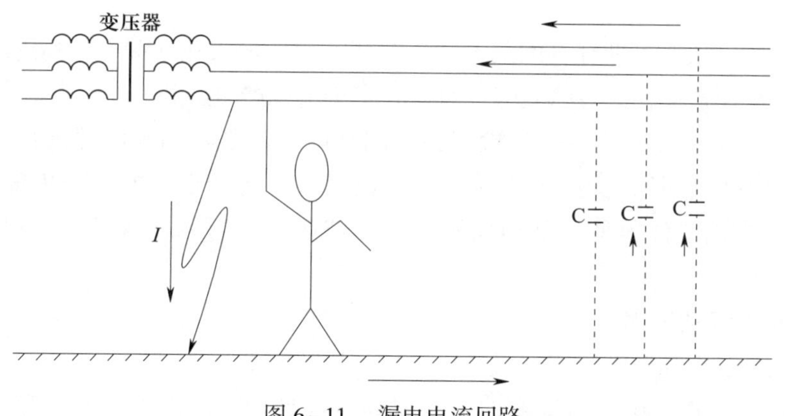

图 6－11　漏电电流回路

1. 漏电故障的分类

漏电故障是低压供电系统中的常见故障，分为集中性漏电和分散性漏电两种。其中，集中性漏电更常见，集中性漏电又可分为持续性集中性漏电和间歇性集中性漏电两种。

持续性集中性漏电是指电网中某一设备或电缆发生持续的绝缘损坏（如绝缘击穿、带电导体碰壳）而造成的漏电故障。

间歇性集中性漏电是指电网中存在固定的集中性漏电故障点，但其故障现象仅在故障点所在回路被接通时才显现。例如，电磁起动器负荷侧的电缆和电动机绝缘损坏。当电磁起动器合闸送电时，漏电发生；分闸断电时，故障电路被隔离，漏电现象消失。

此外，漏电还可分为单相漏电、两相漏电和三相漏电三种类型。其中，前两种属于典型的不对称性故障，后者属于对称性故障。

2. 漏电故障的危害

煤矿井下低压电网大部分在采区，环境恶劣，人员和生产机械比较集中。电网若发生漏电故障，将造成以下严重危害：

（1）引发人身触电事故。当电气设备因绝缘损坏导致外壳带电时，人员接触带电外壳可能发生人身触电事故。此时，漏电电流的一部分流经人体，当电流值达到一定值时，将造成人员伤亡。如果人员触及因橡套电缆外护套损坏而暴露的带电芯线，则大部分漏电电流将流经人体，危害更严重。

（2）引起瓦斯及煤尘爆炸。我国大部分煤矿都有瓦斯和煤尘爆炸的危险。电网发生单相接地或设备发生单相碰壳故障时，在故障接地点可能产生电火花。若该电火花具有足够的能量，就可能点燃瓦斯或煤尘，引发爆炸。

（3）导致电雷管意外引爆。漏电电流在漏电回路上会产生电位差，漏电电流越大，所产生的电位差就越大。假如电雷管两端引线不慎与漏电回路上具有一定电位差的两点相接触，就可能引发电雷管意外爆炸。

（4）烧损电气设备，引发火灾。长期存在的漏电电流，尤其是经过渡电阻接地的漏电电流，在通过设备绝缘损坏处时将散发出大量的热量，使绝缘进一步损坏，甚至引燃周围可燃物。

（5）引发短路事故。长期存在的漏电电流及其产生的电火花使漏电处的绝缘进一步损坏，可能破坏相间绝缘而造成相间短路故障，对矿井安全造成严重威胁。

（6）严重影响生产和安全。一旦检测到电网漏电，就必须切断电源进行处理。一方面，漏电故障的处理耗时较长，少则数小时，多则数班次，将严重影响生产进度，降低企业的经济效益。另一方面，停电使局部通风机停转，破坏正常通风，造成瓦斯积聚，威胁矿井安全。

3. 发生漏电故障的原因

（1）电气设备长期超负荷运行造成绝缘老化，导致漏电。

（2）电缆被挤、压、砸、过度弯曲、铁器划伤或针刺，出现裂口和缝隙后，长期受潮，造成绝缘损坏或导电芯线外露。

（3）导线连接接头不牢固、有毛刺、防松措施差或无防松措施等，造成接头脱落、松动，使相线与金属外壳直接搭接而造成漏电。

（4）电气设备内部进水或环境湿度过高，绝缘劣化，导致漏电。

（5）操作电气设备时，产生操作过电压或电弧，引发电气间隙击穿接地而导致漏电。

（6）维修电气设备时，将工具和材料等导电体遗留在设备内部，使相线与金属外壳搭接而造成漏电。

（7）维修电气设备时，停送电操作错误或带电作业，造成人身触电而发生漏电。

（8）在电气设备内增加其他部件，使带电导体与外壳之间的电气间隙或爬电距离小于安全值，造成对外壳放电。

4. 预防漏电故障的措施

（1）严禁电气设备及电缆长期过负荷运行。定期对电气设备进行检查和试验，不合格的应立即更换。

（2）导线连接应牢固，无毛刺，防松装置完好，接线方式正确。

（3）维修电气设备时应按规程操作。

（4）避免电缆、电气设备浸泡在水中，防止电缆受挤压、碰撞、过度弯曲、划伤、刺伤等机械损伤。

（5）不在电气设备中增加额外部件，若必须设置，应符合有关规定的要求。

（6）设置保护接地装置。

（7）设置漏电保护装置。

（8）加强手持式电动工具把手的绝缘，可在把手上再加一层绝缘套，以形成双重保护。

（9）严格执行停送电工作票制度，避免误操作。

（10）井下配电变压器的中性点禁止直接接地，以减少漏电或触电电流。

二、漏电保护

电网漏电电流超过设定值时，能自动切断电路或发出信号的功能，称为漏电保护。漏电不仅会损坏电气设备，而且可能导致人身触电和瓦斯、煤尘爆炸事故。因此，《煤矿安全规程》规定：井下低压馈电线上，必须装设检漏保护装置或有选择性的漏电保护装置，保证自动切断漏电的馈电线路。

1. 漏电保护装置的作用

（1）防止人身触电。

（2）防止漏电电流烧毁电气设备。

（3）防止漏电电流产生的火花引起矿井瓦斯、煤尘爆炸。

（4）对于短路引起的接地故障，漏电保护装置可起短路保护的后备保护作用。

2. 对漏电保护装置的要求

煤矿井下低压漏电保护装置应满足以下要求：

（1）全面性。全面性是指保护范围应覆盖整个供电单元和所有漏电类型。另外，如有条件，无论电气设备处于什么状态，都应起到保护作用（漏电闭锁）。

（2）安全性。人员触电防护应满足 30 mA · s 的要求，以快速切断电源，缩短人体触电时间。

（3）可靠性。可靠性包括自身（元件质量、制造工艺）可靠性和保护性能的可靠性（不能误动和拒动）。

（4）灵敏性。灵敏性是指在最小整定值下能可靠动作。

（5）选择性。选择性是指只切除故障线路而不切除非故障线路，最大限度地减小停电范围。

3. 漏电保护装置的类型

（1）按电压等级，漏电保护装置可分为矿用隔爆型高压漏电监视保护装置、矿用隔爆型低压检漏继电器（适用于 1 140 V、660 V、380 V 动力电网）和 127 V 煤电钻（照明）综合保护装置。

（2）按工作原理，漏电保护装置可分为附加直流电源式漏电保护装置和零序电流式漏电保护装置等。

（3）按保护功能，漏电保护装置可分为无选择性漏电保护装置、有选择性漏电保护装置及漏电闭锁保护装置。

4. 漏电保护装置的比较

（1）附加电源直流检测式漏电保护。电网发生漏电故障后，最容易检测到电网各相对地绝缘电阻的下降。可通过在电网上附加直流电流，检测电网对地绝缘电阻值，判断是否发生漏电故障。

附加电源直流检测式漏电保护具有以下优点：

①除井下动力变压器低压侧至总馈电开关段电缆外，保护范围覆盖全部供电单元；

②动作不受故障类型（对称或不对称）、地点以及电网电容的影响；

③动作整定值固定，且直接反映电网对地绝缘水平；

④与井下供电单元的各分组馈电开关、电磁起动器的漏电闭锁单元配合，可以构成简单易行、可靠性高、成本低廉且易于查找故障支路的漏电保护系统。

但其也具有保护无选择性、无电容补偿功能以及保护装置动作时间长等缺点。

（2）无附加电源直流检测式漏电保护。无附加电源直流检测式漏电保护同附加电源直流检测式漏电保护基本原理一致。

此种漏电保护结构简单，不需要另设直流电源，具备直流检测式漏电保护的基本特性；检测电压高，能反映电网的绝缘水平。缺点是动作值受电网电压波动影响大，整流管承受的反向电压较高，且只适用于 127 V 手持式电动工具系统。

（3）零序电压式漏电保护。当电网发生非对称性漏电时，三相对地电压不平衡，产生零序电压。零序电压可通过电压互感器二次侧开口三角形（或变压器中性点与地之间）检测，并用于反映电网对地绝缘状态。当零序电压超过设定阈值时，保护装置动作，使馈电开关跳闸，实现漏电保护。

零序电压式漏电保护能够检测电网漏电时的零序电压，但具有保护无选择性、不能保护对称性漏电故障、动作电阻值不固定、只能用在变压器中性点非直接接地的电网中等缺点，一般用于 6 kV 及以上高压电网的绝缘监视。

（4）零序电流式漏电保护。当电网发生非对称性漏电时，电网在产生零序电压的同时，回路中还会产生零序电流。通过零序电流互感器检测该电流，驱动继电器动作，实现漏电保护。零序电流式漏电保护既可以实现放射式电网的横向选择性保护，还可以应用于中性点接地及不接地系统中。缺点是动作电阻值不固定，无法检测对称性漏电故障，以及不能补偿电容电流等。

（5）零序功率方向式漏电保护。当电网发生非对称性漏电时，由取样电路分别从电网中采集零序电压和各支路的零序电流信号，经放大整形后，由相位比较电路来判断故障支路，最后保护装置动作，切断故障支路的电源。

零序功率方向式漏电保护具有很强的横向选择性，但也具有动作电阻值不固定、不能检测对称性漏电以及不适用于中性点直接接地系统等缺点。

（6）旁路接地式漏电保护。当电网发生单相接地故障或人身触及某一相线时，由检测选相器确认故障相并迅速输出动作信号，执行继电器迅速将故障相旁路接地，利用专设的接地极电阻的分流作用，降低人身触电电流或经漏电点的电流，从而不影响电网的正常运行。故障支路跳闸后，旁路接地装置复位。

旁路接地式漏电保护的安全性较高，但其只能用于单相漏电保护，且电路较为复杂，对装置本身的可靠性要求高。为了避免两相或三相误接地，电路中还必须设置电气闭锁等。

漏电保护方式的比较见表 6－1。

表 6－1　　漏电保护方式的比较

保护方式	全面性	选择性	动作值	应用
附加电源直流检测式	√（能检测供电单元内任意地点、任意类型的漏电故障）	×	固定	低压供电单元保护总后备
无附加电源直流检测式			固定	127 V 手持式电动工具系统
零序电压式	×［只能检测非对称性漏电（单相、两相漏电）故障，不能检测三相对称性漏电故障］	×	不固定	6 kV 中性点不直接接地系统
零序电流式/零序功率方向式		√（横向选择性）		中性点接地/不接地/不直接接地系统
旁路接地式	×（只能检测单相漏电故障）	×（可检测故障相）	不固定	低压供电单元漏电保护系统

三、保护接地与保护接零

保护接地与保护接零是供电的基本知识。保护接地适用于变压器中性点不接地的供电系统（如煤矿井下的供电系统），可将电气设备不带电的金属外壳、构架等与接地体连接。保护接零适用于变压器中性点直接接地的供电系统（如常用的地面低压配电系统），可将电气设备不带电的金属外壳、构架等与零线连接。

1. 保护接地

在中性点不接地系统中，金属设备外壳意外带电时，人接触金属外壳后，电流将通过金属外壳、人体、电网对地绝缘电阻、电源构成回路。这时流过故障点的接地电流主要是电容电流，在一般情况下，此电流值不大。但是，如果电网分布广或者电网绝缘强度显著下降，此电流值较大，应采取安全措施，即保护接地。

（1）分类。根据接地的目的不同，接地可分为工作接地、保护接地、雷电保护接地、防静电接地和重复接地等。

工作接地是指为运行需要而将电力系统或设备的某一点接地。例如，变压器中性点直接接地或经过消弧线圈接地属于工作接地。

保护接地是指为防止电气设备的金属外壳、配电装置的构架等带电危及人身和设备安全而进行的接地，如将电气设备的金属外壳接地等。保护接地适用于各种不接地的配电网，包括低压不接地配电网和高压不接地配电网，还包括不接地直流配电网。直接安装在已接地的金属底座、框架等设施（接地连续、可靠，电阻达标）上的电气设备金属外壳一般不必再接地。

《煤矿安全规程》第五百一十一条规定：电压在 36 V 以上和由于绝缘损坏可能带有危险电压的电气设备的金属外壳、构架，铠装电缆的钢带（钢丝）、铅皮（屏蔽护套）等必须设保护接地。

（2）保护接地原理。保护接地原理如图 6－12 所示。

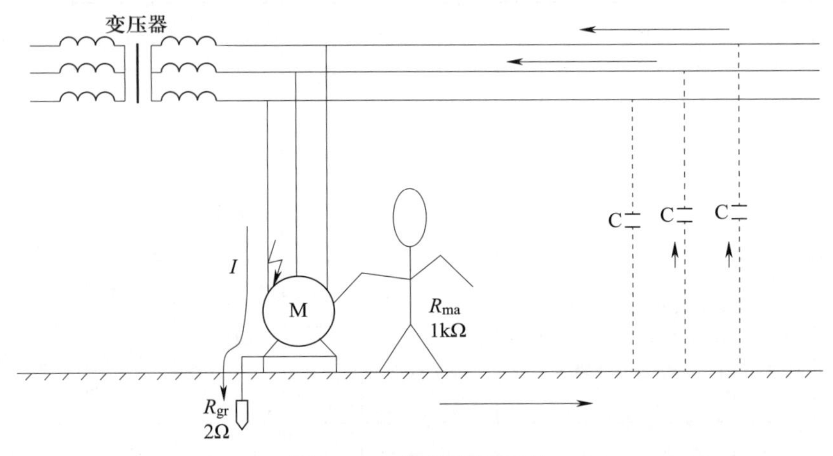

图 6－12　保护接地原理

①无保护接地时：电流经人体入地，再经其他两相对地绝缘阻抗回到电源。这里的关键是漏电电流几乎全部流经人体。

②有保护接地时：电流将通过人体电阻 R_{ma} 和接地电阻 R_{gr} 组成的并联支路入地，再经过其他两相对地绝缘阻抗回到电源。这就大幅减小了通过人体的电流。

（3）一般井下保护接地电阻小于 2 Ω，而人体电阻约为 1 000 Ω。这使通过人体的触电电流约降为无保护接地时的 1/500，甚至更小，因此可以将电流限制在安全值以下。另外，当设备发生漏电故障时，绝大部分漏电电流经接地极入地，显著降低了设备外壳对地电压，从而将可能产生的电火花能量限制在较小范围内，有利于井下安全。

（4）保护接地的主要不足：没有自动断电功能；当电网发生单相直接接地故障时，无法对故障电流进行分流；当人接触带电相时，无分流作用。因此，漏电断电保护和保护接地二者必须配合使用，缺一不可。

2. 保护接零

保护接零是指在变压器中性点直接接地的三相配电系统中，将电气设备在正常情况下不带电的外露可导电部分与系统的保护导体（PEN 线或 PE 线）紧密连接，有效地保护人身和设备安全的技术措施。在这种情况下，当设备发生单相碰壳故障时，故障电流会通过设备外壳、保护导体形成单相短路回路。该短路电流远大于正常工作电流，能使线路上的保护装置迅速动作，切断故障设备的电源，从而消除触电危险，保障安全。

在 380 V/220 V 中性点直接接地的三相四线制或三相五线制电网中，无论环境如何，凡因绝缘损坏而可能带电的外露可导电金属部分，均应保护接零，如图 6－13 所示。

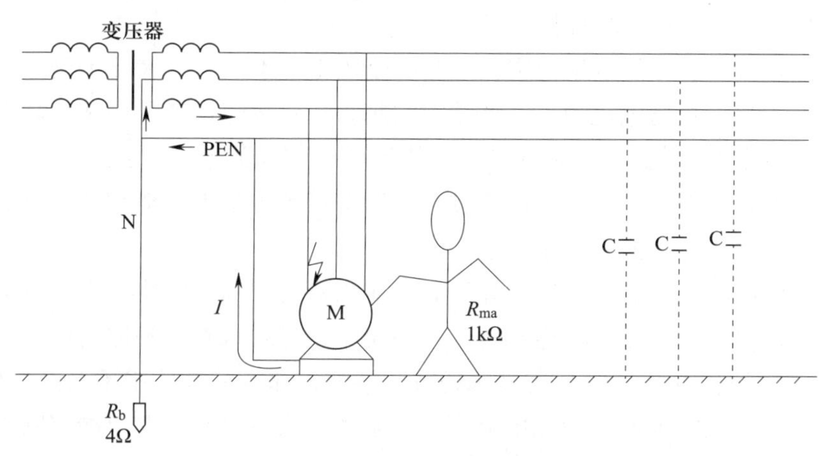

图 6－13　保护接零

（1）无保护接零时，如果设备发生单相碰壳故障而人又触及该设备外壳，则触电电流经人体、大地、变压器中性点构成回路。由于人体电阻远大于接地电阻，人体承受的接触电压近似等于相电压，这对人是非常危险的。

（2）有保护接零时，情况则不同。如果设备发生单相碰壳故障，则故障电流路径：设备外壳→保护导体（PE 线或 PEN 线）→电源中性点。此漏电故障实际上变为单相短路故障，短路电流可使过流保护装置迅速动作，切断电源。又因为保护导体（PE 线或 PEN 线）短接了人体电阻和接地电阻，使接触电压大大减小，对人相对安全。

（3）保护导体（PE 线或 PEN 线）上不得加装任何开关和熔断器。

在三相四线制中性点接地的 380 V/220 V 照明供电系统中，由于普遍采用保护接零，若保护接零的保护导体被切断，可能造成触电事故，一般只在相线上装熔断器。

第三节　短路与电弧防护

短路就是不同电位的导电部分之间的低阻性短接，相当于电源未经过负载而直接由导线接通成闭合回路（通常会导致电路因电流过大而烧毁并发生火灾）。电弧是电气设备运行中出现的一种强烈的电游离现象，其特点是发出强光和热。短路故障的发生和电弧的产生对供电系统的安全运行有很大影响。

一、短路及其防护

1. 短路的概念和危害

在三相供电系统中，短路是指相与相之间或相与地（或中性线）之间发生的非正常连接。

在供电系统中，短路的危害如下：

（1）电流的热效应。在供电系统中，短路电流比正常工作电流大几十倍至几百倍，可达数千安培至数万安培。短路电流越大，持续时间越长，对故障设备的破坏性越强。例如，短路电流可使设备和导体发热，从而损坏绝缘，甚至使金属部分退火、变形或被烧坏。

（2）电流的电动力效应。短路电流通过电气设备将产生很大的电动力，可能损坏导体及其支架，引起电气设备机械变形、扭曲甚至损坏。

（3）电流的电磁效应。交流电通过导线时，在线路的周围空间将产生交变电磁场，交变电磁场可在邻近的导体中产生感应电动势。当系统正常运行或对称短路时，三相电流是对称的，在线路周围空间各点产生的交变电磁场彼此抵消，邻近的导体中不会产生感应电动势。当系统发生不对称短路故障时，短路电流产生不平衡的交变电磁场，对线路附近的信号产生干扰。

（4）电流产生电压降。短路电流在线路上产生很大的电压降，特别是靠近短路点处，使用电设备的电压降低，影响负荷的正常工作，如使电动机转速降低或停转，白炽灯变暗或熄灭等，还可能破坏部分或全部用电设备的供电。

2. 短路的原因

短路的原因主要有以下几个方面：

（1）绝缘被破坏。在绝大多数情况下，未及时发现和消除设备中的缺陷，以及设计、安装和维护不当易造成绝缘破坏。例如，过电压、直接雷击、绝缘材料老化、绝缘配合不当和机械损坏等。另外，设备长期过负荷运行，易使绝缘加速老化或破坏等。

（2）人员误操作，如带负荷断开隔离开关或检修后未撤接地线就合断路器等。

（3）线路断线、倒杆，鸟兽跨接裸露的导电部分等。

（4）环境中存在可能损坏绝缘的气体或固体时，未考虑电气间隙与爬电距离等。

3. 短路的基本形式

常见的短路形式有以下 4 种：

（1）三相短路。三相供电系统中，三相在同一点发生短接形成三相短路，用“$d^{(3)}$”表示，如图 6－14a 所示。

（2）两相短路。三相供电系统中，任意两相在一点发生短接形成两相短路，用“$d^{(2)}$”表示，如图 6－14b 所示。

（3）单相短路。在中性点接地的三相供电系统中，任一相与地发生短接形成单相短路，用“$d^{(1)}$”表示，如图 6－14c 所示。

（4）两相接地短路。在中性点直接接地的电力系统中，不同的两相同时接地形成两相接地短路，用“$d^{(1-1)}$”表示，如图 6－14d 所示。

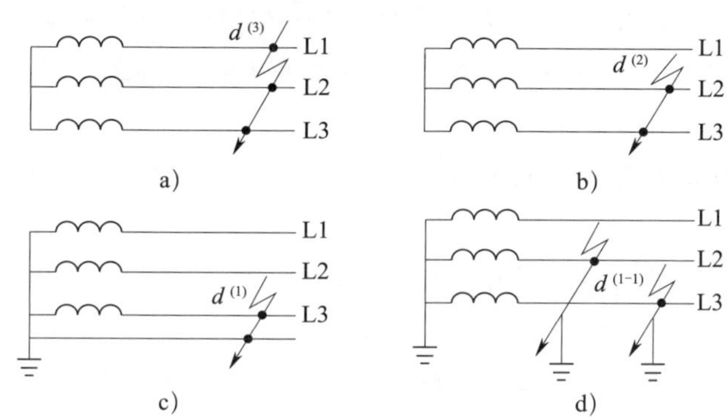

图 6－14　短路的形式

a）三相短路　b）两相短路　c）单相短路　d）两相接地短路

按短路电流的对称性来说，三相短路属于对称性短路，其他形式的短路均为非对称性短路。在中性点接地的电力网络中，以单相短路故障最多，约占全部故障的 90%。在中性点不直接接地的电力网络中，短路故障主要是相间短路。因为短路后产生的电弧会迅速破坏相间绝缘，所以任何一种短路都有可能变为三相短路，这种情形在电缆电路中更常见。

4. 短路的防范措施

（1）做好短路电流的计算，正确选择及校验电气设备，使电气设备的额定电压与线路的额定电压相符。

（2）正确选择继电保护的整定值和熔体的额定电流，采用速断保护装置，以便发生短路时能快速切断短路电流，减少短路电流持续时间及其造成的损失。

（3）在变电站安装避雷针，在变压器四周和线路上安装避雷器，减少雷击损害。

（4）保证架空线路施工质量，加强线路维护，保持架空线路弧垂一致并符合规定。

（5）带电安装和检修电气设备时，注意力应集中，防止误接线、误操作。与带电部位距离较近时，应采取防止短路的措施。

（6）加强治理，防止小动物进入配电室后爬上电气设备。

（7）及时清除导电粉尘，防止导电粉尘进入电气设备。

（8）在电缆埋设处设置标记，电缆四周挖掘施工时应派专人看护，并向施工人员说明电缆敷设位置，以防电缆被破坏引发短路。

（9）按规程正确操作电气设备，禁止带负荷拉刀闸、带电合接地刀闸。线路施工、维护人员工作完毕，应立即拆除接地线。应经常对线路、设备进行巡视检查，及时发现缺陷，迅速进行检修。

二、电弧危害及灭弧方法

开关设备是供电系统中的主要组成部分。当开关在空气中开断电路时，其触头间隙（也称弧隙）中会产生温度极高、发光极强、能导电、形如圆柱的气体——电弧。一方面，电弧的产生延长了电路开断时间。在开关分断短路电流时，开关触头上的电弧延长了短路电流的持续时间，可能对电路及设备造成更大的损坏。另一方面，当电流较大时，电弧高温能烧损或熔化触头表面，烧毁电气设备及导线电缆，或使触头附近的绝缘遭到破坏，甚至引起开关设备的爆炸和火灾等重大事故。

电弧是开关设备切断负荷电路过程中不可避免的现象，为了避免电弧的危害，掌握灭弧方法是十分重要的。

在开关设备中，广泛采用的灭弧方法有以下几种：

1. 速拉灭弧法

迅速拉长电弧，可使弧隙的电场强度骤降，离子复合迅速增强，从而加速电弧的熄灭。这种灭弧方法是开关设备中最基本的灭弧方法，应用广泛。高压开关中装设强有力的断路弹簧，目的就在于加快触头的分断速度，迅速拉长电弧。

2. 冷却灭弧法

降低电弧的温度，使正负离子的复合增强，有助于电弧加速熄灭。这种灭弧方法在开关设备中应用广泛，同样是一种基本的灭弧方法。

3. 吹弧灭弧法

利用外力（如气流、油流或电磁力）吹动电弧，使电弧在气流中冷却和拉长，从而使电弧熄灭。拉长电弧还有助于降低电弧中的电场强度，使离子的复合和扩散增强，从而加速电弧的熄灭。

按吹弧的方向分，吹弧方式有横吹和纵吹两种，如图 6-15 所示。横吹能使电弧的长度和表面积增大，更有利于电弧的冷却和带电质点的扩散，比纵吹效果好。

按外力的性质分，吹弧方式有气吹、油吹、电动力吹和磁力吹等。气吹广泛应用于高压开关电器灭弧，如高压气体吹弧、利用电弧高温使油或固体有机物质分解出气体来灭弧等。

4. 金属栅片灭弧法

在触头上方安装一排金属灭弧栅片（又称去离子栅），当动静触头断开时，产生的电弧在电动力和磁场力的作用下进入栅片内，从而将长电弧切割成若干短电弧（见图 6-16），同时钢片对电弧还有冷却降温作用，从而加速电弧的熄灭。

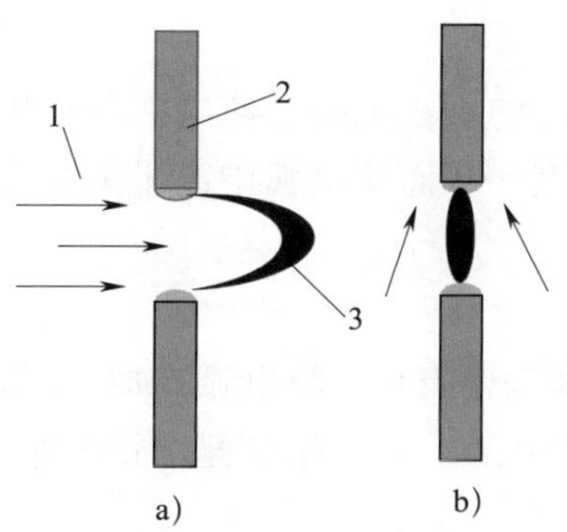

图 6-15　吹弧方式

a）横吹　b）纵吹

1—气流　2—触头　3—电弧

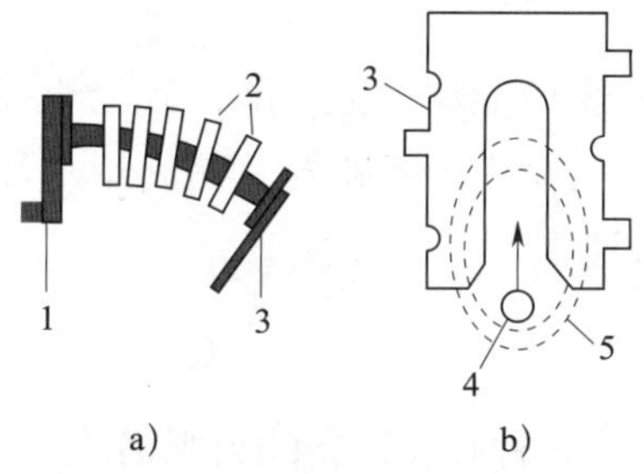

图 6-16　将长电弧切割成若干短电弧

a）灭弧栅侧视图　b）灭弧栅片切弧原理图

1—静触头　2—金属栅片　3—动触头　4—电弧电流　5—电弧磁场

5. 多断口灭弧

高压断路器每相有 2 个或多个串联断口，如图 6-17 所示。断口数量增加使得每一个断口的电压降低，同时提高触头分断速度，使电弧迅速拉长，更有利于灭弧。当断口在 2 个以上时，为了使各断口上的电压平均分配，各断口间应并联均压电容。

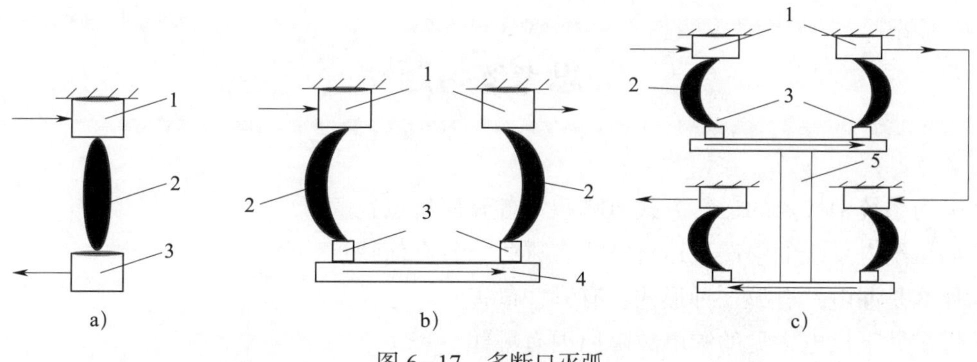

图 6-17　多断口灭弧

a）1 个断口　b）2 个断口　c）4 个断口

1—静触头　2—电弧　3—动触头　4—触头桥　5—绝缘拉杆

6. 粗弧分细灭弧法

将粗大的电弧分成若干平行的细小电弧，使电弧与周围介质的接触面积增大，改善电弧的散热条件，降低电弧的温度，从而使电弧中离子的复合和扩散得到增强，使电弧迅速熄灭。

7. 狭沟灭弧法

电弧在固体介质所形成的狭沟中燃烧，将电弧冷却，同时电弧与介质表面接触使带电质点的复合增强，从而使电弧迅速熄灭。有的熔断器熔管内充填石英砂，就是利用了狭沟灭弧原理。

8. 真空灭弧法

真空具有较高的绝缘强度。如果将开关触头装在真空容器内，则在电流过零时就能立即熄灭电弧而不致复燃。真空断路器就是利用真空灭弧法的原理制造的。

9. 六氟化硫（SF_6）灭弧法

六氟化硫气体具有优良的绝缘性能和灭弧性能，其绝缘强度约为空气的 3 倍，其绝缘强度恢复速度约为空气的 100 倍。六氟化硫断路器就是利用六氟化硫作为绝缘和灭弧介质，从而获得相当高的断开容量和灭弧速度。

知识拓展

各种开关设备的灭弧措施

（1）高压隔离开关和低压快分开关采用冷却灭弧法及速拉灭弧法灭弧。

（2）有填料封闭式熔断器利用狭缝灭弧法及冷却灭弧法灭弧，无填料封闭式熔断器利用速拉灭弧法、冷却灭弧法及增大压力等方法灭弧。

（3）低压断路器、接触器和带灭弧罩的刀开关应用冷却灭弧法等灭弧。

（4）压缩空气断路器、油断路器及负荷开关等广泛利用吹弧灭弧法灭弧。

思考练习题

1. 电力系统中性点的运行方式有哪些？各有何特点？
2. 低压配电系统的中性点运行方式有哪些？各有何特点？
3. 什么是漏电？有哪几种形式？有哪些危害？
4. 煤矿井下供电常见的漏电故障原因有哪些？
5. 预防井下漏电及人身触电的措施有哪些？
6. 什么是漏电保护？对漏电保护装置有何要求？

7. 什么是保护接地和保护接零？保护接地的方式有几种？各有何特点？
8. 短路的基本形式有哪些？各有何特点？
9. 短路的危害有哪些？
10. 开关设备中常用的灭弧方法有哪些？

第七章

煤矿电力物联网及智能监控系统

学习目标

1. 了解煤矿电力物联网的特点和功能。
2. 熟悉煤矿电力物联网的相关技术。
3. 掌握煤矿智能供电监控系统的组成、功能和操作等。

学习导引

在现代矿井开采中，智能采煤技术、互联网技术已经成为第一生产力，煤矿生产关系也在稳步调整，各大煤矿积极构建智能矿山新格局。煤矿电力物联网是工业物联网及软件技术在煤矿领域的全面应用，其具有万物互联、时空服务、融合联动和智能决策4个特征。电力物联网管理系统基于智能矿山体系，实现了智能化供电监控，以及供电、配电、用电设备的云、边、端一体化管理，解决了目前煤矿电力管理系统面临的难题。

第一节　煤矿电力物联网概述

一、煤矿电力物联网简介

煤矿电力物联网是物联网技术在煤矿电力系统中的应用，是采用物联网技术，将煤矿供配电、用电设备作为目标接入网络，对煤矿电气设备的使用和维护、用电环境、人员管理、能效管理等环节进行全过程动态和静态实时管控，可实现电力设备自动化、智能化主动运维，设备数据互联互通、主动故障诊断，以及煤矿电力供电、配电、用电设备的云、边、端一体化管理。煤矿电力物联网架构如图 7-1 所示。

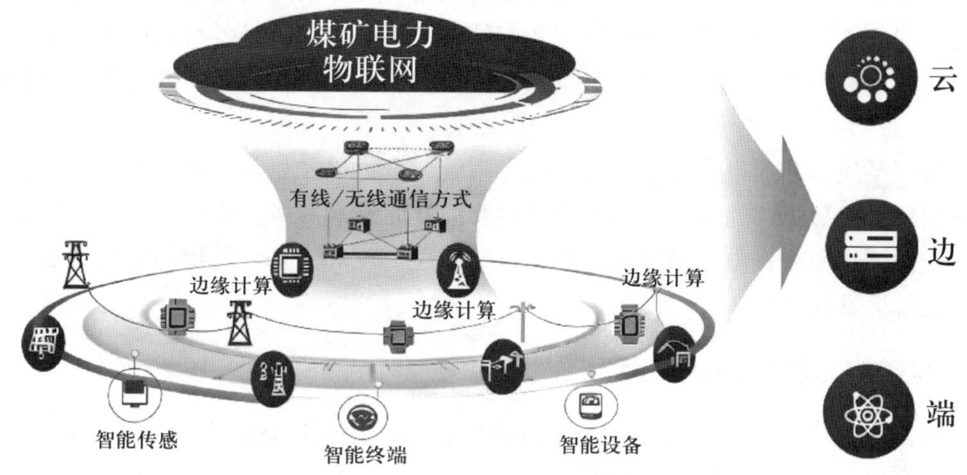

图 7-1　煤矿电力物联网架构

煤矿电力物联网网络架构（见图 7-2）包括感知层、网络层、应用层。

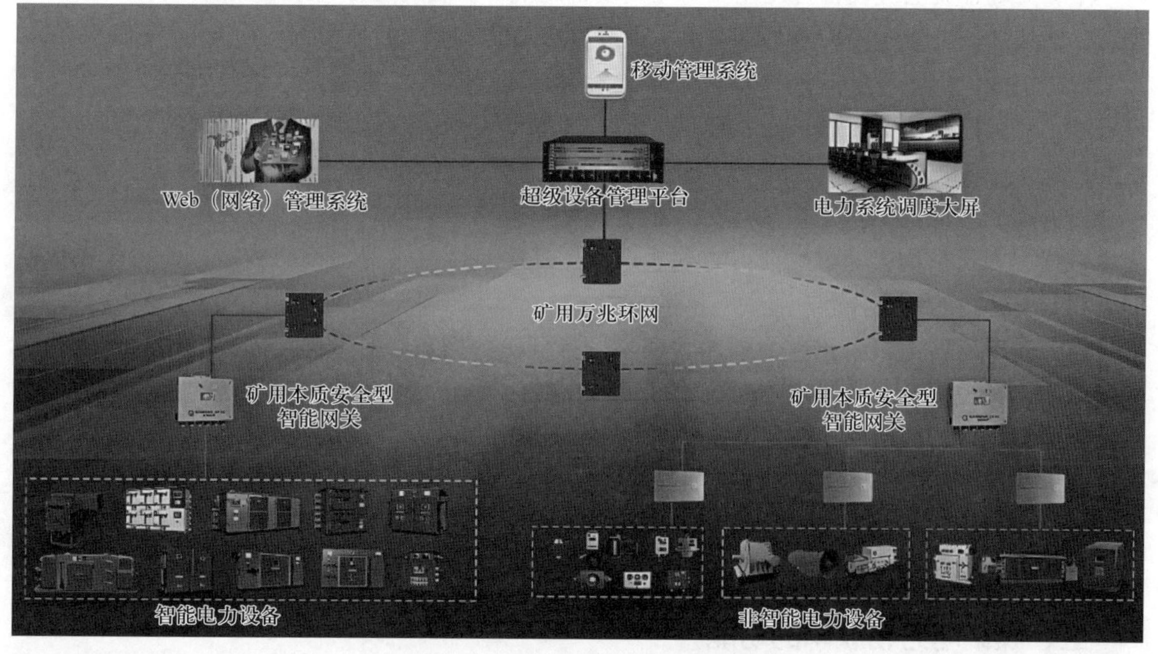

图 7-2　煤矿电力物联网网络架构

图 7-2 中，各种智能电力设备的数字化采集设备、传感器、矿用本质安全型智能网关、本质安全型协议适配器模块为感知层，负责对电力系统中各种设备的参数进行实时监测、采

集和传输。感知层技术应具备高可靠性和稳定性，以便适应煤矿复杂环境下的数据采集和传输。随着物联网技术的发展，感知层技术也在不断升级和完善，以提高数据采集和传输的准确性和效率。

矿用本质安全型隔爆监控分站及光纤组成的矿用万兆环网为网络层，负责将感知层采集的数据传输到应用层，同时进行数据处理和存储。网络层技术应具备高效性和安全性，保证数据传输的稳定和可靠。常用的网络层技术包括有线和无线通信技术、云计算和大数据处理技术等。

Web 管理系统、超级设备管理平台、电力系统调度大屏及移动管理系统为应用层，负责应用网络层传输的数据，为煤矿电力系统提供智能化管理和服务。应用层技术应具备高度智能化和适应性，以便根据电力系统运行情况进行智能调度和管理。常用的应用层技术包括人工智能和机器学习技术等。

二、煤矿电力物联网的特点

目前煤矿通过供电安全监控系统已实现供电设备、用电设备的自动化运行和集中管理，具备遥测、遥信、遥控、遥调、遥视的“五遥”功能。

煤矿电力物联网通过主动监测、主动诊断、主动运维、主动上报、主动替代，有效解决了煤矿电力系统管理的困局，具有以下特点：

（1）实现各类电气设备智能化。为电气设备配上“设备管理器”，实现设备的自我监测和控制，使其具备设备内部数据无缝接入的能力和强大的人工智能算力。

（2）实现供配电设备管控线路化。通过云端或现场配置，将某台设备升级成供电线路管控终端，对线路上所有设备通过物联网方式实现数据互联、边缘侧策略管控，大大提高管控速度和管控精度。

（3）实现供配电设备管控区域化。通过设置数据网关的方式，对区域内所有设备数据及环境数据、人员数据等通过物联网方式实现数据互联、区域边缘侧策略管控，提高区域管控能力和系统运行的稳定性。

（4）实现供配电设备全生命周期管理。设备身份数据及运行数据接入物联网后，实现与信息化平台的无缝对接，真正实现设备采购、运行、故障诊断、维护、报废的全过程管理，将大大提高装备的稼动率，减少设备配件库存和维护费用。

（5）实现所有数据上云、分层共享、深度处理。通过数据物联化，相关人员均能通过授权的方式获取相应的数据和控制权限，通过长期数据积累及深度分析，可以对电力系统的整体运行状况、设备运行状况进行分析和汇总，提高设备选型的准确性和系统设计的合理性。

三、煤矿电力物联网的功能

下面以某煤矿电力物联网智能化云平台为例，介绍煤矿电力物联网的功能。

1. 日常监测管理

全矿供电系统以动态模拟图形式在电力系统调度大屏上显示，不同检测界面可以随时切换，实时显示全矿的用电量、供配电设备的状态、单台设备的运行数据，整个电力系统所有开关和线路的运行状态一目了然。电压、电流、功率、用电量等实时数据都显示在电力系统调度大屏上，生产调度人员及管理人员可随时掌握电力系统的工作和负荷情况，并根据需要做出调整。系统的保护器界面、监控分站界面及系统调度大屏上都能显示、查询电路的实时数据、历史数据、事件记录等各种信息，方便系统管理、使用和维护。日常监测画面如图 7-3 所示。

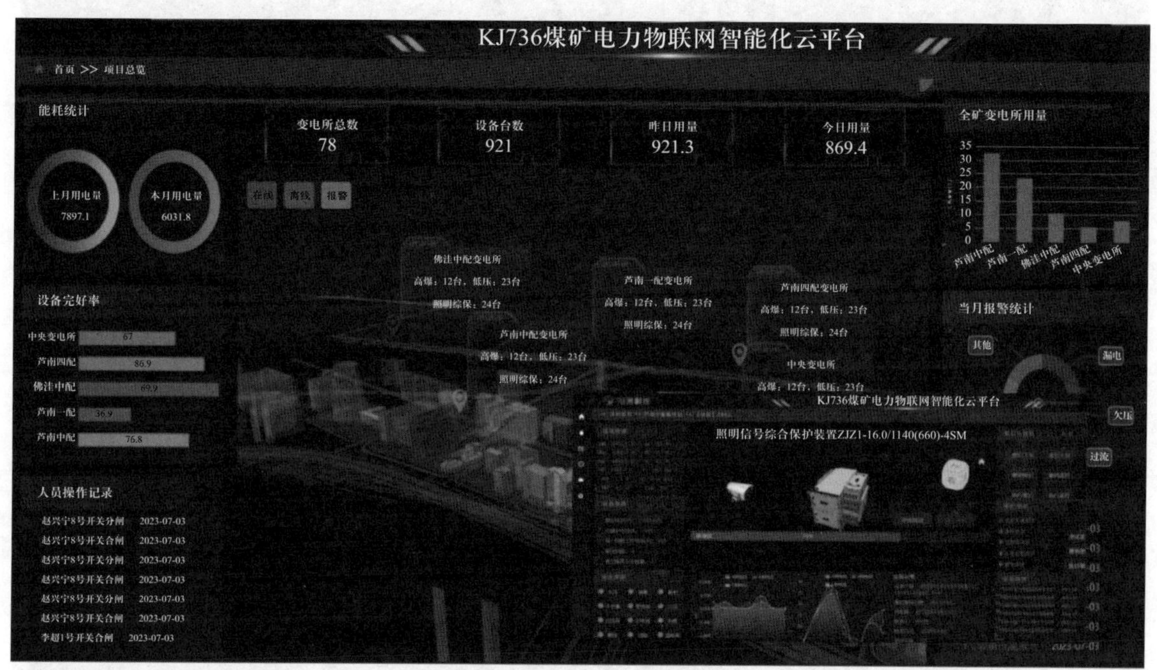

图 7-3　日常监测界面

2. 用电环境监测

通过布置在矿井各关键区域的传感器节点，基于物联网技术，系统能够实现环境数据的实时采集、传输；借助大数据分析技术，可以预测矿井环境的变化趋势，为决策者提供实时信息作为决策依据。

3. 运维管理

通过传感器、监测设备实时采集电力设备数据，并将数据传输到数据处理中心，利用大数据、云计算技术对数据进行处理与分析，提取有用信息，再结合专家系统、人工智能技术，对电力设备进行智能决策与控制。通过智能化云平台，可实现电力设备的运维管理、故障诊断、预警预测等，为运维人员提供辅助决策支持。运维管理画面如图 7-4 所示。

4. 设备全生命周期管理

设备全生命周期管理以供电设备的信息为核心，以信息网为前提，实现供电设备设计研究、采购生产、安装调试及运行维护等全生命周期的信息共享与交互使用。如此有助于在供电设备运行时对设备的购置、生产等环节进行跟踪，可进一步提高供电工程集中管控与建管

图 7-4　运维管理界面

相结合的工作成效。设备全生命周期管理界面如图 7-5 所示。

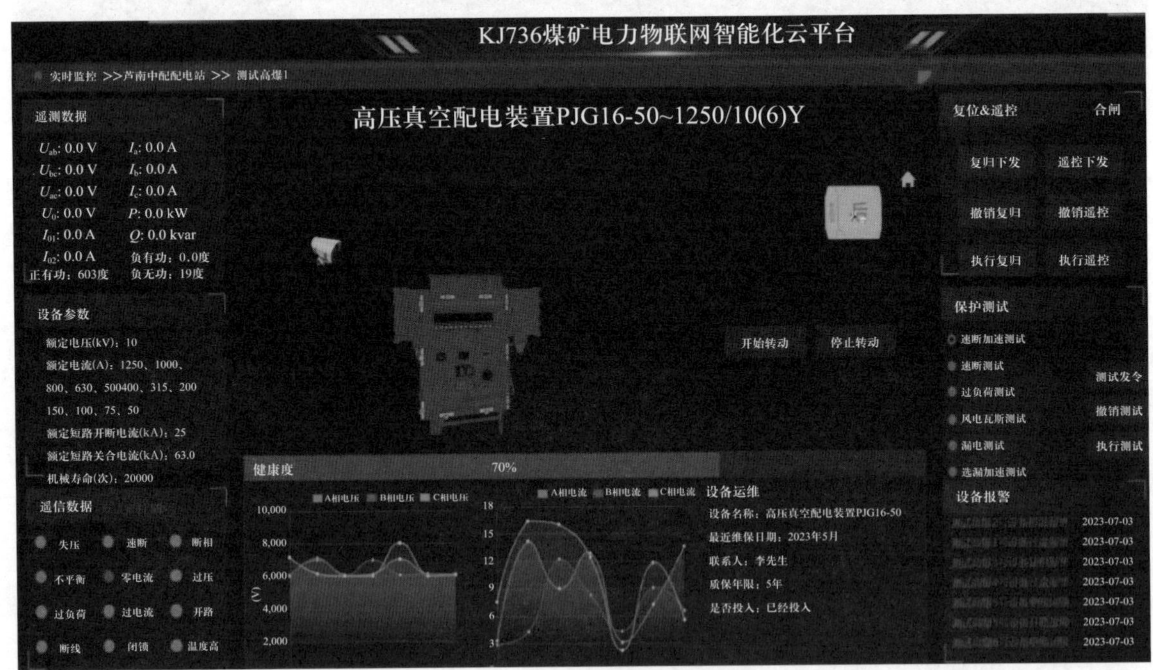

图 7-5　设备全生命周期管理界面

5. 视频人工智能（AI）分析

系统通过开发 AI 视频分析与识别技术，使得在部分场景光照不足、被遮挡、视角变化和

尺度变换等自然环境下，仍具有很好的识别稳定性和鲁棒性，且具有较高的实时性和精度。通过构建人－机－环境全域视频图像特征检测与识别典型场景库和算法群，实现人员、机器、环境事故隐患的智能图像分析和报警，响应时间不大于 10 ms；开发矿井安全风险感知与智能防控平台，实现对煤矿各种事故隐患的有效分析和智能识别。设备视频监控画面如图 7－6 所示。

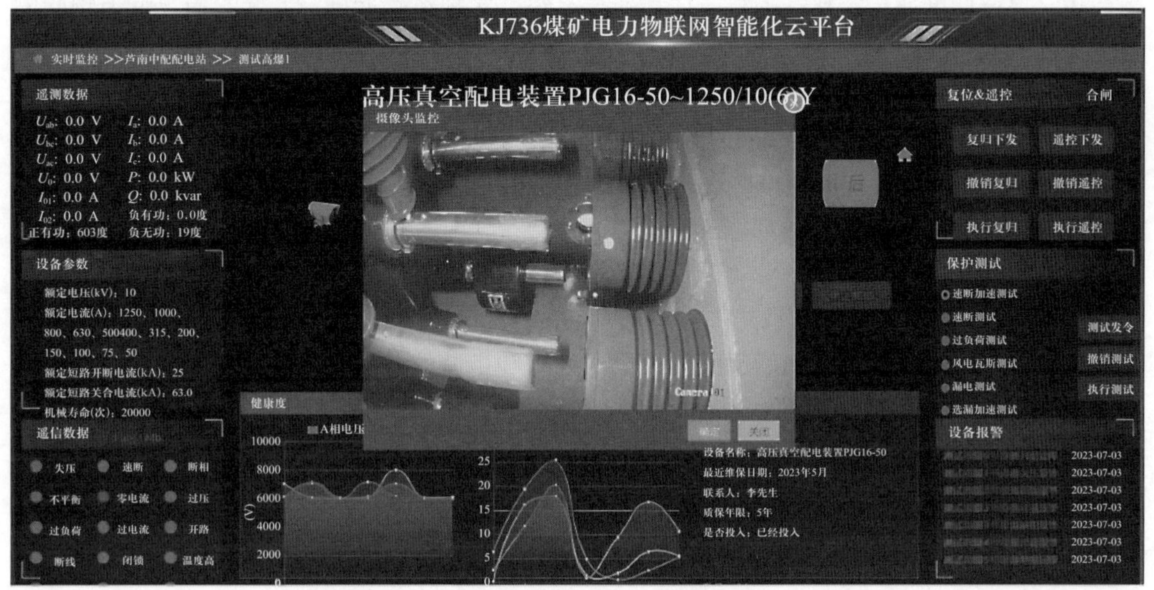

图 7－6　设备视频监控画面

6. 策略联动

在设备管理平台上可以进行全矿所有开关的停送电、设备的启停等远程操作，还能实现一键合闸、一键漏试、一键速断测试，一人即可通过管理平台完成线路停送电指令的发出和执行。这样可避免过去通过电话联系调度时因发令人与收令人沟通失误造成的时间延误和误操作。

四、煤矿电力物联网的相关技术

1. 矿鸿操作系统

矿鸿操作系统是统一煤矿行业设备的操作系统，是工业级鸿蒙商用系统，专为矿山复杂场景设计。作为我国矿山领域首个自主工业物联网操作系统，其核心目标是解决煤矿设备协议不统一、数据孤岛等问题，推动煤炭行业智能化转型。

矿鸿操作系统通过独特的“软总线”技术以及统一的 HCP（用于管理设备连接和数据通信的协议）协议等关键技术，将不同厂家的设备互联互通，助力煤矿企业建设“智能感知、智能决策、自动执行”的智能矿山，从而逐步实现采煤、运煤、管理的自动化，最终实现无人化。

2. 传感器技术

传感器技术是实现电力设备物联网数据采集的基础，主要包括温度、压力、电流、电压等物理量传感器。随着传感器技术的不断发展，其体积更小、功耗更低、精度更高，为电力物联网的应用提供了有力的支持。

3. 通信技术

电力物联网通信技术基于传统的电力通信网，融合了新兴的万兆工业控制网络、F5G（第五代固定网络）全光网、数据中心等，实现井上、井下视频、数据、语音的一体化传输；融合数字程控调度通信、移动通信、广播通信系统，实现统一调度、互联互通。电力物联网系统支持多种通信方式：RS-485、以太网、矿山 WiFi（一种无线局域网技术）、4G（第四代移动通信技术）/5G（第五代移动通信技术）网络、电力线载波通信等。

4. 数据处理技术

数据处理技术是实现电力设备物联网信息分析和应用的基础，主要包括数据采集、存储、处理等。通过数据处理技术，可以对海量的数据进行实时分析，为电力设备的维护、优化和决策提供支持。

5. 云计算技术

云计算技术是实现电力物联网大规模数据处理和存储的关键技术。通过云平台，可以实现对电力设备数据的集中存储、分析和处理，提高电力设备的运行效率和可靠性。

6. 安全技术

电力设备物联网涉及大量敏感数据，因此，安全技术是保障电力设备物联网安全运行的重要手段，主要包括身份认证、访问控制、数据加密、入侵检测等。

第二节　煤矿智能供电监控系统

煤矿智能供电监控系统由隔爆兼本质安全型设备组成，适用于含有爆炸性气体（如甲烷等）和煤尘的煤矿井下以及地面含有爆炸性气体的危险场所。

本节以 KJ736 型智能供电监控系统为例，对系统各部分的功能及调试步骤进行介绍。

一、KJ736 型智能供电监控系统简介

KJ736 型智能供电监控系统由各类高低压开关智能保护器、电力监控分站、通信传输接口、监控主机与备用机、传输光缆、以太网、RS-485 总线、控制器局域网（CAN）总线、打印机、不间断电源（UPS）等组成。智能供电监控系统组成如图 7-7 所示。

KJ736 型智能供电监控系统能够实时监测煤矿供电系统电力线路的运行状态和各种技术参数，对电力系统自动进行各种保护，并能将电力系统的运行状态和各种技术参数上传至井上计算机和矿局域网，供有关部门对电力系统进行监控、监测和统计，合理制订电力系统运行计划和设备维护检修计划。KJ736 型智能供电监控系统是将井下供电智能化、电力设备保护智能化、调度智能化功能集成一体的智能化系统，可实现井下变电所无人值守、全矿电力系统运行情况监控、运行参数超限报警和自动保护，从而预防事故发生。

图 7–7 智能供电监控系统组成

1. 系统型号

系统型号为 KJ736，其具体含义如下：KJ 表示矿用监测、控制系统或设备，736 表示登记序号。

2. 系统组成

系统由监控主机、通信接口（光纤交换机）、光纤以太环网、监控分站、RS–485 总线和底层设备组成。系统主机、从机、光纤以太网交换机安装在煤矿地面调度中心。主机、从机使用双绞线，通过 RJ45 接口连接至光纤以太网交换机。监控分站与通信接口间使用光纤连接，组成万兆光纤以太环网，作为以太网传输平台，实现井上监控计算机与井下监控分站的信息交换。监控分站和开关的智能保护器通过 RS–485 总线连接，采集开关控制电路的数据，对开关进行遥调、遥控、遥视。

（1）地面监控设备。KJ736 型智能供电监控系统地面监控设备主要有监控主机、从机、通信服务器、光纤交换机、UPS、计算机软件（包括操作系统、中心站软件、应用程序）存储介质、打印机等。地面监控设备设在煤矿地面调度中心，主要用来接收监测信号、报警判别、数据校正和统计、显示、声光报警、人机对话、输出控制、联网等。

（2）传输信道。传输信道就是传输信息的通道，用于信息的传输和转换。KJ736 型智能供电监控系统主干信道是光纤以太环网到各变电所，通过网络交换机的数据接口将变电所各种设备数据接入主传输系统；在变电所内安装电力监控分站，采用现场总线 RS–485 方式采集变电所开关设备的运行参数和状态，实现就地集中数据监测和设备控制，主站对采集到的信息进行处理，集中上传到系统主机。

KJ736 型智能供电监控系统使用千兆网口、全双工千兆网口，基于 IEC（国际电工委员会）61850 标准，支持 GOOSE（面向通用对象的变电站事件）+“智能网络靶向”机制，避免一台设备通信出现问题时影响整个总线的问题。

（3）井下监控设备。井下监控设备主要有矿用隔爆兼本质安全型数据接口（以下简称接口）、井下通信计算机（矿用隔爆兼本质安全型电力监控分站）、矿用隔爆兼本质安全型直流稳压电源（以下简称直流电源）、高压防爆配电装置保护器、馈电开关保护器、电磁起动器保护器、照明信号综合保护装置保护器、电参量变送器等。井下监控设备通过 RS-485 总线连接监控分站，完成电力设备的保护和电路测量、数据采集、数据传输、控制执行工作。

井下变电所内开关设备的运行参数和状态通过综合保护单元采集并输出，电力监控分站和开关综合保护单元之间采用 RS-485 现场总线通信（隔爆设备信号输出通过安全隔离器做本质安全隔离处理），变电所的电力参数通过以太网传输到电力监控系统中心。

（4）供电开关柜及微机综合保护器。

①在地面变电所、中央变电所及通风性能较好的区域，可选用矿用一般型供电开关柜，其内部有微机综合保护器的可直接通过通信电缆，以总线方式连接至通信计算机。

②在掘进工作面、采区变电所，通常选用高压永磁或低压真空馈电开关，其内部有微机综合保护器的可直接通过通信电缆，以总线方式连接至通信计算机。

③对于没有微机综合保护器的开关，可通过电力监测分站测量其二次互感后的电压、电流信号，由电力监控分站将遥信信息传至主机。

3. 技术要求

（1）系统能够对供电高压电气设备、供电线路和用电负荷进行全面安全保护、运行、监测、计量和远程操作控制，具有“五遥”功能，实现井上、井下防越级跳闸功能，有效防止供电系统故障运行、越级跳闸、大面积停电等事故。

（2）系统能够实现电力运行管理、实时用电计量管理、故障定位、故障录波、电缆绝缘实时监测预警、网络拓扑结构自动识别、一键式快速恢复供电等管理功能。

（3）采集装置能够将信息发送到通信控制器，再传送到主站，存放到面向应用的实时数据库中，同时主站通过与通信控制器通信实现对电网的控制和调节。

（4）系统具有多种报警功能。对不同类别的信息可以设定不同的报警方式，如闪光、变色、鸣叫、语音、打印、调取视频画面等。系统可记录报警故障内容、时间、地点、数值等关键信息，对设备运行状态及事故原因进行分析。

（5）系统具有实时显示各种监测数据、图形、曲线和表格等功能，能够记录开关分合闸状态，以及开关运行中分合闸操作、保护跳闸的事件等。

（6）系统具有查询功能，可分时段查询监控设备故障记录、监控开关的历史数据和操作记录等。

（7）系统具有电能计量考核管理功能，实现对各用电负荷的用电显示、记录、统计和报表打印，使管理者实时掌握全矿及重要设备的电能消耗。

（8）系统操作具有分级权限管理功能，可根据不同的用户需求，授予不同级别的操作权限。

（9）系统具有对时功能，包括系统对电力监控分站、电力监控分站对微机保护装置之间的对时校准。

（10）系统能够实时记录用户修改、设置、整定、远控等操作记录，可导出开关定值参数并生成标准格式的文件。

（11）当变电所内开关动作或者发生异常时，可与工业电视视频信号实现联动，使其自动切换到该变电所，提示地面调度人员，并可通过广播系统发出语音警告。

（12）系统具备智能防越级跳闸保护功能，可对矿井所有变电所进行实时监控与电力调度，具有峰谷电量与能耗统计分析功能、电能质量监测功能及智能高压开关设备顺序控制功能。

（13）系统能够在高压架空输电线路的重点区段，对环境、地质、导线、金具、杆塔等实现智能监测。

二、智能供电监控系统的功能与操作

KJ736 型智能供电监控系统基于智能电力组态平台，适用于 Windows 7 x64 操作系统、Windows 10 操作系统、Windows Server 2008/2012 操作系统。

1. 系统软件的启动

计算机开机后，启动 Windows 操作系统，运行 KJ736 软件，如图 7－8 所示。

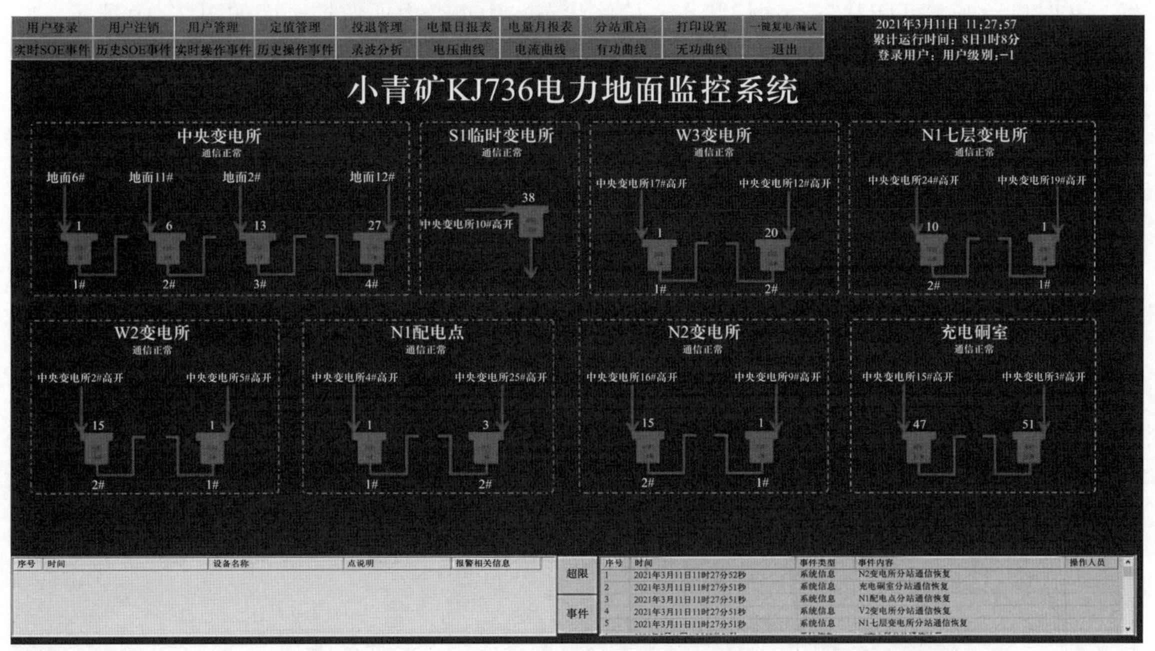

图 7－8 系统启动界面

菜单栏完全展示系统功能，不存在多级菜单。启动界面展示各变电所进线缩略图，能够直观看到各变电所之间的上下级关系。主界面尽可能多地展示系统信息，为调度人员提供便利。

2. 用户管理

系统具有完善的用户权限管理机制，只有系统管理员级别用户才能进行用户添加、删除操作。在系统菜单点击“用户管理”，可进入用户管理对话框，如图 7－9 所示。

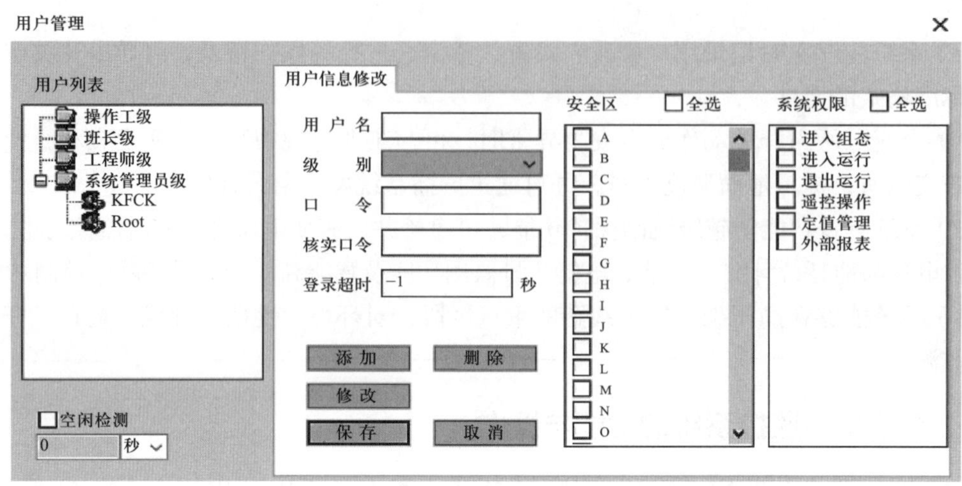

图 7－9　用户管理对话框

3. 变电所供电图

系统可根据系统供电图 1 : 1 还原现场接线，清晰标注开关编号信息，实时刷新并显示数据，实时显示开关开闭状态、通信状态、检修状态。中央变电所监控画面如图 7－10 所示。

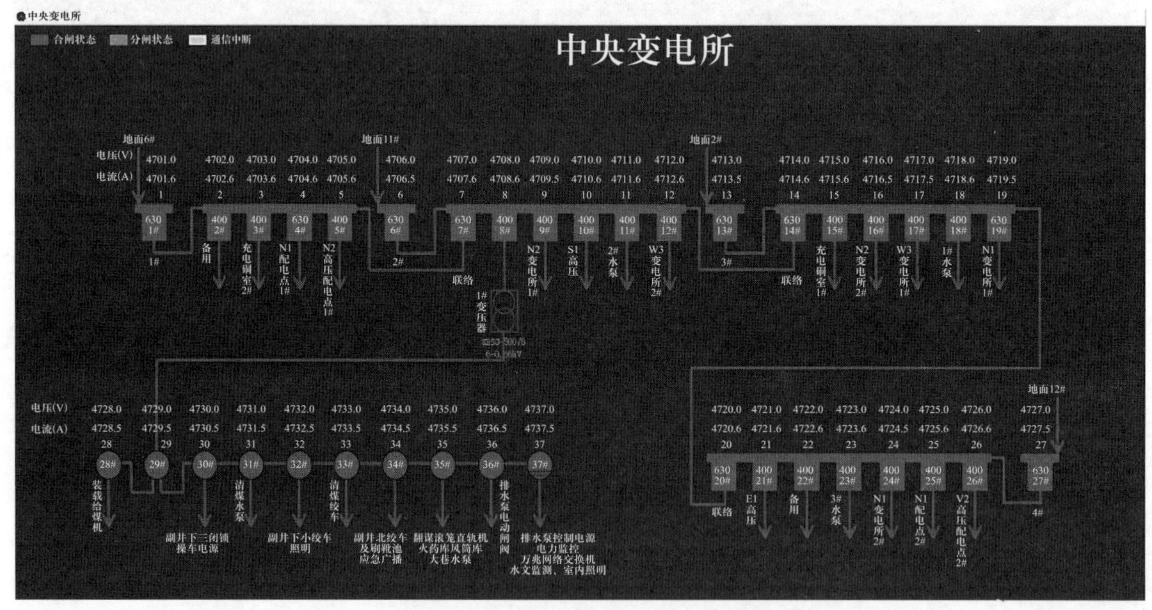

图 7－10　中央变电所监控界面

每台开关都可设置检修状态，防止非专业人员进行分合闸操作，以保障现场操作人员的安全。解除检修状态需要输入值班人员登录密码。已经设置为检修状态的开关显示为黄色，将无法对其进行分合闸、测试、复归操作。设备检修窗口如图 7－11 所示。

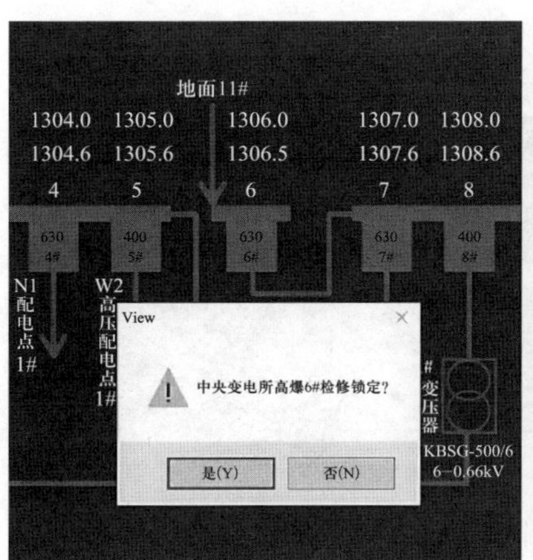

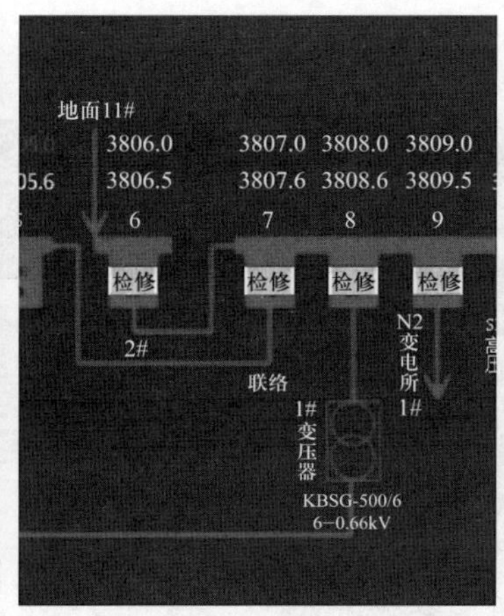

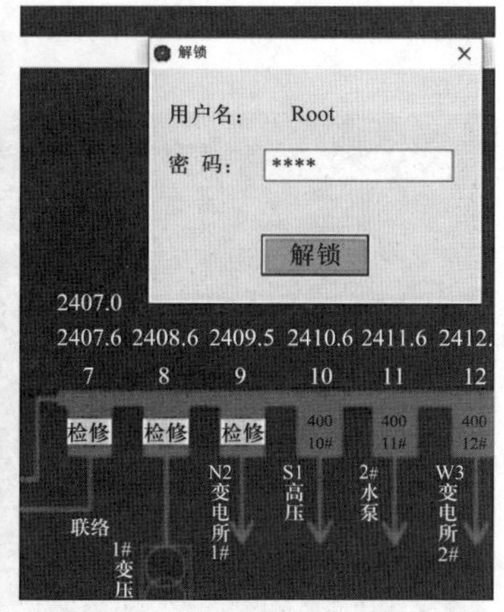

图 7-11　设备检修窗口

4. 设备窗口

设备窗口（见图 7-12）详细展示当前设备类型、所属变电所，以及设备模拟量、报警状态、运行状态。扩展功能包括设备曲线、远程操作及安全测试。电压电流超限报警功能可根据现场情况启用或禁用，报警限值可调。煤矿每天进行漏电试验，需要安排大量人员前往变电所现场操作，或由调度中心人员进行单台远程操作，过程繁杂，易出错。为提高效率，系统设计了低压馈电一键漏试、一键合闸功能。

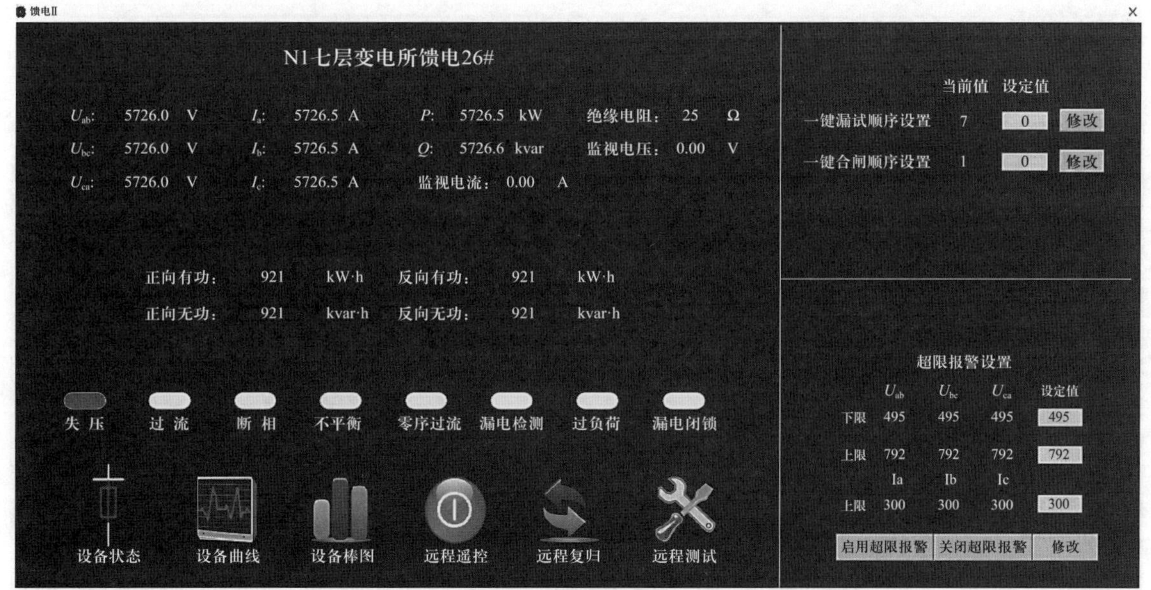

图 7-12　设备窗口

（1）开启一键合闸 / 一键漏试功能后，在每个回路旁显示“一键漏试”“一键合闸”按钮，点击按钮即可打开对应操作界面。

点击“合闸发令”“执行合闸”按钮，该回路将按照预设顺序依次执行合闸操作。“一键合闸”窗口如图 7-13 所示。

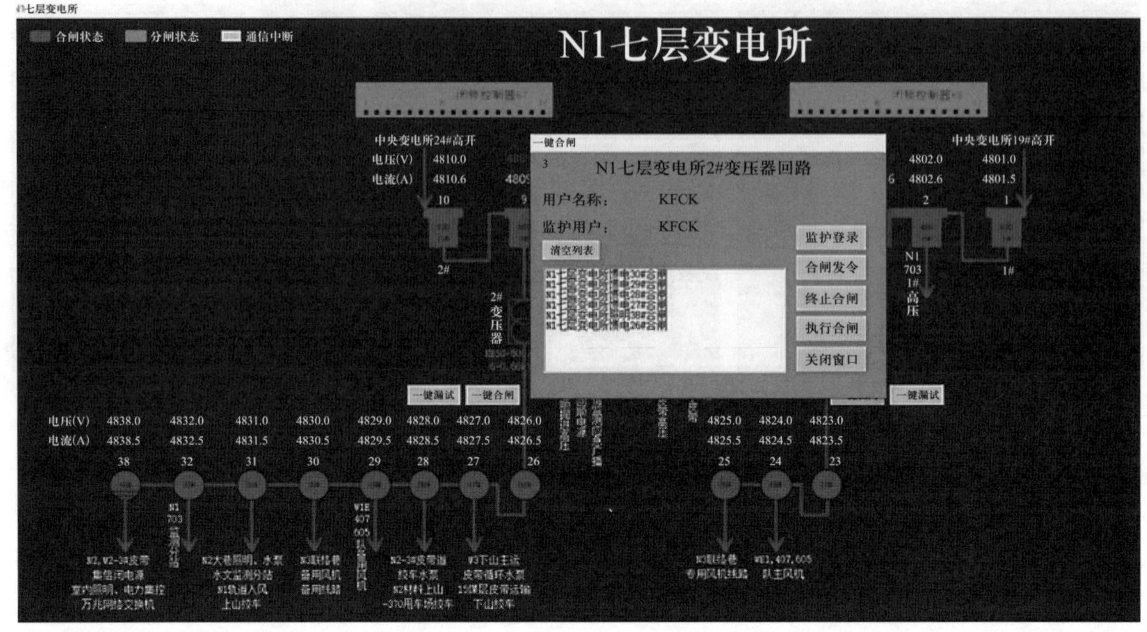

图 7-13 “一键合闸”窗口

点击“一键漏试”按钮，打开对应操作界面。点击“漏试发令”“执行漏试”按钮，该回路将按照预设顺序依次执行漏试操作。漏电试验做完后，将自动进入“一键合闸”模式，合闸顺序与“一键合闸”设定顺序相同。“一键漏试”窗口如图 7-14 所示。

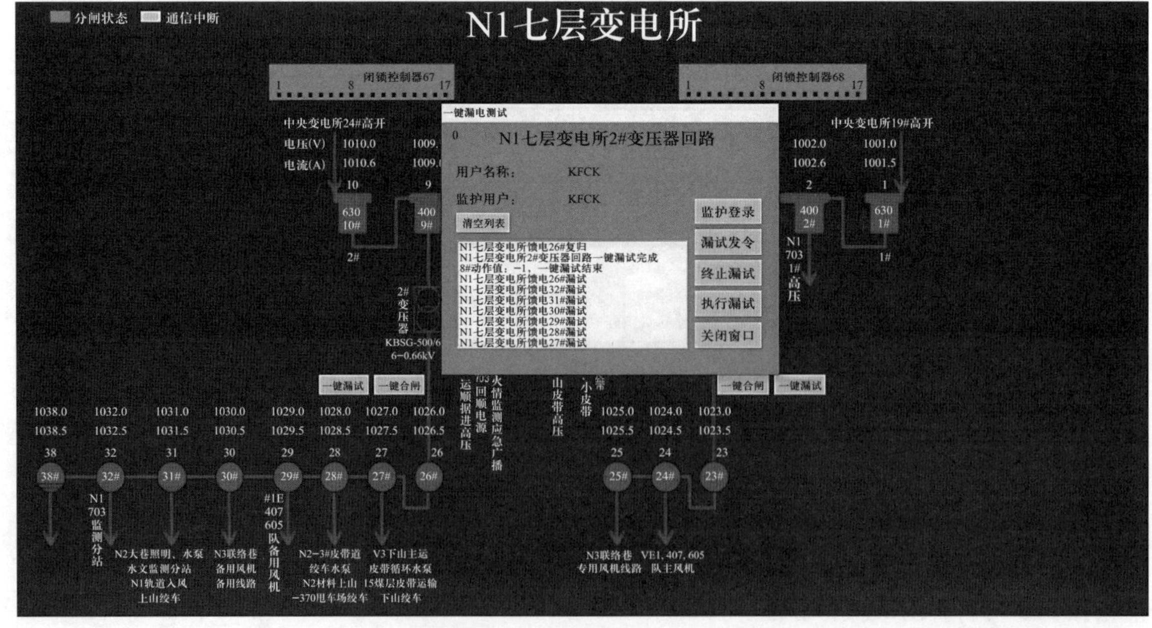

图 7-14 “一键漏试”窗口

（2）远程遥控。在设备窗口中点击“远程遥控”按钮，可打开遥控分合闸界面。低权限用户在监护用户已登录的状态才可执行操作，高权限用户可免于登录监护用户账号。远程遥控窗口如图 7-15 所示。

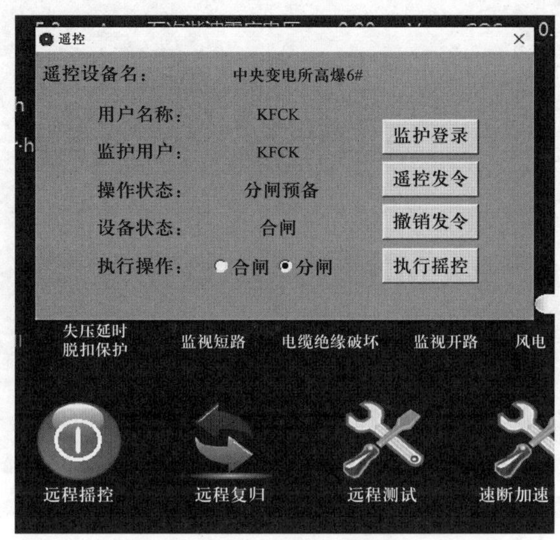

图 7-15　远程遥控窗口

（3）远程测试。在设备窗口中点击“远程测试”按钮，可打开测试界面，用于定期检测设备可靠性。低权限用户在监护用户已登录的状态才可执行操作，高权限用户可免于登录监护用户账号。不同设备所支持的测试项目可自动调整。

（4）设备曲线。设备曲线可用于查看设备实时曲线和追溯历史曲线，包括电压、电流、有功功率、无功功率曲线。选择分站以及相应设备编号，即可显示相应设备的实时曲线。查看历史曲线方法：点击“历史曲线”按钮，设置开始时间和时间长度，点击“确认”按钮，即可显示出设定时段的曲线。若曲线显示尺寸不合适，可通过放大、平移 X 轴和 Y 轴来调整曲线位置。图 7-16 所示为电压曲线窗口。

（5）远程复归。远程复归操作可在排除设备故障后，重新复位设备。在复归操作前，要进行用户登录和监护用户登录，用户和监护用户不能使用同一个用户名，否则在进行复归操作时仍会提示监护用户没有登录。

5. 定值管理

根据现场运行情况，定值管理提供远程修改定值功能，以提高系统运行稳定性。定值报表可以打印并存储到本地设备。定值管理窗口如图 7-17 所示。

操作流程如下：a. 选择分站以及目标设备；b. 定值召唤；c. 修改相应数据；d. 定值下置。

6. 投退管理

投退管理提供远程修改投退功能，根据现场实际情况及运行需要，对设备投退参数进行整定和修改，以提高系统运行稳定性。投退管理窗口如图 7-18 所示。

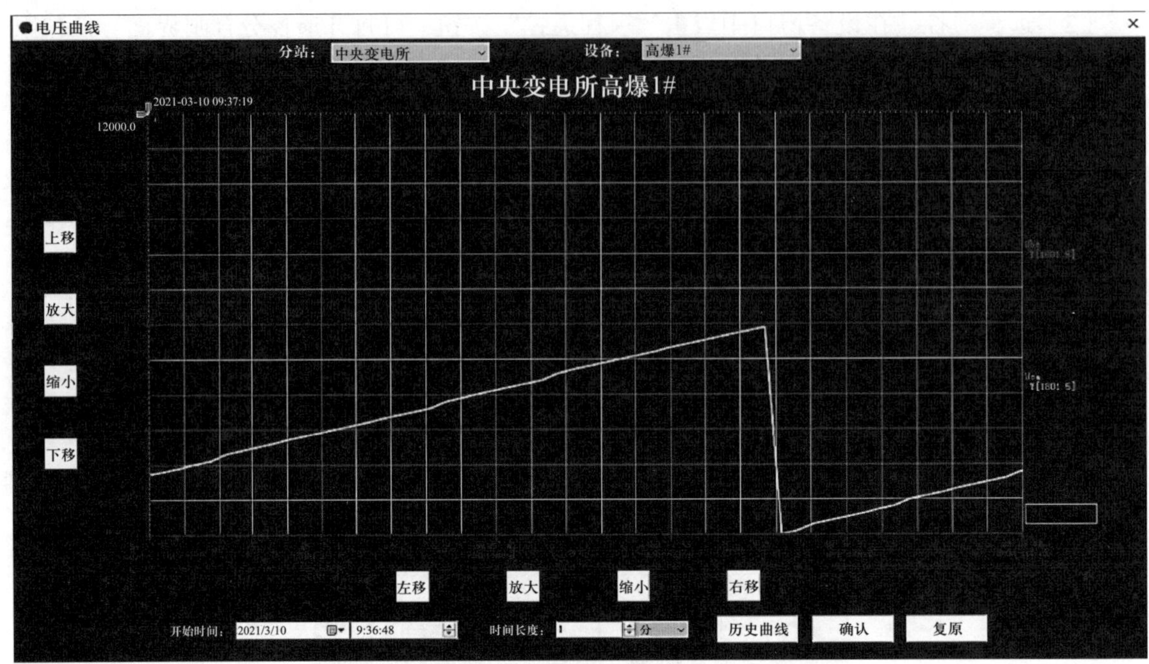

图 7－16　电压曲线窗口

定值管理

分站：中央变电所　设备：高爆1#

中央变电所高爆1#

	A	B	C	D	E
1	项目名称	定值		项目名称	定值
2	短路保护	0		过流保护	0.45
3	过载保护	0.00		过载反时限	0.00
4	漏电保护	0.00		漏电告警	0.00
5	欠压保护	0.0		过压保护	0.00
6	零序电压	0.0		过流保护延时	0.44
7	过载保护延时	0.43		反时限时间	0.00
8	漏电告警延时	1.00		欠压保护延时	0.00
9	过压保护延时	0.00		零序电压延时	0
10	风电闭锁延时	0		瓦电闭锁延时	0
11	PT规格	0.00		CT规格	0

>定值召唤<

>定值预设<

>定值下置<

>撤 销<

>打 印<

状态：召唤成功_

图 7－17　定值管理窗口

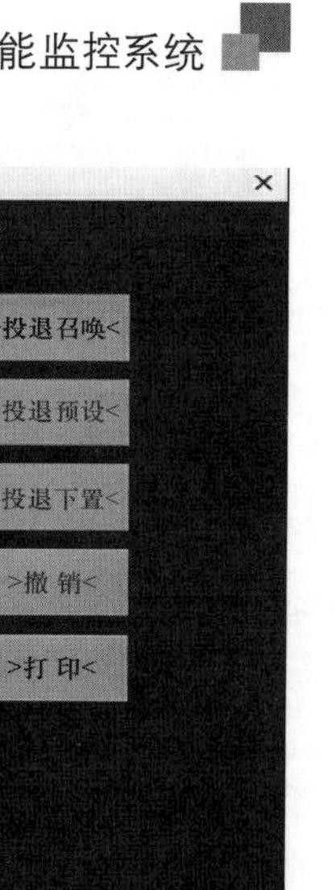

	A	B	C	D	E
1	项目名称	投退设置		项目名称	投退设置
2	启动录波	投入		开关实验	投入
3	短路保护	投入		过流保护	投入
4	过载保护	投入		漏电保护	投入
5	漏电告警	投入		漏电带方向	投入
6	短路带小延时	投入		绝缘监视保护	投入
7	欠压保护	投入		过压保护	投入
8	PT断线跳闸	投入		一般反时限	投入
9	强反时限	投入		极强反时限	投入
10	风电闭锁保护	投入		瓦斯电闭锁保护	投入
11	风电常开	投入		风电常闭	投入
12	瓦电常开	投入		瓦电常闭	投入
13	欠压闭锁	投入		备用	—

图 7－18　投退管理窗口

操作流程：a. 选择分站以及目标设备；b. 投退召唤；c. 双击切换项目投退状态；d. 投退下置。

当设备通信中断时，各项设定功能为灰色，投退下置不可用。

7. 电量日报表、月报表

设备电量报表记录并统计每台设备的用电量，根据不同需要可以分为尖峰、平谷分时计量。选择要查询设备所在分站，选择相应设备编号，选择查询日期，点击“查询”，即可显示并导出相关报表，便于进行更多的数据统计，以及生成曲线图、棒图等。电量日报表窗口如图 7－19 所示。

8. 事件查询

根据用户需求，可增加事件分析图表功能，以便更直观地分析以往的事件，制定更合理的管理方案。事件查询包括 SOE（事件顺序记录）事件查询、操作事件查询等。历史 SOE 事件查询窗口如图 7－20 所示。

9. 录波分析

录波是现场设备采集到的录波数据，通过 FTP（文件传输协议）文件服务器上传至井下监控分站，监控分站再转发至地面调度中心。

当有设备故障跳闸时，可调取录波文件进行分析，还原故障现场。点击“波形选择”，打开文件对话框，选择相应设备的录波文件，缩放波形并调整至合适比例即可。故障录波窗口如图 7－21 所示。

电量日报表

分站：中央变电所　设备：高爆13#　起始日期：2020年12月24日　**中央变电所高爆13#**

查询　导出

	A	B	C	D	E	G	H	I	J
1	日期时间	正向有功电量	反向有功电量	正向无功电量	反向无功电量	正向有功电量	反向有功电量	正向无功电量	反向无功电量
2	2020/12/24 00:00:00	794.9	0.0	854.8	0.0	869403.0	0.0	863205.9	0.0
3	2020/12/24 01:00:00	1076.5	0.0	1017.8	0.0	870197.9	0.0	864060.8	0.0
4	2020/12/24 02:00:00	969.7	0.0	998.3	0.0	871274.4	0.0	865078.6	0.0
5	2020/12/24 03:00:00	1194.2	0.0	1111.3	0.0	872244.1	0.0	866066.9	0.0
6	2020/12/24 04:00:00	444.7	0.0	497.4	0.0	873438.3	0.0	867178.2	0.0
7	2020/12/24 05:00:00	260.8	0.0	407.4	0.0	873883.0	0.0	867675.6	0.0
8	2020/12/24 06:00:00	661.6	0.0	777.6	0.0	874133.8	0.0	868083.1	0.0
9	2020/12/24 07:00:00	488.6	0.0	690.4	0.0	874795.4	0.0	868860.7	0.0
10	2020/12/24 08:00:00	215.9	0.0	315.7	0.0	875284.0	0.0	869551.1	0.0
11	2020/12/24 09:00:00	220.6	0.0	304.5	0.0	875499.9	0.0	869866.8	0.0
12	2020/12/24 10:00:00	261.7	0.0	375.2	0.0	875720.6	0.0	870171.3	0.0
13	2020/12/24 11:00:00	318.6	0.0	357.4	0.0	875982.3	0.0	870546.5	0.0
14	2020/12/24 12:00:00	568.5	0.0	475.6	0.0	876300.8	0.0	870903.9	0.0
15	2020/12/24 13:00:00	606.8	0.0	562.6	0.0	876859.3	0.0	871379.4	0.0
16	2020/12/24 14:00:00	0.0	0.0	0.0	0.0	877466.1	0.0	871942.1	0.0
17	2020/12/24 15:00:00	0.0	0.0	0.0	0.0	−9999.0	−9999.0	−9999.0	−9999.0
18	2020/12/24 16:00:00	707.1	0.0	830.8	0.0	878525.0	0.0	873022.4	0.0
19	2020/12/24 17:00:00	785.4	0.0	825.1	0.0	879232.1	0.0	873853.3	0.0
20	2020/12/24 18:00:00	380.0	0.0	571.1	0.0	880017.6	0.0	874678.4	0.0
21	2020/12/24 19:00:00	490.9	0.0	544.4	0.0	880397.6	0.0	875249.4	0.0
22	2020/12/24 20:00:00	621.7	0.0	746.3	0.0	880888.4	0.0	875793.9	0.0
23	2020/12/24 21:00:00	272.2	0.0	460.6	0.0	881510.1	0.0	876540.1	0.0
24	2020/12/24 22:00:00	337.7	0.0	499.6	0.0	881782.3	0.0	877000.7	0.0
25	2020/12/24 23:00:00					882120.0	0.0	877500.3	0.0

图 7－19　电量日报表窗口

历史SOE事件

查询　取消　打印　查询完成，未能全部显示！

序号	时间	设备名称	点说明	报警相关信息
1	2020年12月10日14时1分35秒0毫秒	N2变电所高爆9#	弹簧储能置位	动作值=0.000
2	2020年12月10日14时1分30秒0毫秒	N2变电所高爆9#	合闸	动作值=0.000
3	2020年12月10日14时1分24秒0毫秒	N2变电所高爆7#	故障录波	动作值=0.000
4	2020年12月10日14时1分23秒0毫秒	N2变电所高爆7#	故障录波结束	动作值=0.000
5	2020年12月10日14时0分28秒0毫秒	N2变电所高爆9#	弹簧储能置位	动作值=0.000
6	2020年12月10日14时0分24秒0毫秒	N2变电所高爆7#	故障录波开始	动作值=0.000
7	2020年12月10日14时0分23秒0毫秒	N2变电所高爆7#	分闸	动作值=0.000
8	2020年12月10日14时0分23秒0毫秒	N2变电所高爆7#	故障录波	动作值=0.000
9	2020年12月10日14时0分23秒0毫秒	N2变电所高爆7#	瓦斯电闭锁	动作值=0.000
10	2020年12月10日14时0分19秒0毫秒	N2变电所高爆9#	弹簧储能置位	动作值=0.000
11	2020年12月10日14时0分19秒0毫秒	N2变电所高爆9#	分闸	动作值=0.000
12	2020年12月10日14时0分18秒0毫秒	N2变电所高爆9#	瓦斯电闭锁	动作值=0.000
13	2020年12月10日13时58分29秒0毫秒	N1七层变电所馈电25#	分到合	动作值=0.000
14	2020年12月10日13时58分16秒0毫秒	N1七层变电所馈电24#	分到合	动作值=0.000
15	2020年12月10日13时57分52秒0毫秒	N1七层变电所馈电23#	分到合	动作值=0.000
16	2020年12月10日13时57分34秒0毫秒	N1七层变电所高爆2#	合闸	动作值=0.000
17	2020年12月10日13时57分18秒0毫秒	N1七层变电所高爆1#	定时限过流II	动作值=0.000
18	2020年12月10日13时57分15秒0毫秒	N1七层变电所高爆1#	失压线圈延时分断	动作值=0.000
19	2020年12月10日13时56分15秒0毫秒	N1七层变电所高爆1#	定时限过流II	动作值=0.000
20	2020年12月10日13时56分12秒0毫秒	N1七层变电所高爆1#	定时限过流II	动作值=0.000
21	2020年12月10日13时55分45秒0毫秒	N2变电所高爆9#	弹簧储能置位	动作值=0.000
22	2020年12月10日13时55分36秒0毫秒	N2变电所高爆9#	瓦斯电闭锁	动作值=0.000
23	2020年12月10日13时55分27秒0毫秒	N2变电所高爆7#	故障录波	动作值=0.000

图 7－20　历史 SOE 事件查询窗口

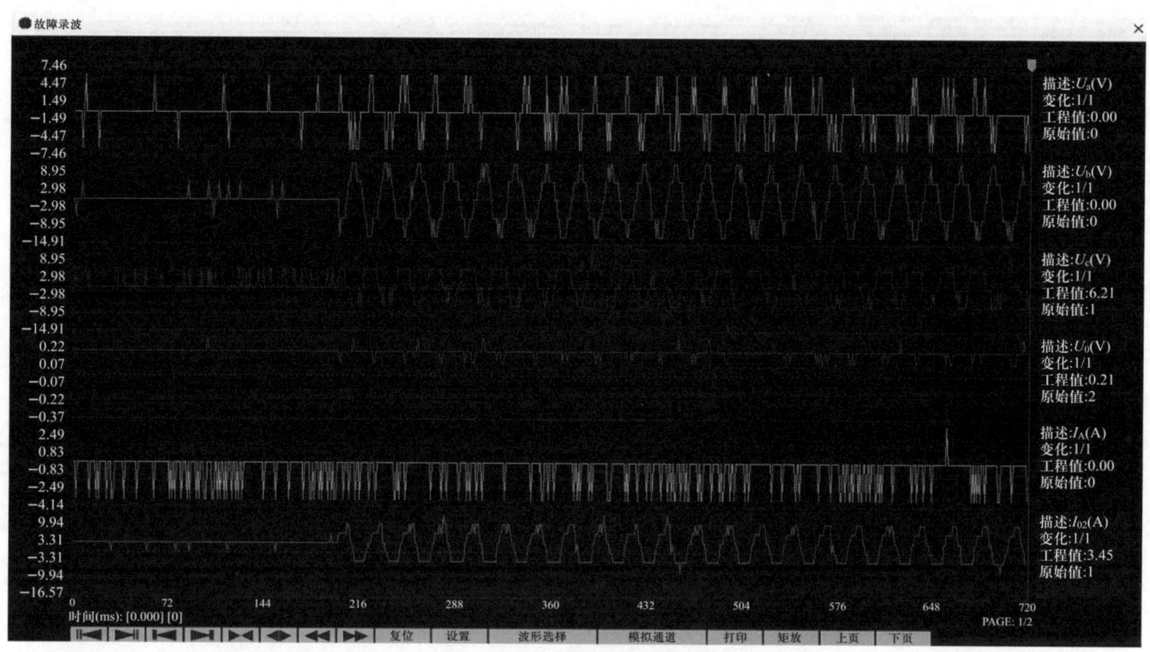

图 7-21　故障录波窗口

录波分析指在投退控制中设置投入的故障情况发生后或进行手动录波后，保存并记录故障前 10 个周波和故障后 20 个周波内的数值，包括高压防爆配电装置的三相电压、三相电流、零序电压、零序电流等 8 项数据，形成一段曲线，供日后对故障原因进行查询和分析。

10. 一键速断测试

点击“速断测试”按钮，打开对应操作界面。点击“速断测试发令”“执行测试”，该回路将按照预设顺序依次执行短路测试操作。速断测试做完后，将自动进入“一键合闸”模式，合闸顺序与“一键合闸”设定顺序相同。速断测试窗口如图 7-22 所示。

11. 视频联动

启用视频联动功能后，当某台开关跳闸时，智能供电监控系统将自动弹出相应变电所的视频画面，也可设置为弹出相应开关的视频画面。视频联动窗口如图 7-23 所示。

KJ736 型智能供电监控系统采用高集成全智能化的防爆开关，同时在防爆开关内置高清视频采集装置，并和相关参数显示集成于一个屏幕。当开关手车投入和退出时，屏幕显示手车所在位置。设备视频监视画面如图 7-24 所示。

三、防越级跳闸系统

煤矿供配电系统中，一般由主变电站向低压方向供电，每个中压进线（出线）都设有隔离开关和避雷器。当线路出现故障时，保护系统首先检测到故障，并发送信号给自动跳闸装置执行跳闸操作，从而保护煤矿电气设备和人员的安全。但当一级跳闸操作完成后，煤

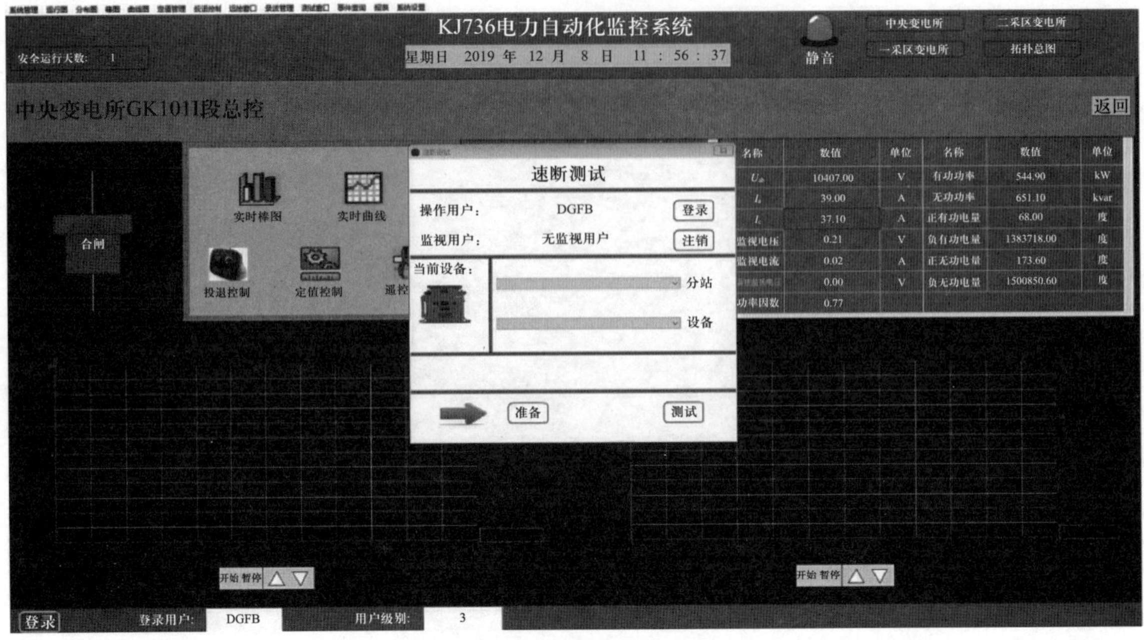

图 7－22　速断测试窗口

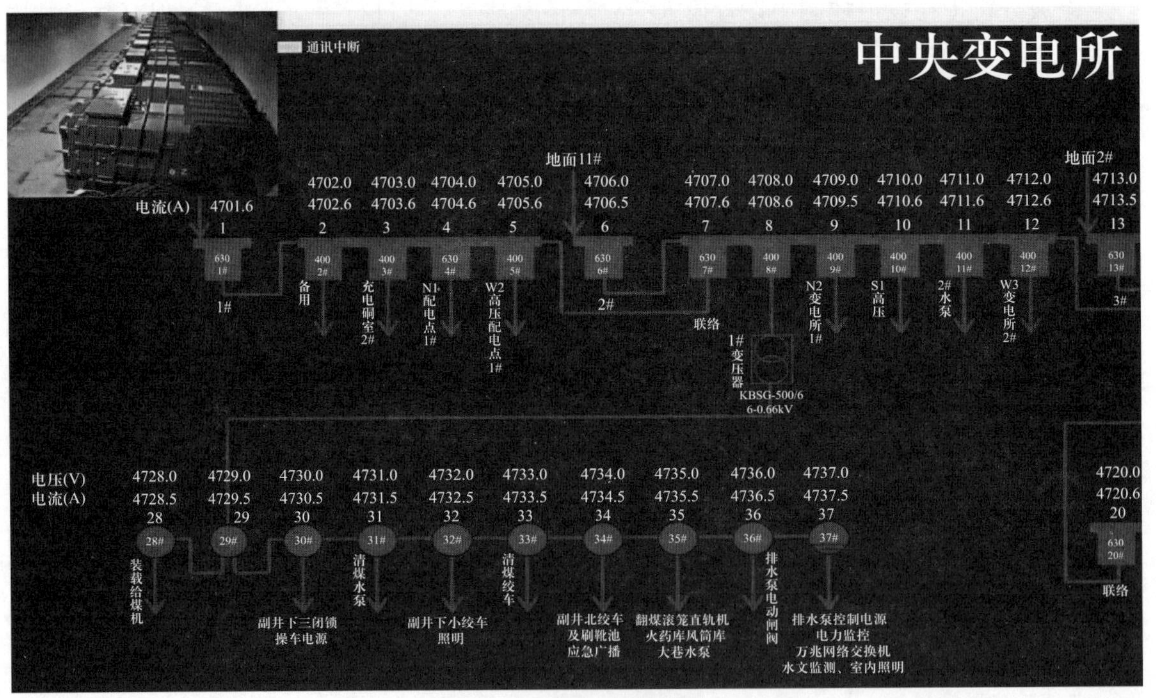

图 7－23　视频联动窗口

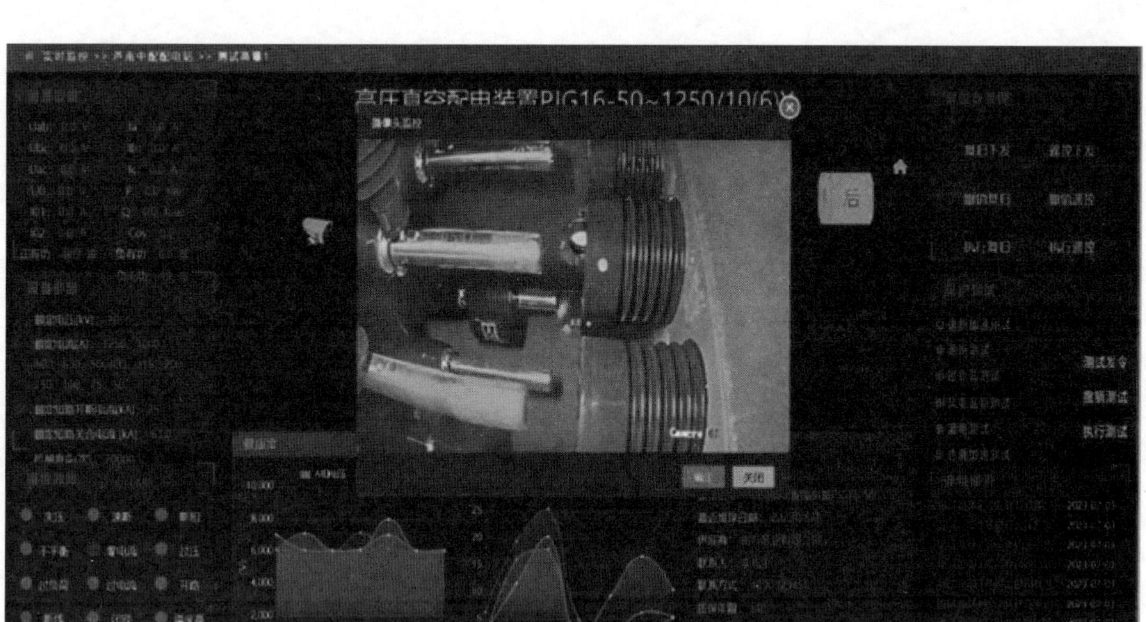

图 7-24 设备视频监视界面

矿供配电系统剩余部分仍然在正常工作，如果这时另外一部分出现问题，很有可能会触发这部分的保护跳闸操作，导致供配电系统失效。这种现象称为越级跳闸，是煤矿供配电系统中面临的严重问题。为了解决这个问题，煤矿供配电系统均设有防越级跳闸系统，第一代防越级跳闸系统采用现场总线通信方式，下级设备向上级推送数据，闭锁上级开关。该方式通信距离短，可靠性差，传输速度慢，已被淘汰。第二代防越级跳闸系统，设备与闭锁控制器间依靠电信号传导，响应迅速，可靠性高，站间通过千兆光纤传导，延迟时间小于 10 ms。

KJ736 型智能供电监控系统采用第三代防越级跳闸系统，该系统的交换机之间可通过光纤或网线传输数据，站间通过千兆光纤网络传输数据，反应迅速，短路信号响应时间小于 2 ms。

第三节 井下监控分站及智能保护器

监控分站是一台小型工业用以太网工作站，是地面工控机与井下微机综合保护装置的信息中转站。它利用光缆和网络接口，把智能微机综合保护装置或智能数字采集装置监测的各种电参量传送给地面工控机，同时把工控机发出的控制指令（如分闸、合闸命令），以及对终端装置参数设定指令传送给智能微机综合保护装置或智能数字采集装置，从而完成对被控设备的自动控制。

一、井下监控分站

监控分站主要由嵌入式工控机、专用监控分站软件、光纤以太网交换机、不间断电源、本质安全型转换接口和隔爆外壳等组成，如图 7－25 所示。它将不同公司的监控分站、防爆交换机、防爆电源等多个设备的功能融为一体，体积小、功能强，减少了外部接线，增强了安全性。

图 7－25　监控分站

监控分站可以对其下挂接的每台保护器进行实时数据、整定值、通信状态、开关运行状态和事件的查询，保护定值整定与修改，时钟校准、运行调试、IP（网际协议）地址和网络的设置。

1. KJ736－F 型矿用隔爆兼本质安全型监控分站

KJ736－F 型矿用隔爆兼本质安全型监控分站（以下简称 KJ736－F 监控分站）适用于煤矿井下有瓦斯和煤尘爆炸危险的场所，用于智能微机综合保护装置或智能数字采集装置与地面调度中心的通信。它是地面工控机与井下微机综合保护装置的信息中转站，利用光缆和网络接口，实现信息的交换，从而完成对被控设备的自动控制。

KJ736－F 监控分站由嵌入式一体化工控机、本质安全型显示屏、专用监控分站软件、本质安全型光纤交换机、数据接口模块，以及本质安全型电源和隔爆外壳等构成。数据接口模块与智能微机综合保护装置的 RS－485 实时通信，采集开关的监测与保护信息。KJ736－F 监控分站采用一体式结构设计，分上、下 2 个腔，上面为本质安全腔，下面为隔爆腔，如图 7－26 所示。

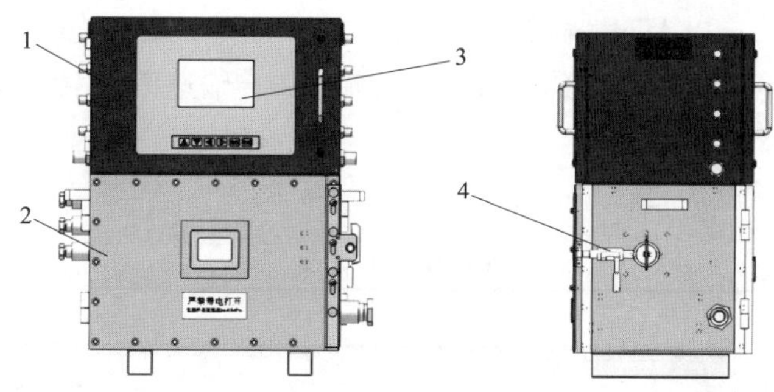

图 7-26 KJ736-F 监控分站结构

1—本质安全腔 2—隔爆腔 3—本质安全型显示屏 4—闭锁机构

（1）型号及含义。KJ736-F 监控分站的型号及含义如下：

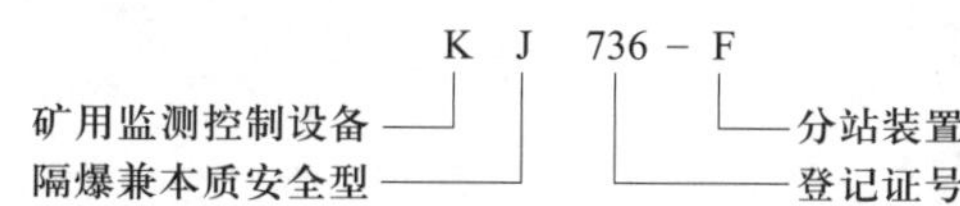

（2）主要技术指标。

①防爆标志：Ex d[ib]I Mb。

②额定工作电压：127 V，允许偏差为 -25%～10%。

③输入视在功率：≤100 VA。

④模拟量范围：a. 电压为 495～792 V、855～1 368 V、7 500～11 000 V；b. 电流为 0～756 A。

⑤传输误差：数字型模拟量数据传输误差不大于 0.5%。

⑥遥控响应时间：分站就地遥控命令执行时间不大于 2 s。

⑦ 485 总线传输：a. 传输口数量为 4 路；b. 传输方式有主从式、半双工、RS-485、双极性；c. 传输速率为 9 600 bps；d. 最大传输距离为 2 km；e. 最大监控容量为每路传输口最多可接入 12 台开关（内置综合保护器），采用总线方式连接；f. 传输信号工作电压峰值为 1.5～10 V；g. 传输信号工作电流峰值≤65 mA。

485 总线接口定义见表 7-1。

表 7-1　485 总线接口定义

线号	通信接口	信号说明
12	COM1	RS-485+
13		RS-485-
14	COM2	RS-485+
15		RS-485-
16	COM3	RS-485+
17		RS-485-
18	COM4	RS-485+
19		RS-485-

⑧ TCP 网络传输：a. 以太网端口数量为千兆光端口 3 个，百兆光端口 2 个，电端口 5 个；b. 传输方式为 TCP（传输控制协议）/IP 光信号传输；c. 传输速率为 100 Mbps；d. 传输距离为 10 km。

TCP/IP 接口定义见表 7-2。

表 7-2　TCP/IP 接口定义

通信接口	信号说明
PORT2	百兆电口
PORT3	百兆电口
PORT4	百兆电口
PORT5	百兆电口
PORT6	百兆光口
PORT7	百兆光口
PORT8	千兆光口
PORT9	千兆光口
PORT10	千兆光口

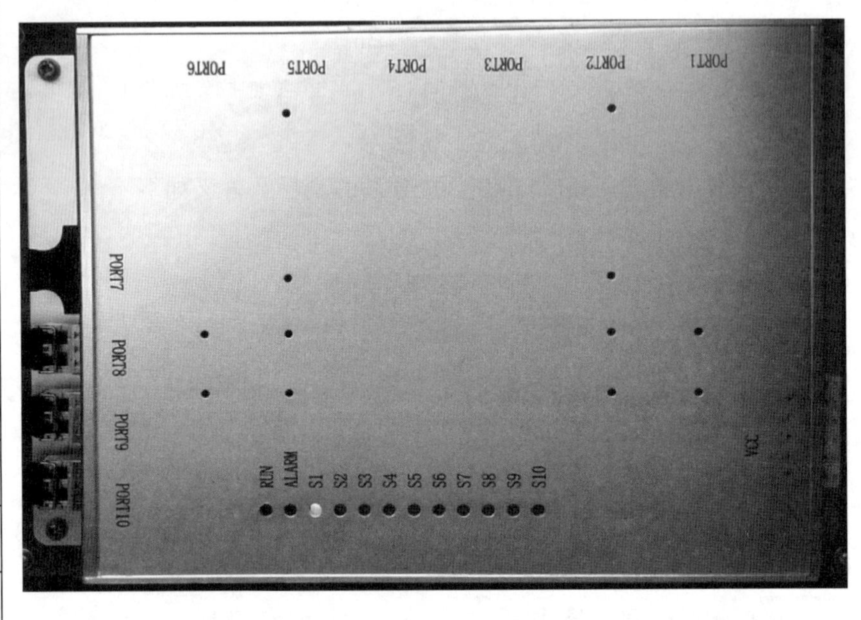

（3）主要功能如下：

①监控分站具有初始化、参数设置、掉电保护功能；

②监控分站具有简单灵活的可视化操作界面；

③监控分站具有强大的网络通信功能，支持串口通信、Modbus 串口通信、以太网 TCP/IP 通信，可与上位机、开关（内置综合保护器）进行双向通信；

④监控分站具有分站监控功能，可实现遥控开关（内置综合保护器）合分闸，并显示开关（内置综合保护器）的分合闸状态及开关（内置综合保护器）的电压、电流等模拟量；

⑤监控分站具有多样化的报警功能。

2. KJ736-F 型矿用隔爆兼本质安全型监控分站软件

KJ736-F 型矿用隔爆兼本质安全型监控分站采用嵌入式一体化工控机，预装 Windows CE.net 操作系统。

（1）主界面。主界面（见图 7-27）上每台设备附近都显示一些参数。若设备为馈电开关与高压防爆配电装置，将显示 U_{ab}、I_a、I_b、I_c、绝缘电阻、零序电流、事件、动作值、有功功率、无功功率、功率因数。若设备为电磁起动器，将显示 U_{ab}、I_a、I_b、I_c、绝缘电阻、事件、动作值、有功功率、无功功率。

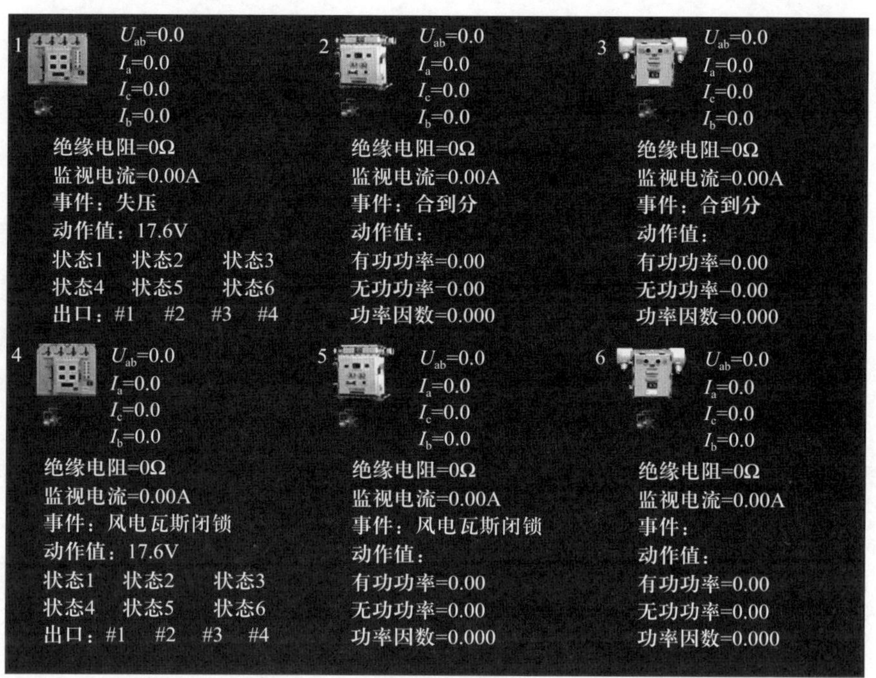

图 7-27　主界面

（2）参数设置。若要查询某台设备更多参数，可将光标停留在此设备上，同时按“取消”按钮，进入参数界面，显示一系列参数。图 7-28 所示为电磁起动器的参数界面。在此界面中按左右按钮或上下按钮，将进入下一屏参数界面，如图 7-29 所示。

1#电磁起动器

相电压AB	线电流A	线电流B	线电流C
0.0	0.0	0.0	0.0
绝缘电阻	额定电流	速断定值	过压定值
0	0	0	0.000
过压延时	PT变化	CT变化	启动后机延时
0.00	0	0	0.00
熄弧延时	启动高速绕组延时	启动低速从机延时	密码
0.00	0.00	0.00	****

运行方式：

事件：

出口:1# 2# 3# 4#　状态1 状态2 状态3 状态4 状态5 状态6

图 7-28　电磁起动器参数界面 1

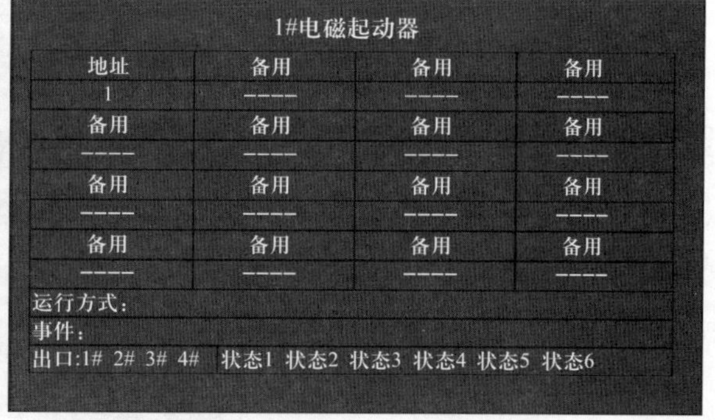

图 7-29　电磁起动器参数界面 2

（3）用户设置。让光标停留在设备上，按“确定”按钮，在此设备下方将出现 3 个菜单：信号复归、查询事件、用户登录。

此时为初级用户，在此菜单上按向下按钮，用户登录将以蓝色背景色显示，此时表示选中状态。

按“确定”按钮，将出现密码输入组合框，输入密码，按“确定”按钮，将提示管理员登录成功。按“确定”按钮进入高级用户，然后让光标停留在设备上，按“确定”按钮，在此设备下方将出现一系列菜单，如图 7-30 所示。

信号复归
查询事件
修改定值
遥控开关
设备校时
出厂设置
修改密码
退出登录

图 7-30　高级用户菜单

输入密码后将进入系统管理员级别，让光标停留在每台设备上，按“确定”按钮，在此设备下方将出现一系列菜单，如图 7-31 所示。

信号复归
查询事件
选择机型
修改定值
遥控开关
设备校时
出厂设置
运行调试
通信设置
通信规约
网络设置
操作系统
系统重启
退出登录

图 7-31　系统管理员菜单

（4）信号复归。当进入“信号复归”后，将出现提示框，如图 7-32 所示。

1#开关
确认要信号复归吗?

图 7-32　信号复归提示框

若要信号复归，按“确定”按钮；按“取消”按钮将不进行操作，同时返回主界面。

（5）查询事件。进入“查询事件”后，将出现历史事件界面，如图 7-33 所示。

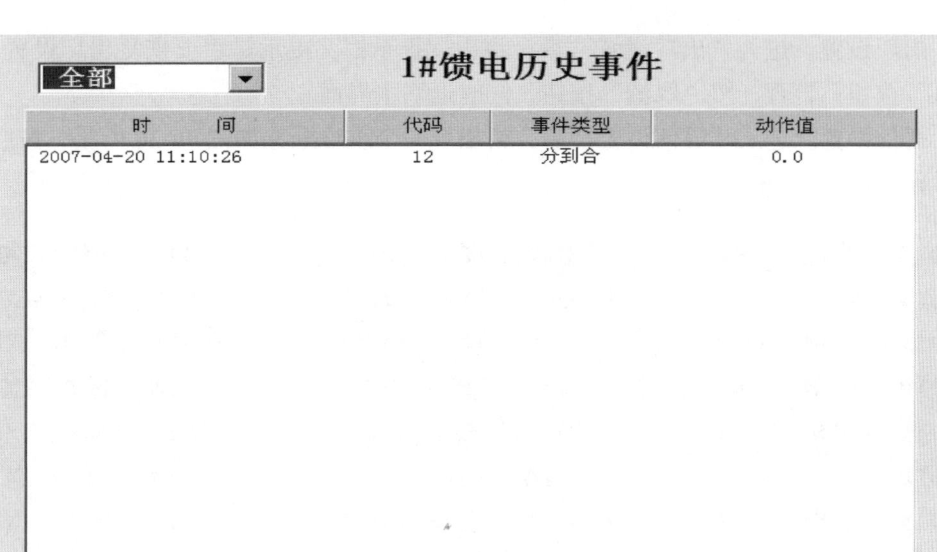

图 7-33 历史事件界面

界面左上角有一个下拉列表，默认为“全部”，也可查看任一历史事件，按左右按钮，将出现过压、过流、断相、不平衡、漏电闭锁、漏电检测、过负荷、零序过流、漏电返回、烟雾报警、分到合、合到分等历史事件。关闭时按“取消”按钮，同时返回主界面。历史事件最多存储 100 条。

（6）修改定值。进入“修改定值”后，将出现图 7-34 所示定值修改组合框，下方有一个下拉列表与文字框对应。下拉列表默认为“额定电流”，对应文字框默认为额定电流值，按上下、左右按钮可修改定值项。

图 7-34 定值修改组合框

（7）遥控开关。进入“遥控开关”后，将出现一个组合框，如图 7-35 所示。选中某个按钮时以虚边框表示，按上下按钮或左右按钮将分别选中，选中后再按“确定”按钮，即进行相应操作。

图 7-35 遥控开关组合框

（8）出厂设置。进入“出厂设置”后，将出现提示框，提示是否要恢复出厂设置。若是，按“确认”按钮；若否，按“取消”按钮，同时返回主界面。

（9）通信设置。进入“通信设置”后，将出现一个组合框，如图 7–36 所示，按照下方注释进行操作即可。

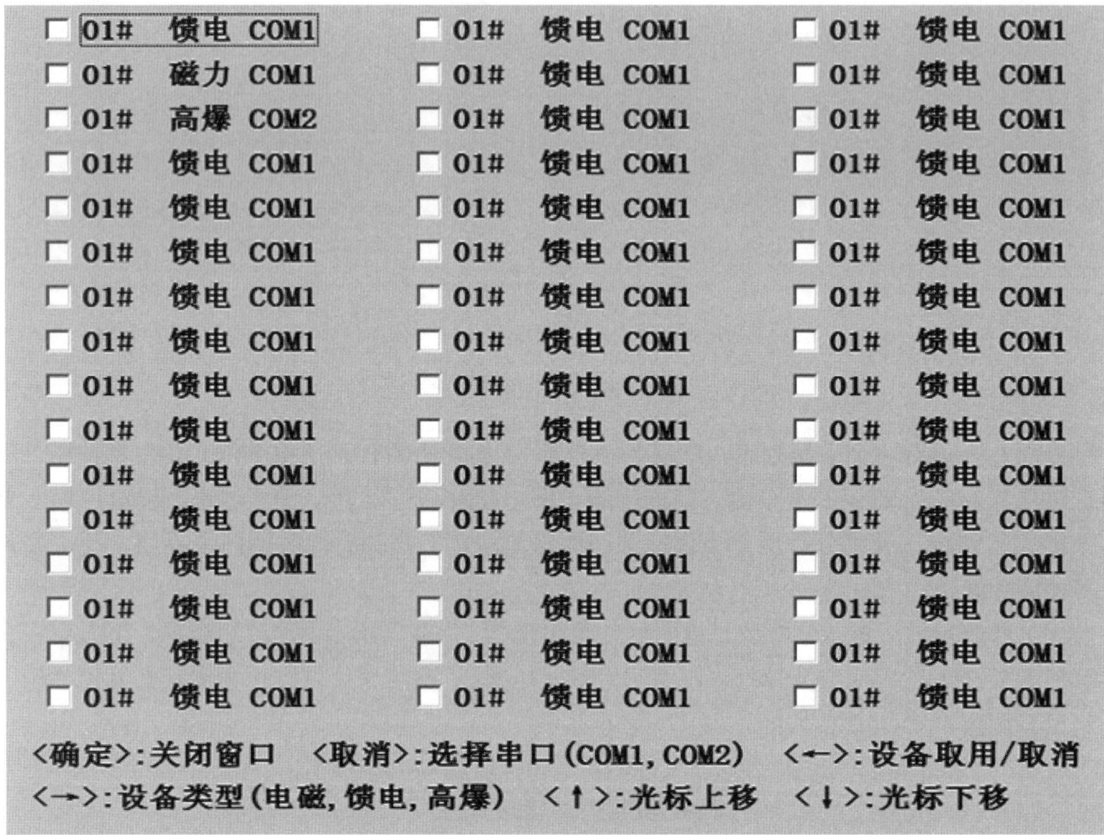

图 7–36 通信设置组合框

（10）退出登录。进入“退出登录”后将退出系统管理员登录或高级用户登录，返回到初级用户功能。

3. 电池管理系统

电池管理系统具备智能、可靠、高效、稳定等特性，适用于煤矿井下镍氢电池安全性方面的控制管理。该系统具体功能包括单体电池电压检测、总电压检测、电流检测、温度检测、充放电管理、485 总线通信、系统自检、LCD（液晶显示器）显示等功能。

正常工作时，负载供电由外部并接的开关电源提供，镍氢电池处于充电状态，充满后保护电路动作，避免电池过度充电；当外部供电失败以后，镍氢电池组自动投入，以保证负载的不间断供电。

4. 故障分析与排除

KJ736–F 监控分站常见故障与排除方法见表 7–3。

表 7-3　　**KJ736-F 监控分站常见故障与排除方法**

故障现象	故障性质	故障原因	排除方法
①显示屏不亮 ②交换机指示灯不亮 ③无数据上传 ④指示灯亮，但监控分站工作不正常	电源故障	①电源未接好 ②交换机供电电源线未接好 ③显示屏未得电或备用电池未投入工作 ④无电源电压或电源电压严重不足	①线路及各接线端子是否接好 ②电源电压是否正常 ③电源极性是否正确 ④电源开关是否闭合 ⑤重启
RS-485 串口通信中断	RS-485 接口传输故障	①分站呼叫地址错误 ②电压波动过大或受到干扰 ③分站电源板故障 ④协议不对或串口设置错误	①设备地址是否在监控分站呼叫地址范围内 ②终端传输协议是否与监控分站一致 ③波特率设置是否正确 ④下行接口连线是否正确 ⑤线路或电源是否受干扰 ⑥线路末端有无终端匹配电阻
①地面主机搜索不到监控分站 ②监控分站收不到数据包或收到的数据包出错	以太网通信故障	①跳线错误 ②通信故障 ③监控分站 IP 地址或交换机设置错误	①光缆跳线连接是否正常 ②交换机电源是否正常，网口指示灯是否正常闪烁 ③监控分站 IP 地址或交换机设置是否正确 ④网络通信故障 ⑤主机上的软件设置是否正确

5. 使用与维护

（1）接交流输入电缆时，应将前级电源断电后方可接线。

（2）开盖前应先断开前级输入电源。

（3）应将外壳接地。

（4）开盖后，接线时不可用力过猛，以免螺栓滑扣造成接触不良。

（5）开盖时，注意保持隔爆接合面清洁，隔爆接合面应定期涂覆防锈油。

（6）检修时不得随意更改本质安全电路及关联电路的元器件规格、型号、参数。

（7）检修时注意隔爆接合面的保护，防止损伤隔爆接合面，防止漏装引入装置挡板、挡圈、密封圈。

（8）检修班每天应对防爆电气设备接地导线、隔爆接合面紧固件、引入装置密封等进行检查，检查各隔爆接合面有无锈蚀、损伤，紧固件是否松动。

二、智能综合保护器

智能综合保护器采集供电系统的瞬时电压、电流、零序电压、零序电流、电缆绝缘电阻值等信号，通过保护器内单片机和高精度工业芯片的处理和科学计算，得出所控制电路的电压、电流、有功功率、无功功率、功率因数、用电量、零序电压、零序电流、电缆绝缘电阻值等数据，在保护器的屏幕上进行本地显示；保护器将获取的各种实时数据值与保护器整定值进行比较，从而实现电路的短路保护、速断保护、过流定时限保护、过载反时限保护、漏电保护、欠压保护和过压保护等；当开关合分闸和因保护跳闸时，保护器以事件记录形式记录合闸、分闸时间，以及跳闸故障类型和故障电路出现故障瞬时的实时数据。

通过操作开关上的按钮，可以在开关上对智能综合保护器的通信地址、保护电流、额定电压、延时等十几种整定值进行本地整定和修改，还可以进行各项实时值、整定值、运行事件的查询，以及速断、过负荷、漏电、断相等保护的模拟试验。

智能综合保护器单片机在完成数据采集、处理开关本地控制的同时，对电路的电流、电压、功率、功率因数、用电量等实时数据和开关分合状态、运行事件等进行储存，并通过RS－485 接口串行通信传送到监控分站。

智能综合保护器是独立的保护、监控设备。通信线路发生故障不影响智能综合保护器对开关的监控、保护功能。它既可以单独使用在电路中，对开关进行综合保护、控制、数据采集、显示和调整，又可以接入电力保护监控系统中联网运行。

1. 智能综合保护器的种类

智能综合保护器主要有 DGB－620、WZBK－6DG、WZBQ－7、ZMZB－6S 等型号。

（1）DGB－620 型是用于 6～10 kV 智能高压配电装置的综合保护器，具有风电瓦斯闭锁功能，常用于高压开关、高压启动器等高压设备的继电保护。

（2）WZBK－6DG 型是用于 660～1 140 V 低压配电装置的综合保护器，预留瓦斯检测接口，可外接瓦斯检测器，常用于馈电开关等低压设备的继电保护。

（3）WZBQ－7 型是用于 660～1 140 V 低压配电装置的综合保护器，常用于低压启动器等低压设备的继电保护。

（4）ZMZB－6S 型是用于 660～1 140 V 低压配电装置的综合保护器，常用于照明综合保护装置的继电保护。

2. 智能综合保护器的特点

智能综合保护器将开关的网络远动功能与数字化保护功能合二为一，性价比高，功能齐全，其特点如下：

（1）电磁兼容性能较好；

（2）保护灵敏可靠，测量精度高；

（3）采用多种抗干扰措施，电子式互感器利用光纤实现保护器主机和互感器的数字通信，因而具有极高的抗干扰能力；

（4）液晶屏幕全中文显示，运行状态、故障报警指示、就地保护参数的设定实现全数字化输入和查询；

（5）可以在主机界面上设定每个保护器的保护参数，并对任一台保护器发出自检命令，将故障定位到主要芯片；

（6）主机通过广播校时命令，对所有保护器的时钟芯片进行定时、校时，便于主机通过故障事件的时刻记录提供故障分析报告。

DGB－620 型、WZBK－6DG 型、ZMZB－6S 型智能综合保护器已在本书第五章介绍，下面介绍 DGB－620/E6 型智能高压综合保护器、智能低压综合保护器的特点和功能。

3. DGB－620/E6 型智能高压综合保护器的特点及功能

（1）DGB－620/E6 型智能高压综合保护器是以 32 位数字信号处理器（DSP）为核心的智能微机一体化设备。

智能高压综合保护器的主机与显示终端由显示电缆连接，显示接口由 DB－9 插头构成。智能高压综合保护器与监控网络由通信电缆（双绞线）连接，通信接口为 RS－485、千兆网络接口。

（2）主要功能如下：

①具备 RS－485 接口和千兆光口，同一变电站内采用网线和交换机对接，不同变电站之间采用光纤和交换机进行对接；

②支持 IEC 61850 协议，可以通过环网交换机直接和地面的数据服务器对接，不需要再经过传统的数据分站进行转接；

③防越级跳闸信号传输时间小于 2 ms；

④具备故障录波功能，录波的波形实时上传至数据服务器，以便现场进行事故分析；

⑤采用嵌入式工控机处理人机交互屏，工控机具备双网口和 4 个 RS－485 接口；

⑥电动小车的进出操作需要采用触发式图像采集模式，触发视频实时上传；

⑦实现腔内视频在线监控，具备分合闸动作视频上传功能；

⑧实现动静触头的无线测温；

⑨实现开关小车远程智能控制；

⑩实现二次侧控制回路不间断直流供电。

（3）智能高压综合保护器的热成像系统。智能高压综合保护器内置热成像单目网络摄像机，摄像机集网络远程监控功能、视频服务器功能和高清摄像机功能于一体。热成像通道不受自然光线的影响，真正实现全天 24 小时监控。热成像系统支持温测、行为分析、烟火检测或动态火点搜索等，能够实现自动测温、手动测温、专家测温、点测温、区域测温等功能。

热成像显示界面可以实时查看内部温度状况，如图 7－37 所示。

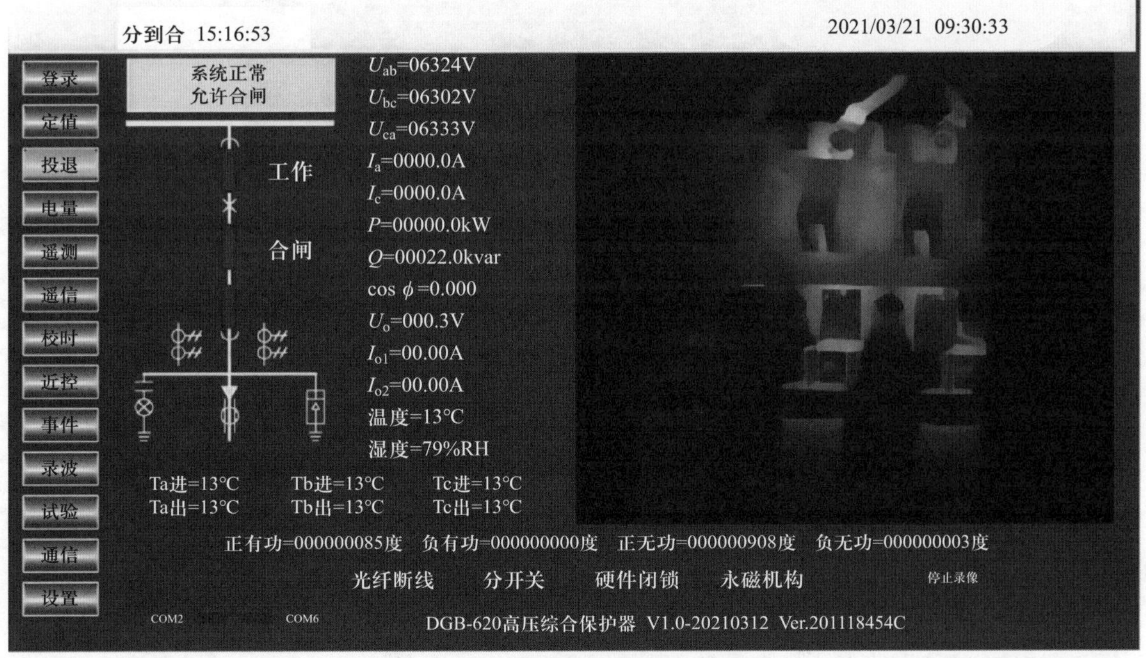

图 7－37 热成像显示界面

4. 智能低压综合保护器的特点及功能

（1）特点。智能低压综合保护器响应速度快，流畅无卡顿；配置基本 RS-485 通信接口和以太网接口，通信规约支持内部规约、Modbus 协议；同时增加设备挂牌检修功能，当将设备设置成挂牌检修状态时，保护器闭锁合闸，现场人员无法自行进行合闸操作，必须解除挂牌检修状态后，才可以进行开关的分合闸操作。

（2）主要功能如下：

①远方就地控制。增加远方和就地选择端子，可以配合新的开关设计远方就地转换开关，屏幕直接显示远方或就地状态。

②事件记录。保护事件和操作事件各能循环存储 100 个，事件查询顶端显示最近发生的事件。

③事件报警。保护事件显示当前故障的全部电气参数，方便分析故障原因。未消除事件在主界面有明显标识。

④电量计量。新增分时段电量计量功能，可修改尖峰、平谷时段。

智能低压综合保护器投运现场如图 7-38 所示。

图 7-38　智能低压综合保护器投运现场

思考练习题

1. 煤矿电力物联网的功能有哪些？
2. 什么是煤矿智能供电监控系统？技术要求有哪些？
3. 煤矿智能供电监控系统具备哪些基本功能？
4. 叙述 KJ736 型智能供电监控系统的特点。
5. 智能综合保护器具有哪些功能？